경이로운
과학
콘서트

경이로운 과학 콘서트

—

2022년 5월 18일 초판 1쇄 발행

—

지은이 해나 프라이, 애덤 러더퍼드
옮긴이 장영재
펴낸이 김정수, 강준규
책임편집 유형일
마케팅 추영대
마케팅지원 배진경, 임혜솔, 송지유, 이영선

—

펴낸곳 (주)로크미디어
출판등록 2003년 3월 24일
주소 서울시 마포구 성암로 330 DMC첨단산업센터 318호
전화 02-3273-5135
팩스 02-3273-5134
편집 070-7863-0333
홈페이지 http://rokmedia.com
이메일 rokmedia@empas.com

—

ISBN 979-11-354-7805-5 (03400)
책값은 표지 뒷면에 적혀 있습니다.

—

브론스테인은 로크미디어의 과학, 건강 도서 브랜드입니다.
잘못 만들어진 책은 구입하신 서점에서 교환해 드립니다.

THE COMPLETE GUIDE TO ABSOLUTELY EVERYTHING

우주에서 생명까지, 시간에서 공간까지,
거의 모든 것에 관한 흥미진진한 과학 안내서

경이로운
과학
콘서트

해나 프라이, 애덤 러더퍼드 지음 | 장영재 옮김

 BRONSTEIN

우리는 모두 직감gut feelings을 믿기를 좋아하지만, 직관intuition은 형편없는 안내자다. 만약 마음이 말해 주는 대로 믿는다면, 세계는 평평하고 태양은 지구를 돌며 하루는 24시간이라고 (그렇지 않다) 생각할 것이다.

어느 시점에선가 우리는 인간의 감각이 얼마나 심하게 편향되고 제한적인지, 그리고 본능이 얼마나 일상적으로 기대에 어긋나는지를 알아차렸다. 그래서 세상을 있는 그대로 보는 데 도움이 되도록 과학과 수학을 발명했다. 이 신나고 즐거운 책에서 해나 프라이Hannah Fry와 애덤 러더퍼드Adam Rutherford는 과학적 발견의 여행길로 우리를 안내한다. 우주의 기원으로부터 피할 수 없는 종말까지, 지구 생명체의 출현으로부터 은하계의 다른 곳에 경이로운 외계 생명체가 존재할 가능성까지, 가장 어두운 무한의 심연으로부터 모두의 마음속 가장 밝은 곳까지.

그 길에서 두 사람은 다음과 같이 머리를 긁적이게 하는 질문에 답할 것이다. 시간은 어디서 왔을까? 인간에게 자유의지가 있을까? 내 개가 나를 사랑할까? 그리고 수많은 어설픔과 실수, 막다른 골목, 뜻밖의 행운과 정말로 잘못된 결정을 포함하는 위대한 지혜와 노고의 이야기를 들려줄 것이다. 털이 거의 없고 독특한 호기심을 타고난 원숭이종species이 어떻게 보이는 대로의 세계에 만족하지 않고 우주의 구조와 그 안의 모든 것을 찔러보기로 했는지에 관한, 세상에서 가장 흥미로운 이야기다.

실재reality는 겉보기와 다르다. 하지만 기꺼이 진실을 찾아 나설 준비가 되었다면, 이 책이 당신의 안내자가 될 것이다.

이 책을 쓰는 동안에 우리 두 사람의 생명을
구해 준 국민건강보험NHS에게

해나 프라이 Hannah Fry

해나 프라이는 영국의 수학자, 과학 작가, 교수, 방송인이다. 런던대
학교 유니버시티 칼리지University College London에서 수학과 이론물
리학을 전공했으며, 동 대학에서 유체역학으로 박사 학위를 받았다.
2012년부터 유니버시티 칼리지에서 강의를 해왔으며 현재 유니버시
티 칼리지 도시 수학The mathematics of cities 교수로 직임하고 있다. 그
녀는 수학 모델을 이용해 인간의 행동 패턴부터 도시, 범죄 및 보안,
의료 분석, 마케팅, 테러리즘, 운송 및 교통에 관한 패턴을 분석하
고 있다. 수백만 조회 수를 기록한 테드TED 강연 『우리가 사랑에 대
해 착각하는 것들The Mathematics of Love』, BBC 다큐멘터리 『에이다를
계산하다: 컴퓨터 백작 부인Calculating Ada: The Countess of Computing』
과 팬데믹이 어떻게 확산되는지와 확산을 통제하기 위한 방법을 실
험한 『전염!Contagion! The BBC Four Pandemic』, 코로나19 사태를 수학
적으로 분석한 『호라이즌: 코로나바이러스 스페셜Horizon: Coronavirus
Special』 등 수학의 필요성을 대중에게 알리는 프로그램에 출연했다.
러더퍼드와 함께 인기 과학 팟캐스트 『러더퍼드와 프라이의 궁금한
이야기The Curious Cases of Rutherford & Fry』에서 대중에게 과학을 알리

는 일에 앞장서고 있다. 2018년 프라이는 대중에게 수학을 널리 알린 영국 수학자에게 수여하는 권위 있는 상인 크리스토퍼 지먼 메달Christopher Zeeman Medal을 수상했다. 주요 저서로는 《우리가 사랑에 대해 착각하는 것들》, 《안녕, 인간》이 있다.

애덤 러더퍼드Adam Rutherford

애덤 러더퍼드는 영국의 과학자, 과학 작가, 방송인이다. 런던대학교 유니버시티 칼리지University College London에서 유전학을 전공했으며, 동 대학에서 유전학으로 박사 학위를 받았다. 그는 박사 과정에서 '태아의 시력발달과 유년기 실명 형태의 첫 번째 유전적 원인'을 밝힌 연구팀의 일원이었다. 학위를 받은 후 〈네이처〉에서 10년 동안 뉴스와 팟캐스트 및 비디오 등 시청각 콘텐츠의 발행과 편집을 담당하는 에디터로 활동했다. 현재는 유니버시티 칼리지 생명과학부 명예 선임연구원으로서 유전학과 과학 커뮤니케이션 강좌를 진행하고 있으며, 〈가디언〉에 과학 칼럼을 꾸준히 게재하고 있다. 라디오 프로그램 『인사이드 사이언스Inside Science』, BBC 다큐멘터리 『셀The Cell』과 『호라이즌: 신의 유희Horizon: Playing God』 등 다양한 과학 프로그램에 출연했으며, 『엑스 마키나Ex Machina』, 『서던 리치: 소멸의 땅Annihilation』, 『데브스Devs』 등 여러 SF 영화에서 과학 컨설턴트로 활동했다. 프라이와 함께 인기 과학 팟캐스트 『러더퍼드와 프라이의 궁금한 이야기』에서 대중에게 과학을 알리는 일에 앞장서고 있다. 러더퍼드의 끊임없는 연구와 뛰어난 업적에 대해 진화생물학자 리처드 도킨스가 '놀라운 성과'라며 극찬한 바 있다. 주요 저서로 《크리에이션》, 《사피엔스 DNA 역사》, 《우리는 어떻게 지금의 인간이 되었나》가 있다.

역자 소개

장영재

서울대학교 원자핵공학과를 졸업하고 충남대학교에서 물리학 석사 학위를 받은 후 국방 과학 연구소에서 연구원으로 일했다. 글밥 아카데미 수료 후 〈하버드 비즈니스 리뷰〉 및 〈스켑틱〉 번역에 참여하는 등 바른번역 소속 번역가로 활동하고 있다. 옮긴 책으로 《신도 주사위 놀이를 한다》, 《워터 4.0》, 《남자다움의 사회학》, 《한국, 한국인》 등이 있다. 역자 장영재 눈을 감아 보라.

물론 뭔가를 읽으려면 일반적으로 눈을 떠야 한다. 당신이 이 책의 인쇄본을 들고 있다면, 수초 안에 눈을 떠야 한다는 것은 분명하다. 눈을 감은 채로는 우리가 하려는 나머지 이야기를 읽을 수 없음이 명백하기 때문이다.

그러나 잠시만 눈을 감아 보라.

그 짧은 어둠의 시간 동안 변한 것은 별로 없다. 페이지 위의 단어들은 그대로 있고 다행스럽게 책도 여전히 당신의 손에 있다. 당신이 눈을 떴을 때, 실제로 오늘 아침에 편안한 잠에서 깨어나 눈을 떴을 때, 쏟아져 들어오는 빛 속에서 당신은, 모든 것이 눈을 감았을 때와 달라진 것이 없음을 깨달았다. 당신이 주의를 기울이든 말든 현실은 계속된다. 이 모든 것은 매우 명백하게 보일 수 있다. 심지어 실없는 소리처럼 들릴 수도 있다. 그러나 이것은 실제로, 옛날 옛적에 당신이 배워야 했던 사실이다.

다음에 아기를 데리고 놀 때 장난감을 앞에 있는 담요 밑에 숨겨 보라. 생후 6개월이 지나지 않은 아기라면, 그 장난감을 가지고 아무리 재미있게 놀았더라도, 담요를 들춰서 장난감을 찾으려 하지 않을 것이다. 아기에게 담요를 잡고 움직일 수 있는 능력이 없어서가 아니다. 단지 아기는 당신과 달리 장난감이 아직도 존재한다는 사실을 인식하지 못하기 때문이다. 아기의 어린 마음에 장난감은 사라진 순간부터 존재하지 않는다. 아기들이 까꿍peekaboo 놀이를 재미있어하고, 세계의 모든 문화권에서 모든 사람이 까꿍 놀이를 하는 이유다. 당신의 얼굴을 손으로 가리면, 아주 어리고 미성숙한 아기는 말 그대로 당신이 사라져 버렸고, 어쩌면 존재를 멈췄을지도 모른다고 생각한다. 가린 손을 치우면 아기의 환한 웃음에서 당신이라는 존재가 우주에서 지워지지 않았다는 사실을 발견한 기쁨을 엿볼 수 있다.

까꿍 놀이는 우주와 그 안의 모든 것을 이해하기 위한 인간의 장비가 얼마나 열악한지를 보여 준다. 인간은 주변 세계에 대한 선천적 이해를 갖추고 태어나지 않는다. 바라보지 않을 때 사물이 —사람을 포함하여— 그냥 사라지는 것이 아님을 *배워야* 한다. 아기들에게는 '대상 영속성object permanence'으로 알려진, 발달 과정의 중요한 이정표다. 이는 다른 수많은 동물은 결코 이해할 수 없는 것이다. 악어는 눈을 가림으로써 제압할 수 있다. 새장에 덮개를 씌워서 진정시킬 수 있는 새들도 있다. 새들은 단지 어두움을 편안하게 느끼는 것만이 아니고, 자신을 괴롭히는 성가신 인간이 여전히 덮개 바깥쪽에 있다는 사실을 인식하지 못한다.

왜 그들의 뇌가 대상 영속성에 관심을 가져야 할까? 지금까지 존재해 온 거의 모든 유기체의 주된 관심사는 —최소한, 번식할 기회가 있기 전에는— 죽지 않는 것이었다. 지구상의 대부분 생명체는 사물이 지금과 같은 모습인 이유에 전혀 관심이 없다. 쇠똥구리는 밤에 은하수를 안내자로 삼아 길을 찾지만, 은하의 구조나 우주의 거의 모든 질량이 (아직은) 설명되지 못했다는 사실에는 별로 관심이 없다.* 당신의 눈썹에서 살면서 별로 해가 없이 우리를 먹이로 삼는 작은 진드기는 편리 공생symbiotic commensalism의 개념을 알지 못한다. 아마 당신도 지금까지는 그런 진드기의 존재를 전혀 몰랐겠지만, *그들은 분명히 거기에 있다.* 암컷 공작새는 자신이 왜 수컷 공작새의 우스꽝스러운 꼬리가 너무도 유혹적이고 섹시sexy하다고 느끼는지를 설명하는 복잡한 방정식을 푸는 일에 관심이 없다. 그저 좋아할 뿐이다.

지금까지 그런 질문을 한 유일한 동물은 바로 인간이다. 대략 과거 10만 년 동안의 어느 시점에선가, 털이 거의 없는 원

---

* 이 사실을 알아내기 위하여, 과학자들은 밤에 쇠똥구리에게 작은 모자를 씌운 뒤에 완전히 길을 잃고 헤매는 모습을 지켜보았다. 과학의 모든 것이 첨단기술이거나 복잡해야 하는 것은 아니다. 때로는 그저 곤충에게 모자를 씌우는 일일 수도 있다.

숭이 몇 마리가 거의 모든 것에 호기심을 갖기 시작했다. 그전 100만 년에 걸쳐 두뇌가 점점 커진 이들 원숭이는 이전에 다른 어떤 동물도 하지 않았던 일을 시작했다. 그림을 그리고, 음악을 만들고, 까꿍 놀이를 시작했다.

이에 대하여 너무 감상적으로 생각하지 않는 것이 중요하다. 오늘날에 비하면 선사시대의 삶은 매우 비참했고, 모두의 주된 관심사는 여전히 생존이었다. 그러나 선조들은 자연에서 한 발짝 벗어나, 당면한 생존을 위한 관심사뿐만 아니라 전체 우주와 우주 안에서의 자신의 위치를 생각했다. 그렇지만 여전히 원숭이다. 우리의 뇌와 몸 대부분의 기본적 관심사는 아직도 그저 살아가고 번식하는 것이다. 그것은 지난 25만 년 동안 신체적이나 유전적으로 크게 변하지 않았다. 30만 년 전에 아프리카에서 살았던 여자나 남자를 오늘의 세계로 데려와, 깨끗하게 씻기고, 머리를 다듬고, 멋진 드레스나 스포츠 캐주얼을 입힌다고 해 보자. 당신은 오늘날의 군중 속에서 그들을 찾아낼 수 없을 것이다. 인간의 생물학적 하드웨어 대부분은, 우주가 어떻게 작동하는가 같은 허세를 부리는 아이디어가 그 누구에게도 중요하지 않았던 시절부터 거의 변하지 않았다.

이 모든 것은 우리의 감각이 일상적으로 우리를 배반함을 의미한다. 우리는, 이제 날마다 우리를 잡아먹으려는 포식자를 걱정할 필요가 없음에도 불구하고, 빠르고 예상하지 못한 움직임에 깜짝 놀란다. 달고 짜고 기름진 음식을 갈망한다. 먹을 것이 부족한 상황에서 고칼로리를 섭취하는 데 우선순위를 두는 수렵채집인에게는 도움이 되는 완벽한 전략이지만, 치즈버거를 먹은 뒤에 아이스크림이라는 선택지가 있는 오늘날에는 유용성이 훨씬 떨어지는 전략이다.

이러한 진화의 숙취는 본능을 넘어서 직관에도 영향을 미친다. 무지한 조상에게 지구의 모양을 물었다면 평평하다고 대답했을 것이다. 평평한 지구는 말이 된다. 실제로 상당히 평평해 보이고, 평평하지 않다면 우리는 굴러 떨어질 것이다. 그러나 지구는 평평한 것과는 거리가 멀다. 3장에서 우리가 살아가고 있는 바윗덩어리를 자세히 살펴볼 때, 지구가 평평하지 않을 뿐만 아니라 구체sphere도 아님을 알게 될 것이다. 자전으로 인하여 지구는 편평한 *회전타원체oblate spheroid*, 즉 기본적으로 극 쪽은 약간 평평하고 중앙부가 약간 뚱뚱한, 바람이 조금 빠진 공 모양이다.

인간의 관점으로는 태양이 지구 주위를 돈다는 것이 분명해 보인다. 태양은 지난 45.4억 년 동안 매일같이, 아침에 이쪽에서 떠올라 창공을 가로지르고 저쪽으로 내려갔다. 그러나 실제로는 지구가 태양을 공전한다. 그 궤도는 완벽한 원도 아니다. 인간이 보기에는 지구가 태양 주변을 달리는 동안에 태양이 정지해 있다. 그러나 사실은, 태양과 우리 태양계 전체가 은하수 중심부 주위의 공전 궤도를 따라 시속 514,000마일(827,000킬로미터)의 상쾌한 속도로 달리고 있다. 우리 중에 의자에 앉아 책을 읽으면서 조금이라도 그런 경험을 해 본 사람은 아무도 없다.

호기심이 인간을 다른 동물과 구별하는 표지일 수는 있지만, 호기심만으로는 충분치 않다. 실재reality의 신비에 관한 호기심에 찬 질문을 할 때, 반드시 올바른 대답을 즉시 찾아내는 것은 아니다. 설명할 수 없는 자연 현상을 설명하려고 인간이 꾸며내는 신화에는 끝이 없다. 바이킹들이 믿기로, 귀가 먹먹한 천둥소리는 염소가 끄는 토르(Thor)의 전차가 창공을 가르는 소리이고, 번개의 근원은 토르의 무시무시한 망치 묠니르 Mjölinir였다.* 오스트레일리아 원주민 구나이Gunai인은 우리가 오로라 오스트레일리스Aurora Austalis라 부르는 남쪽의 빛을 영적 세계의 산불이라고 생각했다.

모든 대륙에서 수십억에 달하는 사람이 여전히 신, 염소, 그리고 유령의 이야기를 믿는다. 그중에는 쉽게 웃어넘길 수 있는 것도 있지만, 대개는 직관적으로 말이 되는 이야기이고 직관의 힘은 믿기 힘들 정도로 강하다. 인간은 색안경을 통해서 우주를 볼 수밖에 없다. 그렇지만 실제로 겉보기와는 다른 것이 많다. 독자도 이 책에서 알게 되겠지만, 하루는 24시간이 아니다. 1년은 365(그리고 1/4)일이 아니다. 우리가 아름다운 저녁노을을 배경으로 지평선 바로 위에 떠 있는 별을 찬미할 때, 실

---

* 토르는 밤마다 염소 두 마리를 잡아먹고 묠니르로 되살린다고 한다. 그런 이야기는 물론 직관적이지 않다.

014

제로 그 별은 지평선 *아래에* 있다. 지구의 대기에 의하여 빛이 구부러져서 별이 진 뒤에도 볼 수 있는 것이다. 아이들이 파티에서 미쳐 버리는 것은 달콤한 과자와 케이크 때문이 아니다.[*] 해마다 테러리스트와 상어의 공격으로 사망한 사람 수를 합친 것보다 더 많은 사람이 욕조에서 익사하지만, 목욕을 규제하는 법을 도입한 정부는 (아직은) 없다.

어떤 면으로 보든지 직관은 형편없는 안내자다.

그리고 어느 시점에서, 인간이라는 호기심이 강한 원숭이들이 이런 사실을 깨달았다. 인간은 과학과 수학을 창조했다. 제한된 인간적 관점을 벗어나, 단지 경험을 통해서만이 아니라, 객관적으로 있는 그대로의 세상을 보기 위해서였다. 우리는 감각의 한계를 깨닫고, 시야의 좁은 스펙트럼 너머를 볼 수 있도록, 귀로 들을 수 있는 영역 너머의 소리를 들을 수 있도록, 그리고 볼 수 있는 거리 너머의 상상할 수 없이 크거나 무한히 작은 거리를 측정할 수 있도록, 감각의 한계를 확장하는 방법을 찾아냈다.

그 이후로 진정한 실재가 어떤 것인지를 배우려고 노력해 왔다. 그것이 바로 과학이다. 수천 년은 아닐지라도 수백 년 동

---

[*] 우리가 제시할 수 있는 최선의 데이터는 아이들이 무엇을 먹든 파티에서 그냥 미쳐 버린다는 것이다. 아이들에게 설탕이 함유되지 않은 음식을 주고 부모에게는 설탕이 포함된 음료와 케이크라고 말해 준 과학적 실험에서, 부모들은 아이들의 행동이 더 나빠졌다고 평가했지만 실제로는 차이가 없었다. 이런 의미에서 파티에서는 그냥 애들이 되고 마는 부모들의 행동이 더 형편없다.

안 과학을 연구했지만, 항상 성공을 거두지는 못했다. 초창기의 시도는 종종 놀림감이 되기 쉬웠고, 신화 속의 신이나 염소와 다름없는 것도 있었다. 플라톤은 눈에서 발사되어 접촉하는 모든 대상을 탐지하고 조사하는 광선 덕분에 볼 수 있다고 믿었다. 그렇지만 그에게는 전자기 스펙트럼이나 신경세포의 광변환phototransduction 이론이 없었다. 초기의 생물학자들은 정자에 호문쿨루스homunculus라는 아주 작은 인간이 들어 있고 여성은 단지 미니 인간이 아기의 크기까지 자라도록 배양하는 용기의 역할만을 한다고 생각했다. 아이작 뉴턴Isaac Newton은 우주의 역학에 관한 연구보다 납을 금으로 바꾸려고 더 큰 노력을 기울인 연금술사였다. 갈릴레오Galileo는 천문학자이자 점성술사였으며, 현금이 부족할 때는 돈을 받고 고객의 별점을 봐주었다. 기체 화학의 아버지라 불리는 판 헬몬트Van Helmont는 밀 씨앗과 젖은 셔츠로 채운 꽃병을 21일 동안 어두운 지하실에 놓아두면 생쥐가 튀어나올 것으로 생각했다.

과학은 지금까지 엄청나게 많은 실수를 저질렀다. 실제로 사실을 잘못 이해하는 것이 과학의 역할이라고 말할 수도 있다. 잘못된 이해를 덜 틀리기 위한 출발점으로 삼을 수 있고, 몇 차례 시도 후에는 바르게 이해할 수 있을 것이기 때문이다. 전반적으로, 역사의 호arc는 발전적인 방향으로 구부러진다. 우리는 여러 세기 동안 존속한 거대한 문명을 건설했다. 자연을 변화시키고, 수십억 인구를 먹여 살린 동물과 농작물을 키웠다. 수학과 공학을 이용하여 천년을 버틴 건물을 짓고, 지구라는 구체globe를 가로지를 수 있는 (그리고 그 과정에서 지구가 구체임을 확인한) 배를 만들었다. 태양계의 역학을 마스터master하고 수십억 마일 밖의 외계를 방문할 수 있는 우주선을 창조했다. 심지어 다른 행성에 로봇을 보내기도 했다. 머지않아 언젠가는, 우리 중 한 사람이 우리보다 앞선 모든 사람의 탁월함을 포용하고 그 행성에 발을 내디뎌 화성 최초의 원숭이가 될 것이다.

그 모든 것은 경축할 만한 가치가 있다. 수학과 과학은 더 많은 실재를 관찰할 수 있도록 우리의 능력을 증대하고 감각을 확장하기 위한 도구, 아이디어, 장치로 가득한 궁극의 작업장이며 도구 세트다.

이 책은 인간이 인식하는 방식에 따른 우주보다는 실제 우주의 참모습을 보기 위하여, 어떻게 우리의 원숭이 뇌를 억제하려고 노력해 왔는지를 설명하는 안내서다. 직관적으로 사실이라고 느껴지는 것과 과학자들이 발견한 진실의 차이에 관한 이야기다. 종종, 그런 진실이 훨씬 더 믿기 어렵다.

독자를 위한 털이 거의 없는 원숭이 안내자들은 과학의 매우 다른 영역에서 왔다. 해나는 인간의 행동 패턴을 이해하기 위한 엄청난 양의 데이터 처리가 전문 분야인 수학자다. 애덤은 생물이 어떻게 적응하고 살아남는지, 그리고 지구의 생명체가 어떻게 그토록 다채롭고 화려하게 진화했는지를 이해하려고 DNA를 곁눈질하는 유전학자다. 다른 영역의 모든 과학자와 마찬가지로 우리는 단지 사물stuff이 작동하는 방식을 알아내려고 노력할 뿐이다. 사람들이 가끔 저지르고 흔히 가르치는 실수는 과학이 지식의 은행이라는 것이다. 어쨌든, '과학science'이라는 단어는 앎을 의미하는 라틴어 *scire*에서 유래했다. 그러나 과학은 단순히 아는 것만이 아니다. *알지 못하는 것과 그것을 알아내는 방법이다.*

이 책에는 처음에는 단순하고 바보 같거나 매우 당혹스럽게 보이는 질문에 대한 답이 있다. 외계인은 어떻게 생겼을까? 내 개가 나를 사랑할까? 그리고 다가오는 종말을 철석같이 믿는 우주 멸망 컬트cult는 종말이 실현되지 않을 때 어떻게 행동할까?

질문 자체는 충분히 간단하지만(우주 멸망 컬트는 아닐 수도 있다), 답을 알아내는 과정에서 그런 질문이 우연히 우주의 진정한 비밀을 누설한다는 것을 발견할 수 있다. 원숭이 뇌의 스위치를 끄고 진화의 봉쇄선을 넘기 위하여 인간이 발명한 도구를 이용해야만 볼 수 있는 비밀이다. 이들 질문의 대답을 통해서, 본능이 얼마나 믿을 수 없는 것인지, 그리고 자신의 한계를 넘어서 얼마나 멀리까지 갈 수 있도록 과학이 우리를 무장시켰는지가 드러난다.

이 책에는 우주의 이야기와 우리가 어떻게 우주를 이해하려고 노력해 왔는지에 대한 이야기가 있다. 시간, 공간, 시공간spacetime 같은 거창한 개념과 "지금 시간이 몇 시니?What time is it?" 같은 질문을 함께 다룬다. 다만 '잠잘 시간이 한참 지났어.' 또는 '도서관에 책을 반납할 때time가 되지 않았니?' 같은 말에서의 시간은 아니다. 이미 일어난 일과 앞으로 일어날 일 사이 어딘가에 위치하는 현재에 대한 명백하고 실제적·보편적·절대적인 척도는 무엇일까? 그 답은 우리를 위태로운 선원, 불안한 은행가, 고대의 산호, 아인슈타인과 우주 레이저를 보여 주는 여행으로 데려간다. 또한 인간이 왜 그토록 잘못을 저지르기 쉬운지, 그리고 문제를 어떻게 해결했는지도 이야기할 것이다. 진화가 어떻게 우리를 속일 수 있는 놀라운 감각을 제공했을 뿐만 아니라, 우주의 경이를 드러내고 우리의 머릿속에서 끌고 다니는 짐 덩어리를 우회할 수 있는 두뇌까지 제공했는지에 관한 이야기다.

이 책에는 우리가 가장 좋아하는 이야기, 즉 아는 것을 어떻게 아는지와 끊임없이 확장되는 지식의 길을 따라가는 인간의 더듬거림과 실수에 관한 이야기가 있다. 과학자와 탐험가의 오류, 자아egos, 통찰, 지혜와 편견, 그들의 노고, 비극, 막다른 골목, 뜻밖의 행운, 그리고 정말로 잘못된 결정에 관한 이야기다. 이 모든 것은 우리를 오늘의 위치로 데려온 역사의 그림 맞추기 퍼즐 조각이다.

이 책은 틀리는 것이 어떻게 바로잡는 방법이 되는지, 어째서 당신의 마음을 바꾸는 일이 항상 쉽지만은 않은지, 그렇지만 마음을 바꿀 준비가 되었다는 것이 어떻게 미덕이 되는지

(일반적으로, 하지만 특히 과학에서)에 대한 찬사다. 시간과 공간, 그리고 몸과 뇌를 넘나들면서, 믿기 힘들 정도로 강력한 우리의 감정이 어떻게 실재에 대한 우리의 견해를 형성하고, 마음이 어떻게 스스로에게 거짓말을 하는지를 보여 주는 여행이다. 이들을 합치면 세상에서 가장 흥미로운 이야기가 된다. 독특하게 타고난 호기심을 갖춘 털이 거의 없는 원숭이 종species이 어떻게, 단지 보이는 대로의 세계에 만족하지 않고, 우주의 구조와 그 속의 모든 것을 찔러보기로 했는지에 대한 이야기다.

실재는 겉으로 보이는 것과 다르다. 그러나 당신이 기꺼이 찾아 나설 준비가 되었다면 이 책은 이제까지 발명된 최고의 도구들이 어떻게 실재의 참모습을 볼 수 있도록 해 주는지에 대한 안내서가 될 것이다.

차례

ENDLESS POSSIBILITIES

1
장

끝이 없는
가능성

퀴퀴하지만 불쾌하지는 않은 냄새가 방 안에 가득하다. 낮게 드리운 천장은 손가락을 뻗으면 닿을 듯하다. 당신을 둘러싼 여섯 개 벽 중 네 벽에는 가죽으로 장정한 책들이 줄지어 있고, 먼지투성이의 구겨진 페이지들과 고대의 잉크가 있다. 오랫동안, 어쩌면 여러 세기 동안, 햇빛을 보지 못한 것들이다.

이 방은 특별한 방이 아니다. 작은 환기구를 통해서 위아래로 끝없이 이어지는 다른 갤러리galleries를 엿볼 수 있다. 책이 없는 두 벽의 문으로 통하는 같은 층의 복도는 똑같은 육각형 갤러리로 연결된다. 책으로 가득한 갤러리들, 책마다 가득한 말들.

이곳은 평범한 도서관이 아니다. 당신은 헤아릴 수 없을 정도로 거대한 벌집 모양의, 기록된 말들의 미로 속 어딘가에 서 있다. 이들 벽 안 어딘가에 지금까지 쓰인 모든 책과 미래에 존재할 것으로 상상할 수 있는 모든 책의 사본이 있다. 이 도서관은 정말로 모든 것의 *진정한* 안내자다.

이곳은 아르헨티나의 작가 호르헤 루이스 보르헤스Jorge Luis Borges가 창조한 상상 속의 도서관인 바벨 도서관Library of Babel 이다. 1941년에 발표된《바벨의 도서관》이라는 작품은 일어날 수 있는 모든 것이 종이에 기록되는 우주라는 단 하나의 아이디어를 풀어내는 단편소설이다. 그 작품에서 바벨 도서관은 중심적인 역할을 한다. 만약에, 어떻게든, 절대적으로 모든 것에 접근할 수 있다면, 얼마나 많은 것을 알 수 있을까?

절대적으로 모든 것

보르헤스의 상상할 수 없을 정도로 거대한 도서관에 있는 책들은 글자, 공백, 쉼표, 마침표의 가능한 모든 조합으로 이루어진다. 단어와 문장을 구성하는 모든 조합이 있고, 단어나 문장을 구성하지 않는 조합은 훨씬 더 많다. 도서관에는 누군가가 말하고, 생각하고, 기록한 —그리고 앞으로 말하고, 생각하고, 기록할— 모든 단어가 있다. 단어는 가능한 모든 순서로 배열되고, 그 사이에는 모든 의미 없는 허튼소리가 무작위로 배열된다. 보르헤스 자신의 말에 따르면, 그의 도서관 서가에서 다음과 같은 것을 찾아낼 수 있다.

> 미래의 상세한 역사, 아이스킬로스Aeschylus의 *이집트인The Egyptian*, 로마의 비밀과 진짜 이름, 1934년 8월 14일 새벽에 내가 꾼 꿈, 피에르 페르마Pierre Fermat 정리의 증명, 도서관의 완벽한 카탈로그, 그리고 그 카탈로그가 부정확하다는 증명.

환상적인 아이디어다. 그러나 바벨 도서관은 단지 보르헤스의 상상 속 허구만이 아니다. 실제로 그런 도서관을 건설한 사람이 있었다.

최소한 한 가지 버전으로. 2015년, 조지아주 애틀랜타의 에모리Emory대 학생이었던 조나단 바실Jonathan Basile은 불가피한 몇 가지 현실적 제약을 가진 디지털 형태의 바벨 도서관을 건설했다.

잠시 다섯 글자로만 이루어진 단어를 수록한 책들이 있는 도서관을 상상해 보자. 당신 스스로 적어 보는 것도 (대단히 흥미롭지는 않겠지만) 어렵지 않을 것이다.

aaaaa

aaaab

aaaac

...

등등. 당신의 잉크는 금방 바닥이 난다. 다섯 개 문자로 구성되는 조합의 목록 전체를 12포인트 활자로 출력하려면 약 60마일(97km) 길이의 용지가 필요할 것이다. 보르헤스가 상상한 410페이지 분량의 두꺼운 책이 아니고 다섯 글자의 조합일 뿐임에도 그렇다. 조나단 바실은 모든 것을 순차적으로 실행하는 일이 불가능함을 재빨리 깨달았다. 편집compile하는 데 영원과 같은 시간이 걸리는 것 말고도, 한 글자씩 구축하는 디지털 도서관에는 너무 많은 저장 공간이 필요해서, 설령 관측 가능한 우주 전체의 꼭대기에서 바닥까지 하드 드라이브hard drives로 채우더라도 *여전히* 보르헤스의 꿈을 실현하기에 충분치 않을 것이다.

바실에게는 지름길이 필요했다. 우선, 그는 자신의 도서관이 모든 가능한 책이 아니라 모든 가능한 기록의 *페이지*만을 포함하도록 제한하기로 했다. 그래도 여전히 26개 문자, 공백, 쉼표, 마침표로 구성되는 3,200자가 기록된 모든 가능한 페이지를 포함하려는 터무니없는 시도다. 그러나 달성할 가능성이 조금은 더 크다.*

그리고 바실은 도서관 전체를 타자하면서 수많은 다음 생을 보내는 일에서 자신을 구해 줄 매우 현명한 아이디어를 생각해 냈다.

보르헤스의 도서관처럼, 바실의 무한한 도서관은 가상의 6각형으로 배열된다. 책이 있는 네 벽(그리고 인접한 방으로 통하는 문 두 개), 서가, 책과 페이지들이 있다. 페이지들은 모두 고유한 참조 부호가 부여되도록 정리되었다. 예를 들어, 6각형 A, 벽 3, 서가 4, 26권, 307페이지의 첫 줄은 다음과 같다.

---

* 바실의 알고리듬은 10진법의 페이지 번호를 29진법의 3,200자리 난수(random number)로 변환할 수 있다. 이러한 변환은 신중하게 제작된 의사난수(pseudo random number) 생성기를 이용하여 수행된다. 기수(base) 29의 각 숫자는 알파벳, 공백, 쉼표, 마침표와 관련되므로 알고리듬이 생성한 거대한 난수와 텍스트 페이지의 직접 교환이 가능하다. 바실은 또한 자신의 알고리듬이 모든 가능한 출력을 정확히 한 번씩만 내보내도록 하여, 모든 가능한 페이지를 도서관의 어디에선가는 찾을 수 있도록 했다. 더욱 기발하게 그의 알고리듬은 가역적이다. 알고리듬에 텍스트 덩어리를 주면 그것을 29진법의 숫자로 변환하고, 역방향 실행을 통해서 그 텍스트가 나타나는 페이지 번호를 알려 줄 수 있다는 뜻이다. 즉 그의 도서관은 기본적으로 검색이 가능하다.

pvezicayz.flbjxdaaylquxetwhxeypo,e,tuziudwu,

rcbdnhvsuedclbvgub,sthscevzjn.dvwc

도서관에서 인기 있는 스릴러는 아닌 듯하다.

그렇지만, 이러한 도서관을 가능케 하는 것은 참조 번호와
그 번호가 식별하는 텍스트의 관계다. 바실의 트릭trick은 고유
한 참조 번호를 사용하여 한 방향으로만 해독될 수 있는 코드
code, 즉 요청을 받으면 고유한 참조 번호로부터 고유한 텍스트
페이지를 신뢰성 있게 생성할 수 있는 알고리듬을 만드는 것
이었다.

바실의 알고리듬이 작동하는 방식에 관한 간략한 설명은 각
주에 있다.* 하지만 요점은 다음과 같다. 도서관에 있는 모든
페이지 번호는 지워지지 않는 방식으로 단일한 텍스트 페이지
에 연결된다. 참조 번호를 알고리듬에 제시하면 해당 페이지
에 무엇이 있는지를 알려 줄 것이다. 텍스트 페이지를 제시하
면 참조 번호를 말해 준다.

---

* 바실의 도서관에는 a부터 z까지, 영어 알파벳의 26글자 모두의 조합이 있다. 도서관 자
체는 영어로 되어 있지 않다. 로마 문자를 사용하는 모든 언어로 쓰인 모든 단어와 문
자열을 도서관의 페이지에서 찾을 수 있다. 그 점에서 바실의 도서관은 22글자의 모든
조합만을 사용한 보르헤스의 원래 이야기에 나오는 도서관과 약간 다르다. 보르헤스
는 현대 스페인어 알파벳 30글자에서 출발하여, 모든 이중 문자(ch, ll, rr)와 ñ을 버리고,
22글자를 남겼다. 그는 또한 필요 없다고 생각하여 (의심스러운 결정) w, q, k, x를 버렸
고, 결과적으로 공백, 쉼표, 마침표를 포함하여 25글자가 남게 되었다.

모든 힘든 일을 하는 것은 사서가 아니고 알고리듬이다. 그 누구든 아무것도 타자할 필요 없이 모든 페이지가 이미 결정되어 있고 ―심지어 예정되어 있고― 알고리듬에 의하여 간단하게 호출된다. 모든 페이지가 이미 존재하고, 그저 누군가가 선반에서 꺼내기만을 기다리고 있다.

그중에는 이 장의 첫 단락도 있다. 이 말이 믿어지지 않는다면, 993qh, 벽 3, 선반 4, 20권, 페이지 352로 끝나는 참조의 육각형 안에 있다. 누군가 갖다 놓은 것이 아니고 이미 그곳에 있었다.

```
lmgumfkwwomyzzoxpj,qyoynhdaqhtslvacnaicu
varzkdjzzazvmppap  bteq  ezlblbsjjaesejhtz
vv.b,uc.ofrx.ul gidtfhqpwikgygk,kvq. rosf.
bgdeurubwp,eqns.huyiyrnz.cocddh q.,,znuav.
wvqwwcwohn chmrwua stale but not unpleasant
smell fills your nostrils. the ceiling hangs
low, tempting you to touch it with your
outstretched fingers. along four of the six
walls that surround you are rows of leat
herbound books, dusty creased pages and a
ncient ink that hasnt seen sunlight for
years, maybe centuries.foxvpx.krv,.pwsmwv
iuyuhkdrcx,,wplknvo,dsopqcrmhduenco  rnpb
vdwd.xxxgsareodhjnjzf.xsxkf,aaofbmvcqlzlk
ktkweib.xhc.r,pbfkdcxhsznrjocvlaqvbn.,j.
```

우리는 그 단락을 쓰느라 꽤 시간을 들였는데, 익명의 코드 code가 이미 힘들이지 않고 써 놓은 것을 보면 약간 짜증이 난다. 물론 무한을 상대로 짜증을 내는 것은 무의미하다. 바실의 가상 도서관에는 당신이 찾아내기만을 기다리는 페이지가 있다. 정중앙에 있는 당신의 이름 말고는 전체가 공백인 페이지다. 당신이 오늘 하루를 보낸 이야기가 담긴 페이지도 있다. 당신의 진정한 첫사랑의 이름과 그 사람을 어떻게 만났는지, 그리고 당신이 현재의 파트너를 국자로 살해한 이야기가 있는 페이지도 있다. 몰리Molly라는 개에 관한 아름다운 이야기, 당신이 어떻게 죽을 것인지를 정확하게 설명하는 페이지도 있다. 당신에 관하여 쓰일 수 있는 모든 가능한 이야기가, 이름의 철자가 틀릴 수 있는 것 같은 소소한 오류와 함께, 프랑스어, 독일어, 크리올Creole어, 이탈리아어를 비롯하여 로마 문자가 사용되는 모든 언어로 쓰인 페이지가 있다. 간단히 말해서, 인류의 모든 지식을 집대성한 웹사이트가 존재한다.

아레시보 메시지

한 가지 방법으로만 해독할 수 있는 암호를 만드는 일은 수학의 공통적인 주제다. 1974년에 두 사람이 전 인류를 대표하여 이들 암호 중 하나를 사용하여 외계 생명체와의 접촉을 시도했다.

외계인과의 접촉은 거의 틀림없이 인류 역사상 가장 중요한 사건일 것이다. 문제는 우리의 첫 번째 진술이 무엇이어야 하는 가다. 음료를 마시면서 네트워크를 형성하는 파티에 참석해 본 사람이라면, 관심사를 공유하는 사람들이 있는 중간 규모의 방으로 들어가서 무슨 말을 해야 할지를 결정하는 것도 충분히 끔찍한 일임을 알 것이다. 그렇다면 우주의 주민들에게 우리가 여기에 있음을 선언하는 —글로벌한 범위로 은하 간 소통을 꾀하려는 야심에 찬— 메시지는 어떤 것이어야 할까?

천체물리학자 프랭크 드레이크Frank Drake와 칼 세이건Carl Sagan에게는 아이디어가 있었다. 그들은 전 인류의 메시지를 독창적으로 암호화하고, 1974년 11월 16일에 푸에르토리코의 아레시보Arecibo에 있는 거대한 전파망원경을 이용하여 FM 주파수로 발신했다.

그들은 무슨 말을 했을까? 당신의 종species을 외계 문명에 소개하는 것은 고사하고, 개에게 영어를 이해시키는 일도 너무 어렵다. 그러나 드레이크와 세이건은 현명한 사람들이었고, 수학의 보편성을 이용하여 메시지를 암호화하는 방법을 고안해 냈다. 소수prime numbers는 1과 자기 자신 외에는 어떤 숫자로도 나눌 수 없다. 지구에서도, 토성에서도, 말머리성운Horsehead Nebula의 아직 발견되지 않은 행성에서도 변함없는 사실이다. 따라서 드레이크와 세이건은 소수를 이용하여 자신들의 메시지를 암호화했다. 발신된 암호는 1,679개의 2진 비트binary bits로 구성되었다. 그들은 이 신호를 탐지할 수 있을 정도로 진보한 문명이라면 틀림없이 1,679가 준소수semiprime, 즉 23과 73의 두 소수로만 나누어지는 수임을 알 정도로 세련된 수학이 있을 것으로 생각했다.

상상해 보자. 외계인 천문학자가 심우주deep space에서 온 이 상한 신호를 탐지한다. 곰곰이 생각하여 1,679비트로 이루어진 신호임을 깨달은 그는 여러 개 있는 머리 중 하나를 한동안 긁적 이다가 그 비트를 23×73 격자로 배열해야겠다고 생각한다. 그 러자 짜잔! 그의 17개 눈앞에 그림이 나타난다.

외계인 천문학자는 그림에서 태양계와, 그중 세 번째 행성인 지구를 인간의 형상이 강조하고 있는 이미지를 볼 것이다. 그들 은 DNA를 구성하는 수소, 탄소, 질소, 산소, 인phosphorus의 원 자번호와 납작한 이중나선으로 표현된 DNA도 볼 것이다. 그리 고 43억이라는 —1974년의 세계 인구— 숫자의 표현도 보게 될 것이다. 다른 외계 문명에 관한 놀라운 설명을 접한 외계인이 서 둘러 지도자들에게 보고하면, (공상과학소설에 나오는 대로) 친구가 되기 위한 (또는 우리를 파괴하기 위한) 사절단이 파견될 것이다.

이 모든 것이 기념비적인 순간처럼 들린다. 그러나 언급할 가 치가 있는 몇 가지 주의 사항이 있다. 대단한 것은 아니다. 첫째, 이 메시지는 정말로 우주를 겨냥한 발표가 아니었다. 그런 메시 지를 송신하려면 지구에서 가용한 것보다 더 큰 에너지가 필요 하기 때문이다. 따라서 보다 현실적으로 하수의 가장자리에 있 는 성단cluster of stars을 겨냥한 메시지였다. 그래서 다른 지방에 있는 모델 마을에 횃불을 비추는 것과 더 비슷했다.

사소한 주의 사항 2번: 메시지의 실제 그림은 다음과 같다.

이 그림에서 태양계를 볼 수 있는가? 이중나선은? 인의 화학

구조? 볼 수 없다고? 우리도 그렇다. 노력은 A학점이지만, 70년대의 그래픽에는 F학점을 줄 수밖에 없다.

아이러니하게도, 이상한 신세계에서 온 편지라기보다는 1970년대 스페이스 인베이더 Space Invaders 게임의 화면과 더 비슷하게 보인다. 미국 남성의 평균 신장을 나타내는 척도로 그려진 인간의 형상은 1970년대식 행성 간 근시interplanetary myopia를 말해 준다. 전체 미국인의 절반이 평균적으로 그보다 5.5인치(14cm) 작기 때문이다. 그리고 즉시 시대에 뒤떨어진 그림이 되었다. 명왕성은 이 그림에서 (분명하게) 오른쪽 끝에 있는 작은 덩어리다. 당시에는 아홉 번째 행성이었던 명왕성은 2006년에 '왜소 행성dwarf planet'으로 좌천되어 태양계의 행성 목록에서 쫓겨났다. 그런 사실을 아는 외계인이 메시지를 해독한다면, "이 그림은 정말 엉망진창이군, 이 친구들을 가까이하지 않는 것이 좋겠어."라고 생각할지도 모른다.

마지막으로, 이 메시지가 21,000년이 걸려서 21광년 떨어진 목적지에 도착할 때는, 표적으로 삼았던 별들이 실제로 그곳에 있지 않을 것이다. 그리고 우리는 모두 죽었을 것이다.

요약하자면, 아이디어는 깔끔했으나 실행은 형편없었다.

너무 많은 지식은 위험하다

바벨 도서관은 대단한 컬렉션이다. 실제로 궁극의 컬렉션*the collection*이다. 그렇지만 유일한 절대적 도서관은 아니다. 조나단 바실은 모든 가능한 픽셀pixels의 조합을 포함하는 도서관도 창조했다. 검색하기는 어렵지만, 그 영원한 그림 도서관의 어딘가에는 엔셀라두스Enceladus(토성의 위성 중 여섯 번째로 큰 위성_옮긴이)에서 열린, 운동장에는 한 솔로Han Solo(영화 『스타워즈』 시리즈의 등장인물_옮긴이), 리초Rizzo(미국의 여성 가수_옮긴이), 찰스 다윈이 있고 거대한 이구아나가 골문을 지키는 축구 경기에서 당신이 페널티 골을 득점하는 사진이 있다. 경기장 측면에는 부풀릴 수 있는 티-렉스T-Rex(티라노사우루스라는 육식 공룡_옮긴이) 복장의 마리 퀴리Marie Curie, 마리 퀴리 복장의 사자, 가짜 속눈썹 외에는 아무것도 걸치지 않은 조지 클루니George Clooney(미국의 영화배우_옮긴이)가 있다. 정말이다.

인간의 지식 전체에 접근하는 것은 좋은 일이라고 생각될지도 모른다. 알려진 모든 암의 치료법도 있으니까 들어가서 찾기만 하면 된다. 그렇지만 역설적으로, 절대적인 모든 것의 완벽한 안내자가 실제로 제공하는 것은 정말로 아주 적다.

보르헤스의 원작은 실제로, 한때는 모든 답을 손에 쥐었다는 낙관론으로 가득 찼다가 모든 것을 가진 것이 축복이기보다 저주에 가깝다는 사실을 깨닫고 서서히 미쳐 가는 사서들의 여러 세대에 걸친 이야기다. 모든 지식이 페이지 속에 숨어 그곳에 있을지도 모르지만 찾아내는 것은 또 다른 문제다. 신호는 소음의 바다에서 익사한다.

잠시 다섯 글자의 모든 가능한 조합의 예를 다시 생각해 보자. 전부 쓴다면 60마일(97km) 길이의 목록이 되겠지만, 그중 99.91%는 의미를 알 수 없는 문자열로 채워진다. 진짜 단어만 한 줄로 써 놓으면 260페이지를 넘지 않을 것이다. 대략적으로 말하자면, 이 책의 페이지 전체를 스완지swansea에서 브리스톨 Bristol까지 가는 길에 뿌리는 것과 같다. 그러나 부디 그러지는 말자. 쓰레기를 함부로 버리는 것은 대단히 무례한 행동이다.

이들 도서관은 모든 인간 지식의 저장소가 되기는커녕, 상상할 수 없을 정도로 엉망진창이다. 잠시 정신을 가다듬고 직접 살펴보라.* 당신이 조나단 바실의 도서관을 훑어보면서 끝없이 이어지는 페이지에서 찾을 수 있는 것은, 단 하나의 적절한 단어조차 형성하지 않는, 무작위한 글자들의 헛소리가 전부다. 보르헤스가 들려주는 한 남자의 이야기가 있다. 그는 사서들의 속삭임 속에서 전설로 전해지는데 500년 전에 읽을 수 있는 텍스트 약 두 페이지를 포함한 책을 찾아낸 사람이다. 반면에 바실이 찾아낸 읽을 수 있는 단어 중에 가장 긴 것은 '개 dog'였다.

---

* https://libraryofbabel.info/를 찾아보라.

바벨 도서관에 있는 책을 1초에 한 권씩 클릭click한다면, 끝까지 가는 데 약 104,668년이 걸릴 것이다. 유감스럽게도, 지구는 앞으로 1,010년 안에 (7장에서 종말에 관한 힌트도 없이 논의할 것처럼) 태양에 잡아먹히게 될 것이므로, 그런 일을 해낼 가능성은 없다.

그리고 가능성이 0이나 다름없는 사건이지만, 무언가 이해할 수 있는 것을 찾아내더라도 그것이 진실인지 어떻게 알 수 있을까? 암의 치료법, 또는 당신의 죽음에 관한 이야기가 있는 모든 페이지는 압도적 다수의, 그럴듯하게 보이면서 한 가지 중요한 세부사항이 잘못된 페이지와 구별할 수 없다. 이 모든 것에는 이상하고 반직관적인counter intuitive인 결론이 있다. 모든 가능한 지식을 갖춘 도서관은 지식이 전혀 없는 도서관이나 마찬가지다.

지식의 원

완전한 도서관이 문자나 픽셀로만 구성되어야 하는 것은 아니다. 숫자로도 만들 수 있다. 파이pi 또는 보통 π로 표기되는 수학의 대표 선수를 생각해 보자. π는 무리수irrational number다. 분수의 형태로 표시할 수 없다는 뜻이다. π의 자릿수 3.14159…는 반복되는 패턴이 없이 무한히 계속된다. 우리가 아는 한, 소수점 다음에는 어떤 숫자이든 나타날 가능성은 모두 동일하다.* 즉 무한한 숫자 목록에서 임의로 선택한 숫자가 0일 가능성은 1 또는 2 또는 3 또는 4 등등일 가능성과 같다.

숫자열strings of numbers도 마찬가지다. π에서 임의로 선택된 연속하는 두 숫자가 15나 21일 가능성은 동일하다. 또는 03이나 58일 가능성도. 연속하는 세 숫자가 876일 가능성은 420, 999, 124 또는 753이 나타날 가능성과 같다.

숫자열이 나타날 가능성이 동일하고 숫자열을 선택하는 과정이 영원히 계속된다면, 모든 가능한 숫자열이 어디선가 적어도 한 번은 *나타나야 한다*. π의 소수점 너머에 숨어 있는 숫자로 이루어진 바벨 도서관이 존재한다.

그 숫자를 텍스트로 바꾸는 일은 비교적 쉽다. 한 가지 방법은 단순히 A=01, B=02 등으로 설정하는 방법인데,** 이는 다소 특이한 결론으로 이어진다. 즉, 바실의 바벨 도서관에 있는 모든 텍스트와 그 이상이 π에 포함된다는 의미가 된다. 셰익스피어의 작품 전체, 당신의 인터넷 암호, 당신이 정말로 드러나지

---

* 중요한 주의 사항: 이 모든 것은 π가 이른바 '정규(normal)'수일 때만 성립한다. 즉, 소수점 다음에 0, 1, 2, 3 등의 숫자가 같은 빈도로 나타나고, 숫자의 모든 조합 또한 나타날 가능성이 동일할 때만 그렇다는 것이다. π가 정규수가 아니라는 힌트는 없지만(수조 자릿수까지 확인한 사람이 있다), 어느 쪽인지 확실하게 아는 사람은 아무도 없다. 수학자들은 무엇엔가 돈을 걸 때, 정말로 진짜로 확신하기를 선호한다.

** 수학 팬을 위한 참고사항: 알파벳, 쉼표, 공백, 마침표로 바꾸기 전에, 바실의 트릭을 이용하여 π를 29진법의 숫자로 변환하는 것이 더 깔끔한 방법일 것이다. 거기에도 π가 29진법의 정규수라는 조건이 필요하다.

않기를 바라는 일에 대한 상세한 설명 등, 길이와 관계없이 모든 텍스트가 있다. 불행하게도 바벨 도서관처럼, 그 밖의 모든 것도 있다. 모든 것의 완벽한 카탈로그라는 무한의 빛나는 약속은 끝없는 절망의 늪에 압도된다.

바벨탑

보르헤스의 도서관은 바벨탑Tower of Babel의 이름을 따라 명명되었다. 바벨탑은 구약성서 창세기에 나오는 신화적 건축물로 세계인이 서로 다른 언어로 말하는 이유를 설명한다.

바벨탑 이야기에 따르면, 인간은 원래 단일한 언어를 사용했다. 노아의 대홍수 이후에 서쪽의 시날Shinar 지역으로 이주한 그들은 천국에 닿을 만큼 높은 탑을 쌓기로 했다. 저런, 오만의 기미가 보인다고 생각한 이 아이디어가 전혀 마음에 들지 않았던 신은 야심이 지나친 인간에게 벌을 주기로 했다. 신 자신의 말에 따르면 그의 다음 행보는 '인간의 언어를 혼잡하게 하여 그들이 서로 알아듣지 못하게 하는 것'이었는데, 다소 심술궂지만, 인간이 서로 다른 언어를 사용하는 이유를 설명해 준다.

이 이야기는 관찰된 현상을 설명하려는 성경 이야기 (그리고 여러 문화권에도 비슷한 버전이 존재한다) 중 하나다. 물론 과학도 바로 그런 일을 한다. 인간 언어의 진화에 관한 진짜 이야기는 대단히 복잡하여 완전히 이해하기가 불가능에 가깝다. 인간의 말이 화석을 남기지 않기 때문이다. 인간이 해부학적으로 수십만 년 전부터 말을 할 수 있었고, 우리의 조상인 네안데르탈인도 그랬다는 것을 안다. 어떻게 알까? 그 모든 것은 설골hyoid이라 불리는, 목에 있는 뼈가 중심이 되는 다소 복잡한 해부학으로 귀결된다. 설골은 무엇이든 삼킬 때마다 오르내리는 턱 밑에 있는 말굽 모양의 작은 뼈다. 이 뼈에 부착된 근육은 대단히 복잡하고, 그 정교함 때문에 말하기가 가능해진다. 침팬지, 고릴라, 오랑우탄의 설골은 훨씬 더 단순하다. 그래서 우리는 그 친구들이 —적어도 우리가 들을 때는— 아무도 말을 하지 않는다는 것을 안다.

그러나 말을 할 수 있는 해부학적 능력과 언어 자체의 진화는 다르다. 언어가 진화하는 방식을 이해하려는 수많은 시도가 있었다. 시간이 지나면서 지금은 사라진, 오늘의 우리가 말하는 단어들의 조상인 초기의 언어 형태가 있었다고 주장하는 사람들도 있다. 헝가리어와 사미어Sami의 이론적 조상인 약 7,000년 전의 원시 우랄어proto-Uralic, 또는 힌디어Hindi에서 영어, 포르투갈어, 우르두어Urdu까지 다양한 언어가 파생된 약 6,000년 전의 원시 인도유럽어proto-Indo-European 같은 유령 언어들 말이다. 심지어 성서가 말하는 바벨탑 이전 시대처럼 언어의 나무에서 몸통에 해당하는, 다른 모든 언어보다 앞선 하나의 공통 원시 언어가 있었다고 추측하는 사람도 있다. 그러나 오늘날의 과학자 대부분은, 인류가 단일한 조상 언어를 공유하기에는 너무도 다양하고 광범위하게 퍼져 있었다는 사실에 근거하여 그런 아이디어를 거부한다. 지금의 우리가 아는 한, 인간은 한 번 이상 언어를 발명했다.

오늘날의 언어는, 지저분하고, 끊임없이 변화하고, 접촉하는 모든 문화로부터 단어와 구절을 흡수하는, 아름다운 스펀지 수렁이다. 영어에서 완벽한 예를 볼 수 있다. 영어는 수천 년이 넘는 세월 동안 침략하고, 이주하고, 남편이나 아내가 되고, 약탈물을 교환하거나 훔치고, 일반적인 관심사를 공유한 모든 톰Tom, 디네쉬Dinesh, 헬가Helga로부터 얻은 요소의 우스꽝스러운 잡탕이다. 그러고 보니, 앞의 문장에는 바이킹어, 라틴어, 독일어, 프랑스어… 등 수많은 언어에서 유래한 단어들이 포함되었다.

성서에 별로 관심이 없는 사람들에게 언어에 관하여 가장 큰 통찰을 주는 이야기는 아마도 더글러스 애덤스Douglas Adams의 《은하수를 여행하는 히치하이커를 위한 안내서The Hitchhiker's Guide to the Galaxy》일 것이다. 바벨 물고기Babel Fish(진짜 바벨 물고기와 혼동하지 말 것)는 뇌파, 특히 뇌의 언어 중추에서 생성되는 뇌파를 먹고 사는, 거머리처럼 생긴 작고 노란 물고기다. 한 마리를 당신의 귀에 꽂으면 고막에 달라붙는 즉시 모든 언어를 번역하기 시작한다. 아아, 《안내서》는 지적한다.

「서로 다른 인종과 문화 사이에 있는 소통의 장벽을 모두 제거함으로써, [바벨 물고기는] 세계가 창조된 이래로 그 어느 때보다도 크고 피비린내 나는 전쟁을 초래했다.」

2018년에 구글은 번역 알고리듬을 통하여 거의 실시간 번역을 제공하는, 픽셀 봉오리pixel buds로 알려진 구글판 바벨 물고기를 만들었다고 발표했다. 다행히도, 아직까지 더글라스 애덤스가 옳았는지를 알 수 있을 정도로 많은 사람이 그 물고기를 구입하지는 않았다.

폐차장의 토네이도

그러므로 무한한 도서관은 쓸모없는 도구이고 원대한 희망의 좌절이다. 끝이 없는 가능성은 현실적으로 0의 가능성을 의미한다.

그러나 20세기의 몇몇 과학자는 그 도서관이 처음에 생각했던 것보다 현실 세계에 더 가까운 것이 아닌지 의문을 품었다. 영어의 알파벳을 지구상의 모든 생명체를 암호화하는 글자로 바꿔 보자. DNA —현존하는 모든 생명체의 유전 암호— 는 결국 A, T, C, G로 알려진 단 네 가지 염기chemical bases의 알파벳이다. 그들을 다른 순서로 조합하면 바나나, 굴, 날개가 있는 개미핥기를 비롯하여 기능한 모든 생명체의 기본 레시피recipe를 얻을 수 있다.

문제는 다음과 같다. 이들 문자로 구축된 도서관에서 서가의 책을 한 권 뽑아 훑어보고, 눈eye을 만들기 위하여 —날아다니는 개미핥기는 고사하고— 완벽하게 작동하는 암호가 수록된 페이지를 찾아낼 가능성이 얼마나 될까?

이는 진화가 무작위적 돌연변이의 결과라는 아이디어를 받아들이지 않았던 저명한 천체물리학자 프레드 호일Fred Hoyle의 주장과 같은 유형의 질문이다. 무작위한 방법으로 실제 단백질 한 가지를 ―혈액에서 산소를 운반하거나 빛을 에너지로 변환하는 것 같은 복잡하고 섬세한 기능은 제쳐 두고― 만들어 낼 수 있는 조합에 우연히 도달할 가능성이 극도로 희박하다는 것은 분명하지 않았을까? 호일은 다음과 같이 말했다.

> 고차원의 생명체가 이런 방식으로 출현했을 가능성은, 폐차장을 휩쓴 토네이도가 그곳의 쓰레기로부터 보잉 747 항공기를 조립했을 가능성과 비슷하다.

기억하기 쉽게 폐차장의 토네이도Junkyard Tornado로 알려진 호일의 주장은 지구상의 생명체를 일종의 바벨 도서관으로 본다. 진화는 어떻게 무한히 많은 염기의 조합이 있는 도서관에서 실제로 작동하는 유전자를 찾아낼까? 바실이 자신의 도서관에서 찾아낸 의미 있는 텍스트가 '개dog'에 불과했던 것처럼, 케라틴keratin이나 헤모글로빈hemoglobin의 유전자가 나타날 가능성은 극히 희박하다.

호일이 진화 이론을 좋아하지는 않았지만, 그 대신에 지적 설계intelligent design를 지지한 것은 아니었음을 말해 두어야겠다. 그렇지만 폐차장의 토네이도는 창조론자들이 선호하는 주장이 되었다. 그들은 진화의 맹목적인 과정을 통하여 단 하나의 작동하는 유전자가 나타나는 것조차 전혀 있을 수 없는 일이기 때문에 모든 단백질을 각자의 특정한 목적에 맞게 만들어 낸 설계자, 즉 창조의 작가가* 실제로 있었다는 것이 더 나은 설명이라고 주장한다.

물론 호일과 창조론자들의 말은 절대적으로 옳다. 진화는 그런 방식으로 작동할 수 없다.

다행스럽게도 진화는 그런 식으로 작동하지 *않고*, 다윈과 모든 생물학자는 편안하게 휴식을 취할 수 있다. 호일의 주장은 진화의 속성에 관한 근본적 오해에서 비롯된 것이다. 유전자 코드는 완벽한 형태로 출현한 것이 아니고, 그렇게 생각하는 생물학자도 없다. 진화는 앞선 것을 기반으로 구축된다. 가용한 도구를 만지작거리면서 여기저기서 한 글자씩을 바꾼다. 대부분 작동하는 코드를 작동하지 않는 코드로 바꾸지는 않을 정도로 미약한 변화다.

진화는 셀 수도 없이 많은 페이지에 이미 모든 가능성이 수록된 보르헤스나 바실의 도서관과 다르다. 게놈genomes은, 효과가 없는 모든 것을 던져 버리면서, 단계적으로 집필된 책이다. 무작위가 아니라 편집되고 관리되어 완전한 의미를 갖는

---

* 엄밀하게 말하자면,《크리에이션(Creation, 창조)》이라는 책을 쓴 적이 있는 애덤이 창조의 작가다.

페이지에 이르는 과정이다. 우리는 짧은 단어를 이용하여 간
단하게 진화를 시험해 볼 수 있다.

DOG

LOG

LOO

WOO

WOOF

WOLF

이들 모두는 진짜 단어다. 진화의 모든 단계는 현실 세계에
서 살아남을 수 있는 유기체로 이어져야 한다. 여기까지 오는
동안에 수많은 막다른 골목이 있었다. 진짜 단어를 형성하지
않는 다양한 단계 —SOG, KOO, WOOJ— 도 시도했지만, 그들을
무시하고 내쫓은 후에 진짜 단어가 나타날 때까지 작업을 계
속했다. 작동하는 단어를 선택하고 나머지는 버렸다.

　이것이 진화가 실제로 작동하는 방식과 훨씬 더 비슷하다.
생명의 기원이 된 최초의 유전자가 무엇이었는지 알지 못한
다. 단지 그 유전자가 복제, 그것도 불완전하게 복제되었다는
것만 안다. 약 40억 년 전의 그 시점 이후로 모든 세포에서 유
전자가 자신을 복제할 때마다, 때로는 오류와 함께 동일한 과
정이 끊임없이 계속되었다. 자연은 제대로 작동하지 않는 결

과를 낳는 오류를 선택하여 내던져 버렸다. 그런 오류는 숙주 유기체를 덜 건강하게, 덜 섹시하게 또는 건강에 더욱 해로워서 실제로 사망하게 했기 때문이다. 새롭지만 문제가 되지 않거나 심지어 유용한 오류는 생존을 위한 자연의 선택을 받았다. 이런 과정이 자연선택에 의한 진화라 불리는 이유다.

모든 가능한 유전자의 도서관에는 진화가 내던져 버린 모든 유전자와 애당초 시도조차 해 보지 않은 수많은 유전자가 있다. 자연이 무작위한 회오리바람보다 훨씬 더 효율적인 사서라는 것이 생명계의 현실이다. 자연은 큐레이터curator다.

큐레이션curation이라는 주제와 관련하여, 타자기 앞에 앉은 무한한 수의 원숭이라는, 현실성이 떨어지는 버전의 바벨 도서관이 있다. 그중 한 마리가 조만간 《햄릿Hamlet》을 비롯하여 셰익스피어의 작품 전체를 타자해 내리라는 것이다. 2003년에 몇몇 연구자가 이 실험의 한 가지 버전을 시도했다. 물론 규모가 축소된 실험이었다. 무한한 수의 원숭이를 실험하려면 윤리위원회와의 거북하고 실패가 필연적인 회의가 요구될 것이기 때문이다. 그래서 엘모Elmo, 검Gum, 헤더Heather, 미슬토우Mistletoe, 로완Rowan, 홀리Holly라는 짧은꼬리원숭이 여섯 마리가 여러 대의 타자기와 마주하게 되었다. 원숭이들은 문자 's'가 가장 많이 타자된 다섯 페이지를 만들어 냈지만, 대부분의 시간을 돌멩이로 키보드를 두드리고 글쇠 사이의 틈으로 자신의 대변을 밀어 넣으면서 보냈다.

셰익스피어를 타자하는 짧은꼬리원숭이 프로젝트와 마찬가지로, 무한한 도서관의 모든 버전에는 엄청나게 많은 쓰레기가 포함될 것이다. 당신의 손에 있는 이 과학 이야기 모음의 제목은 절대적으로 모든 것을 포함한다고 말한다(이 책의 원제 The Complete Guide to 'Absolutely Everything'를 뜻함_옮긴이). 그러나 우리는 원숭이가 아니다. 우리는 사서이고, 이미 신중하고 성실하게 독자를 위한 최고의 이야기들을 선택했다.

2
장

생명, 우주
그리고 모든 것

생명은 쓰레기 더미 속의 회오리바람처럼 느닷없이 나타나
지 않았다. 최선의 방식을 결정하기 전에 상상할 수 있는 모든
가능성을 시도해 보면서 뜸을 들이지도 않았다. 우리 발밑의
떠 있는 우주 바위space rock에 있는 모든 생명체는 지난 40억 년
동안 지구에서 진행된 느리고 구불구불한 진화의 시행착오(더
정확하게는, 착오와 시행)를 통하여 태어났다.

그렇지만 지구가 유일한 우주 바위는 아니다. 우리 태양계
에는 여덟 개의 행성(2006년에 가엾은 명왕성이 퇴출되기 전에는 아
홉 개였다)을 비롯하여 여러 왜소행성(이제 명왕성도 그중 하나다*)

---

* 명왕성은 카이퍼 벨트(Kuiper Belt)에서 비슷한 크기의 다른 천체들이 발견된 뒤에 행성의
지위에서 강등되었다. 태양계의 외곽 지역인 카이퍼 벨트에는 다양한 크기의 천체 수십
억 개가 멀리서 태양 주위의 궤도를 돌고 있다. 이 지역에서 새로 발견된 비슷한 크기의
천체 모두를 행성으로 인정하기보다는 명왕성을 퇴출하는 결정이 내려졌다. 이는 1930
년에야 발견된 명왕성이 행성의 지위를 유지한 짧은 기간에 태양을 한 바퀴도 돌지 못
했음을 의미한다. 그렇지만 너무 슬퍼하지는 말라. 명왕성에는 동반자가 있다. 명왕성
은 비슷한 크기의 위성인 카론(Charon, 샤론으로 발음된다고 생각한다)과 함께 쌍성계(binary
system)를 형성한다. 그들은 영원한 왈츠를 추면서 서로의 주위를 돈다. 게다가 얼음 화
산까지 있는 명왕성은 우주에서 가장 경이로운 장소의 지위를 다투는 강력한 경쟁자다.

과 수백 개의 위성이 있다. 생명을 품을 가능성이 있는 후보를 제한하는 매우 구체적인 제약 조건 ─액체, 대기, 태양 복사선으로부터의 보호─ 이 있음에도 불구하고, 여전히 유력한 경쟁자들이 있다. 토성의 가장 큰 위성 타이탄Titan은 질소가 풍부한 짙은 대기를 갖추고 있으며, 푹신한 구름과 계절 폭풍우(휘발유의 비와 순수한 검댕의 눈이 내리는)가 있다. 목성의 가장 큰 위성 가니메데Ganymede에는 액체 상태의 철심이 있어서 자체적 자기장을 형성하면서 출렁댄다. (지구의 자기장은 무자비한 태양의 복사선을 막는 행성 보호막을 형성한다. 자기장이 없다면 태양 복사선이 모든 DNA 가닥을 갈가리 찢고 모든 생명체를 태워 버릴 것이다.) 목성의 또 다른 위성 유로파Europa에는 지면 바로 아래에 우리의 세계에서 화학을 생화학으로 바꾼 염salts 등의 성분이 풍부한, 액체 상태의 물로 이루어진 바다가 있다.

우리가 위치한 우주의 작은 구석 밖에도 다른 후보들이 있다. 1990년대에 처음으로 외계행성exoplanets ─태양계 밖에 있는 행성─ 이 발견된 이래로 수천 개의 외계행성이 식별되었고, 추가로 수백만 개가 분류를 기다리고 있다. 지구에는 생명이 넘쳐나지만, 우주에는 행성이 넘쳐난다.

지구 이외의 장소에 생명이 있을 가능성을 계산하기는 불가능하다. 아직 표본 개수가 하나에 불과하기 때문이다. 그러나 이 문제의 답은 기본적으로 두 가지 가능성뿐이다. 우주의 다른 곳에 생명이 존재하거나 아니면 우리가 혼자라는 것. 과학의 관점에서는 윈윈win-win이 되는 답이다. 어느 쪽이든 놀라운 일일 것이다.

지구상의 생명체 대부분은 다른 모든 생명체를 수적·양적으로 능가하는 작은 단세포 유기체인 박테리아다. 심지어 각자의 몸에도 박테리아가 인간의 세포보다 많다. 박테리아는 인간 세포보다 훨씬 작다. 따라서 우리는, 무게 기준으로는 여전히 대부분 인간이지만, 숫자 기준으로는 인간과 다른 존재다. 박테리아는 생명의 초창기부터 있었고, 인류가 멸종되고 나서 오래 후에 지구 생명체의 종말이 올 때까지 살아남을 것이다. 이러한 박테리아의 우위를 생각하면, 이 단순한 형태의 생명체가 지구 너머에 있는 생명의 훌륭한 모델이 될 것으로 생각할 수도 있다. 하지만 우리가 지구에 있는 박테리아 형태의 생명체를 최대한 존중하더라도(우리가 박테리아에 전적으로 의존한다는 것은 더욱 중요하다), 그들이 대단히 따분하다는 것을 고백할 수밖에 없다. 특히 살펴보는 일이 그렇다. 눈으로 보기에는 너무 작기 때문에.

진짜 재미있는 일은 큰 쪽으로 시선을 돌려서 외계의 짐승이 어떤 환상적인 형태일지를 상상하는 것이다. 과학에는 정형화된 놀이 시간이라는 매우 확실한 요소가 있다. 우리에게는 아이디어와 실험과 추측을 통해서 놀 수 있는 면허가 있다. 외계인에 관해서는, 빅뱅을 열렬하게 지지하고 폐차장의 토네이도를 주장한 프레드 호일에서 DNA 이중나선의 발견자 중

한 사람인 프랜시스 크릭Francis Crick까지 여러 위대한 과학자가 외계 생명체의 문제를 가지고 놀았다. 현대에 와서는 우주론학자 칼 세이건, 캐럴린 포코Carolyn Porco, 사라 시거Sara Seager, 닐 디그래스 타이슨Neil deGrass Tyson을 비롯하여 여러 천문학계의 거인들이 아직은 직접적 증거가 없음을 인정하면서도 외계 생명체를 신중하게 고려했다.

그러니 당신도 상상력을 마음껏 펼쳐 보라! 크고, 장엄하고, *무시무시하게* 생각하라. 진화가 지구에서 무엇을 창조했는지를 생각하고, 전체 우주를 아우르는 상상의 자유를 누려 보라. 가능성에는 끝이 없다!*

상상력이 부족한 종과의 근접 조우

(영화 제목 『미지와의 조우Close Encounters of the Third Kind』에서 따온 말_옮긴이)

---

* 2020년 9월, 금성의 대기에 포스핀(phosphine)이 존재한다는 과학자들의 발표에 언론 매체가 법석을 떤 일이 있었다. 지구에 있는 포스핀은 인간과 몇몇 동물에 의해서만 생성된다. 이 단순한 화학물질의 비생물학적 출처는 알려지지 않았다. 금성의 대기에 포스핀이 있다는 것이 생명의 존재를 암시한다는 추측이 난무했지만, 우리는 더 신중하다. 금성은 아주 대단히 뜨겁고, 매우 확실하게 죽은 세계로 보인다. 금성의 포스핀은 다른 세계에서는 생화학(biochemistry)이 아니라 지구화학(geochemistry)을 통해서 —우리가 알지 못하는 방식으로— 포스핀이 생성된다는 것을 의미할 가능성이 더 크다. 그러나 누가 알겠는가? 우리는 우리가 모른다는 것을 안다.

다만 끝없는 가능성을 다루는 인간의 솜씨가 신통치 않음을 이미 확인했다는 것만 빼고. 당신에게 외계인을 생각해 보라고 하면 아마 두 가지 유형의 상상 중 하나가 마음의 눈에 떠오를 것이다.

(1)'회색인Grey' - 수많은 영화에 나오는 인간형 외계인을 지칭하는 용어. 몸이 가늘고 피부가 매끄러우며, 거대한 둥근 머리와 광택이 나는 큰 눈이 있고, 아마도 벌거벗은 외계인.
(2)영화 『에일리언Alien』과 속편 『에일리언스Aliens』, 『에일리언 3』, 그리고 제목에 '외계인alien'이라는 단어가 들어가는 갈수록 실망스러운 영화들에 나오는 곤충형 외계인. 대략 사람 크기에 머리는 남근 모양이고, 혈액은 산acid이며 피부가 철갑이다.

온라인에서 '외계인'의 이미지 검색을 해 보면 거의 모든 그림이 두 가지 유형 중 하나다. (주목할 만한 ―그러나 실제로 크게 다르지 않은― 예외는 아마도 너무 익은 아보카도 같은 피부를 가진 『E. T.』의 외계인과 『토이 스토리Toy Story』에서 나중에 감자 머리Potato Head 부부에게 입양되는 세눈박이 작은 초록인three-eyed little green men 장난감일 것이다.)
솔직히 말해서 이는 우리의 생각에 미치는 대중문화의 영향력뿐만 아니라, 우리의 상상력이 엄청나게 빈약하다는 것을 뜻한다. 여분의 눈이나 마법처럼 빛나는 손가락 같은 몇 가지 과장을 제외하고, 외계인이 인류와 거의 비슷한 모습이어야 할 이유는 전혀 없다. 다리를 생각해 보자. 인간의 다리는 두 개다. *회색인, E. T.,* 작은 초록인과 『*에일리언*』의 외계인도 다리가 두 개다. 그렇지만 통계적으로 지구상에는 다리가 둘인 동물이 거의 없다. 대부분은 다리가 여섯 개다.* 어렸을 때는 열두 개였다가 성장한 후에는 여섯 개가 되는 동물도 있다.** 다리가 전혀 없는 동물도 많다.*** 큰 동물은 대부분 다리가 네 개다. 여덟 개인 동물도 많다. 새들은 확실히 다리가 둘이지만, 그들의 주된 운동 형태는 앞다리(또는 날개로 알려진)에 의존한다. 지구상의 모든 동물 중에 이족 보행 클럽은 기본적으로 인간, 타조, 캥거루다.****

두 발로 걷는 것이 인간에게 유익했던 데에는 여러 가지 이유가 있다. 인간은 손을 사용하여 다른 일을 할 수 있다. 장거리를 달릴 수도 있다. 인간의 진화 대부분이 일어난 아프리카의 초원에서 사냥할 때 유용했던 능력이다. 두 발로 서면 키 큰풀 위로 볼 수 있어서 우리를 잡아먹으려는 동물을 더 잘 발견할 수 있다. 그러나 단점도 있다. 허리 통증이 대표적이다. 우

---

*   딱정벌레

**   나비와 나방.

***   뱀, 지렁이, 달팽이, 해파리, 산호 등.

**** 몇 가지 주의 사항: 모든 유인원, 천산갑, 얼룩스컹크(spotted skunk)를 포함한 많은 동물이 때로는 이족 보행을 한다. 그러나 우리는 두 발로 걷는 것이 주된 운동 형태(상습적 이족 보행으로 알려진)인 동물을 이야기하고 있다. 물론 과거에는 많은 공룡이 두 발로 걸었고, 끔찍하게도 이족 보행을 하는 악어의 조상까지 있었다. 고맙게도, 그들은 지금 모두 죽었다.

리는 발로 움켜쥘 수 없어서 기어오르기를 잘 하지 못한다. 그래서 나무 위에서 훨씬 덜 안전하다. 그리고 우리의 골반은 똑바로 서는 데 도움이 되도록 좁게 진화했다. 이 또한 출산 과정이 영혼에 지진이 일어나는 것처럼 고통스러움을 뜻한다.*

이족 보행을 하는 생물체가, 우주의 나머지 영역은 고사하고 어디서든 나타날 가능성은 매우 낮다. 인간은 변칙적인 존재다. 외계인이 인간과 같은 특이성을 공유하기를 기대할 이유는 없다.

할리우드는 그 메모를 받지 못한 것 같다. 외계 생명체에 관한 우리의 개념에 그토록 큰 영향을 미친, 가까스로 상상해낸 은막의 외계인들 배후에 있는 가장 큰 원동력이 과학적 정확성보다는 영화 제작 예산이 아닌가 하는 강한 의심이 든다. 1902년에 조르주 멜리에스Georges Méliès의 『달세계 여행Le Voyage dans la Lune』에서 처음으로 영화에 등장한 외계인인 달나라인 Selenites은 멜론 같은 머리와 바닷가재의 발톱을 가졌지만, 똑바로 서서 이족 보행을 했다. 그들은 외계인 복장을 착용한 인간처럼 보였다. 주된 이유는 물론 그들이 외계인 복장을 착용한 인간이었기 때문이다. 그리고 기괴한 우주 바퀴벌레에 훨

---

* 어머니의 골반과 아기의 두개골의 상대적 크기가 필연적으로 인간 아기의 임신 기간이 다른 포유동물보다 짧아지는 (따라서 훨씬 더 무력한 상태로 태어나는) 것을 의미한다고 주장하는 사람도 있다. 그렇다면 『에일리언』의 유명한 아침 식사 장면이 그렇게 황당하지 않을지도 모른다.

씬 더 가깝지만, 여전히 외계인 복장을 착용한 키 큰 인간과 비슷한 덩치인 『에일리언』의 외계인(속편인 『에일리언스』에서는 복수의 외계인들이 된다)이 있었다. 그들이 키 큰 인간과 덩치가 비슷했던 이유는 —인내심을 갖기 바란다— 외계인 복장을 착용한 키 큰 인간이었기 때문이다. 『에일리언』에는 신장이 6피트 10인치(208cm)인 배우 볼라지 바데조Bolaji Bade가 나왔고, 『에일리언스』에는 6피트 2인치(188cm)인 톰 우드러프 주니어Tom Woodruff Jr.가 출연했다. 아놀드 슈워제네거Arnold Schwarzenegger가 정글에서 외계인과 싸우는 1987년도 영화 『프레데터Predator』[*] 에 등장한 외계인 포식자 속에는 케빈 피터 홀Kevin Peter Hall이라는 배우가 웅크리고 있었다. 『E. T.』의 E. T.는 고환testes 같은 질감의 라텍스latex를 걸친 팻 빌론Pat Bilon이었고, 『언더 더 스킨 Under the Skin』에서 스칼렛 요한슨Scarlett Johansson이 연기한 외계인은 스칼렛 요한슨의 피부로 만든 정장을 입었다.

진짜 외계인이 존재한다면, 그들은 20세기 폭스(20th Century Fox)사의 의상 담당자가 배우에게 뒤집어씌울 수 있는 어떤 보철물보다도 더 거칠고 이상할 것이다. 진화는 우리보다 훨씬

---

* 그리고 속편인 『프레데터 2』, 『프레데터스(Predators)』, 『더 프레데터(The Predator)』. 『에일리언 대 프레데터(Aliens vs Predator)』라는 영화도 두 편 있었다. 정말이지, 할리우드는 영화 제목에 신경을 좀 써야 한다. 그러나 과학자의 명명 관행에는 문제가 없다. 브라질도깨비거미(Brazilian goblin spiders)의 전체 속(genus)이, Predatoroonops schwarzenneggeri, Predatoroonops peterhalli(케빈 피터 홀의 이름을 따라), 그리고 존 맥티어넌(John McTiernan) 감독의 이름을 딴 Predatoroonops mctiernani를 포함하여, 영화 『프레데터』의 배우와 제작진의 이름을 따라 명명되었다.

더 상상력이 풍부하다. 우리의 형이상학으로 꿈꾼 것이 아니라 무엇이 작동하는지에만 제약을 받는다. 그리고 외계에서 진화한 외계인이 대략이라도 우리와 비슷한 크기일 것이라고 주장할 실제적 이유는 없다.

크기가 중요하다

인간의 크기가 부wealth처럼 다른 속성과 같은 방식으로 분포한다면, 우리는 가끔 엠파이어스테이트 빌딩보다 키가 큰 사람들이 돌아다니는 모습을 볼 수 있을 것이다. 바지를 사는 일은 특히 지구 대기권이 발목을 겨우 덮는 정도일 빌 게이츠 Bill Gates와 제프 베조스Jeff Bezos에게 악몽이 될 것이다.* 그렇지 않기 때문에 우리는 대부분 인간에게 적합한 대략 단일한 크기의 자동차와 출입구를 디자인할 수 있다.

인간은 알려진 동물의 크기 스펙트럼에서 중간쯤에 위치한다. 비둘기보다 훨씬 크고, 하마보다 훨씬 작다. 개미와 비교하면 확실히 거대하지만, 코끼리에 비하면 아주 왜소하다. 우리

---

* 평균적으로 미국인 한 사람이 소유한 재산은 25만 달러다. 이 책을 쓰는 시점에 2천억 달러가 넘는 제프 베조스의 재산은 평균적 미국인의 약 80만 배다. 인간의 평균 신장이 1.65m이므로, 이러한 척도로, 베조스의 키는 1,300km를 넘게 될 것이다. 지구와 우주를 가르는 경계로 흔히 사용되는 카르만 선(Kármán line)은 100km 상공에 있다.

의 은하계 동료들이 저 밖에 존재한다면, 이 스펙트럼의 어디든지 또는 그 너머에 위치할 수 있다.

알다시피 생명체에는 내부와 외부가 있어야 한다. 생존을 유지하고 번식하기 위하여 주변으로부터 에너지를 추출해야 한다. 우리는 다윈적이지 않은 진화를 거친 생명체가 존재할 수 있는 방식을 상상할 수 없지만, 종종 끊임없이 변화하는 환경 속에서 존재하는 유기체보다는 유기체 자체에 초점을 맞춘다. 생명체에게 진화는 필수조건이다. 환경이 끊임없이 변하므로 살아남기 위해서 변화에 적응해야 한다. 생명체는 진화적 변화를 통하여 환경이 허용하는 대로 커지거나 작아지는 방식으로 적응할 것이다. 그렇게 되는 것이 생존에 유리하다면.

지구상에서 이제까지 살았던 동물 중에 논쟁의 여지없이 왕좌를 차지하는 가장 큰 동물은 공룡이나 다른 선사시대 동물이 아니다. 오늘날에도 우리와 함께 있는 *흰수염고래* *Balaenoptera musculus*다. 흰수염고래는 몸무게가 180톤까지 나가고 길이는 30m에 달한다. 구식의 '상호비교 표준과학기준 standard science metrics of relatable comparisons'으로 말하자면,* 보잉 737 비행기의 무게와 농구 코트의 길이에 해당한다.

---

* 인간의 머리카락(폭만), 테니스공, 멜론, 농구공, 소형견, 칠면조, 대형견, 폭스바겐 비틀(VW Beetle), 2층버스, 테니스 코트, 비행기(특정 모델 선택), 농구 코트, 축구장, 고래, 웨일즈(Wales). 이 기준은 변경 금지다. 부디 다른 것을 써 넣지 말기 바란다(영국에서 어떤 대상의 크기를 비교할 때 주로 비교 대상이 되는 것들_옮긴이).

그 정도 크기의 동물은 주변 환경의 도움을 얻어서 자신의 몸무게를 지탱해야 한다. 고래의 밀도는 짠 바닷물보다 약간 더 크다. 따라서 헤엄치기를 멈춘다면 바닥으로 가라앉을 것이다. (다행한 일이다. 그렇지 않다면, 대양을 횡단하는 선박은 파도 속에서 코르크 마개처럼 오르내리는 썩어 가는 고래 사체들 사이로 항해해야 할 것이다.) 고래는 폐를 부풀려 자신의 밀도를 변화시킴으로써 마음 내키는 대로 중립적 부력을 얻거나 물보다 가벼워질 수 있어서, 거대한 몸체에 가해지는 힘을 느끼지 않고 우아하게 바닷속으로 미끄러져 들어갈 수 있는 인상적인 능력을 보여 준다. 그렇지만 물이 있는 바다가 지구에만 있는 것은 아니다. 태양계에는 외계인 고래를 수용할 잠재력이 있는 장소가 지구 말고도 두 곳이 더 있다.

토성의 위성 엔셀라두스Enceladus의 크기는 자매 위성인 타이탄Titan의 1/10에 불과하지만, 훨씬 더 밝다. 우주에서 보면 빛나는 흰색 눈덩이처럼 보이는 엔셀라두스는, 두꺼운 얼음이 태양의 열을 반사하기 때문에 점심시간의 온도가 상쾌한 섭씨 -198도에 이른다. 그러나 얼음 껍질에는 그 밑에 있는 액체 상태의 바다를 드러내는 균열이 있다. 암석 지각의 균열을 통하여 우리 발밑 깊은 곳에 녹아 있는 내부 물질을 뿜어내는 지구처럼, 엔셀라두스의 얼음 화산은 액체를 우주 공간으로 곧장 뿜어낸다. 2005년에 *카시니*Cassini 탐사선은 그 스프레이spray를 들이마시고 성분을 분석할 수 있을 정도로 저돌적인 근접비행을 수행했다. 분출물은 염화나트륨(소금), 수소, 복잡한 탄수화물, 기타 지구의 바다와 비슷한 화학물질이 포함된 염수였다. 그중 일부는 눈이 되어 다시 엔셀라두스로 떨어지고, 나머지는 토성의 고리 중 하나의 내용물을 제공한다.

이런 사실은 우리의 지각 밑에 액체 상태의 암석이 있는 것과 마찬가지로 엔셀라두스에 우리의 바다와 다르지 않은 액체 상태의 바다가 존재한다는 것을 의미한다. 행성의 핵에 있는 무언가가 그 바다를 표면처럼 얼지 않도록 따뜻하게 유지하고 있지만, 무엇이 그런 온기를 생성하는지는 알려지지 않았다.

엔셀라두스의 바다에는 생명체가 가득할 수도 있다. 바닷물의 밀도와 성분이 지구의 바다와 비슷하다는 점을 고려하면, 유선형 몸매를 갖춘 2층버스 크기의 엔셀라두스 고래가 얼음 밑에서 헤엄치고 있을지도 모른다.

우리가 아는 한, 지구를 제외하고 태양계에서 흐르는 강이 있는 곳은 타이탄이 유일하다. 타이탄의 표면에는 호수의 자국이 흩어져 있고, 대기에는 탄소 기반의 화학물질이 풍부하다. 이 모두가 지구와 꽤 비슷하게 들려서 우리가 아는 생명체를 수용하는 훌륭한 후보가 될 것 같다. 그러나 타이탄의 액체는 에탄과 메탄의 혼합물이고 질소가 주성분인 대기에는 에탄, 메탄, 그리고 지구에서 금속을 용접할 때 쓰는 가스로 가장 잘 알려진 아세틸렌이 풍부하다. 기본적으로, 바비큐 파티에 적합한 장소는 아니다. 표면의 석유 밑에 물이 있어서 생명의 보육원이 될 수 있을 것으로 추측한 사람들도 있었다. 액체 상태의 물은 우리가 아는 형태의 생명체에 필수적이다. 염salts을 녹일 수 있다는 것이 주된 이유다. 에탄과 메탄 같은 탄화수소는 효율이 훨씬 떨어지는 용매solvents다. 그러나 다시 말하지만, 이러한 주의사항들은 우리 상상력의 한계와 지구의 생명체가 어떻게 생겼는지에 관한 우리의 지식이 결합한 결과다. 에너지가 풍부한 탄화수소가 출렁대는 역동적인 행성에는, 생명을 유지하기 위하여 석유를 빨아들이는, 고래만큼 큰 물고기가 있을지도 모른다.

엔셀라두스와 마찬가지로 유로파Europa의 얼음 껍질 밑에도 염수가 있다. 유로파의 바다에는 지구에 있는 바다의 두 배에 해당하는 물이 있으며, 아마 지구의 대양 밑바닥에 흩어져 있는 열수 분출구hydrothermal vents도 있을 것이다. 그런 장소는 실제로 생명이 태어나기에 가장 적합한 후보지다. 그 분출구들이 지구에서처럼 작용하여 최초로 생명의 불꽃이 튀고 수십억 년이 지난 지금, 유로파의 바다에는 위성의 제약 조건이 허용하는 거대한 동물, 그러니까 대왕고래보다 더 큰 동물도 있을까?

타이탄과 유로파에 탐사선을 보내는 계획이 추진되고 있다. 토성의 달까지 가도록 설계된 NASA의 *드래곤플라이Dragonfly* 탐사선은 기름기 많은 대기 속에서 사는 타이탄인을 발견할지도 모른다. 2025년 발사 예정인 탐사선 *클리퍼Clipper*의 임무는 목성의 달을 탐사하고 혹시 있을지도 모르며 틀림없이 유러피안European이라 불리게 될, 생명체를 발견하는 것이다.

그들 위성에 있는 액체의 상태를 고려하더라도, 그곳에서 헤엄치며 돌아다니는 엔셀라두스인, 타이탄인, 그리고 유러피안이 대왕고래와 비슷하지 않은 생명체일 것으로 추정할 이유는 없다. 지구의 고래는 환경의 산물이다. 주변 환경이 그들의 크기와 형태를 결정한다. 우리는 이것이 사실임을 —특히 고래에 대하여— 안다. 고래가 항상 그렇게 크고 그렇게 젖어 있지는 않았기 때문이다.

익숙지 않은 가계도

다음 페이지의 그림은 *파키세투스Pakicetus*라는 동물이다. 휘두르는 꼬리, 수염이 난 주둥이, 아랫배에 있는 털로 덮인 젖꼭지, 그리고 마른 땅에 서 있다는 사실에 속지 말라. *파키세투스*는 고래였다.

또는 적어도 *파키세투스*는 고래의 할머니의 증조할머니였다. 약 5,000만 년 전 언젠가, 이 동물 —큰 개와 성난 수달 사이의 교배종의 일종이며 네 개의 다리와 꼬리가 있는— 이 바다로 돌아가는 과정이 시작되었다. 처음으로 얕은 물에서 기어 나와 육지를 정복한 후 3억 년쯤 되었을 때였다.

*파키세투스*라는 이름은 파키스탄 북부의, 무엇보다도 지금

은 물속에 있지 않음이 확실한 발견 장소를 따라 붙여졌다. 그러나 물에서 사는 개고래dog-whale가 돌아다닐 당시에는 지구의 지질학이 크게 달랐다. 이때 당시에는 섬이었던 현재의 인도가 아시아 대륙에 아주 서서히 충돌하기 전이었다. 그 충돌 과정에서 생긴 주름은 히말라야산맥으로 솟아오르게 됐다. *파키세투스*는 연안 해역에서 배회하고 있었지만, 시간이 흐르고 땅이 이동하면서 위치가 옮겨져 이제 바다에서 1,000마일(1,600km) 떨어진 육지에 사체가 묻혀 있다.

육지 동물이 왜 바다 동물이 되어, 의도치 않게 온갖 종류의 수중 포유류를 낳게 되었을까? 확실한 이유를 알기는 어렵지만, 아마도 물속으로 들어가는 것이 굶주린 포식자를 피하기가 더 쉬웠거나, 얕은 물에서 쫓아다닐 수 있는 맛있는 물고기 떼가 있었을 것이다. 어느 쪽이든, 오늘날의 고래에게는 여전히 육지에서 살았던 과거의 유산이 남아 있다. 고래는 공기를 호흡하고, 털이 많고(어쨌든 태어날 때는. 나중에는 털이 빠르게 없어진다), 새끼를 낳아 (알을 낳는 대신에) 젖을 먹인다. (저지방 우유보다는 짙은 크림 페이스트에 더 가깝고 절반이 지방인 젖이다.)

일단 물로 들어가자, 초기 고래의 후손들은 *파키세투스*의 거의 30배 크기로 팽창했다. 짠 바닷물은 거대한 몸체를 가질 수 있게 했지만, 거대한 크기가 바람직할 수 있는 이유에 대해서는 많은 단서를 제공하지 않는다.

고래의 거대한 크기의 장점은 부분적으로 열 손실과 관련된 것인지도 모른다. 바닷물은 차갑고 공기보다 훨씬 효율적으로 열을 전달한다. 따라서 수중 동물의 체온은 육지 동물보다 빠르게 내려간다. *파키세투스*의 후손들은, 완전한 바다 동물로 진화함에 따라 너무 많은 열을 바닷물에 빼앗기지 않으려고 두꺼운 지방층을 개발했다. 큰 동물일수록 더 천천히 열을 잃는다. 따라서 크고 둥근 고래는 대단히 효율적으로 자신의 체온을 조절할 수 있다.

설득력 있는 주장이지만, 열 손실이 대왕고래의 크기를 설명하는 유일한 이유가 될 수 없음은 분명하다. 물개도 지방층이 있고 동일한 수생 환경에서 번성하고 있지만, 상대적으로 작은 크기로 남아 있다.

진화에 대하여 우리가 좋아하는 말이 있다. 과학사의 위대한 인물 중 한 사람이 아니고 미국 대통령이 한 말이다. 시어도어 루스벨트Theodore Roosevelt는 다음과 같이 말했다.

"당신이 위치한 곳에서, 가진 것으로, 할 수 있는 일을 하라."

다윈에 관한 이야기는 아니었지만, 유기체의 진화가 환경 속에서 일어나고, 그 환경에서 가능한 일만 할 수 있다는 사실을 매우 간결하게 요약한 말이다. 어떻게 고래가 그렇게 커졌는지에 대한 단서는 단지 열 손실 이론뿐만 아니라 고래가 어디에 있고 어디로 가는지에도 있다. 그러나 첫 번째 단서는 고래가 아니고 교활한 꼬마 히치하이커hitchhiker에서 찾을 수 있다.

갑각류 연대기

따개비는 정착할 곳을 찾으려고 헤엄치는 유충으로 태어난다. 만족스러운 표면을 선택한 아기 따개비는 이마를 사용하여 그 표면에 달라붙고, 주위에 딱딱한 껍질을 만들어서 평생 동안 그곳에 머문다. 대부분은 해변의 바위 표면에 영구적인 집을 찾지만, 고래의 피부에 붙어서 자신의 거대한 준마와 함께 대양에서 파도타기를 하는 따개비도 있다.*

오늘날의 고래 대부분은 계절에 따라 엄청난 거리를 이동한다. 지방 에너지를 충분히 축적하기 위하여 여름철에는 북태

---

* 어느 정도 거리가 떨어진 채로 고정된 따개비 사이의 짝짓기는 당연히 어렵다. 그러나 자연은 항상 방법을 찾아낸다. 결과적으로, 따개비는 몸길이의 여덟 배에 달하는 엄청나게 긴 생식기를 갖게 되었다.

평양에서 크릴새우와 해산물 뷔페를 즐기고, 겨울 휴가를 보낼 따뜻한 물을 찾아서 따개비 친구와 함께 남쪽으로 수천 마일을 이동한다.

그 모든 여행을 하는 동안 성장하는 아기 따개비의 딱딱한 외피에는 주변의 물에 포함된 광물질을 이용한 새로운 층이 서서히 추가된다. 그런데 바닷물은 지역에 따라 미묘하게 변해서 ―남태평양과 북태평양 해수의 산소 농도를 구별할 수 있다― 따개비가 껍데기 안으로 흡수한 물 자체가 대양의 지문이 된다. 이는 따개비가 방문한 모든 곳의 스탬프가 찍힌 일종의 여권 역할을 하고, 과학자들이 따개비 히치하이커의 껍데기를 주의 깊게 분석함으로써 고래의 전체 여정을 추적할 수 있다는 뜻이다.

2019년에 한 생물학자 그룹이 수백만 년 전 고래 화석의 배에서 떨어져 나온 *화석화된* 조개류에 동일한 기법을 적용하는 아이디어를 떠올렸다. 따개비의 내부를 조사한 그들은 고래들이 몸의 크기가 부푸는 것과 대략 같은 시기에 엄청난 거리를 여행했다는 사실을 발견했다.

이는 단지 타당한 이론일 뿐이지만 ―유감스럽게도 우리는 과거로 돌아가 고래의 진화를 실험적으로 검증할 수는 없다― 여름철에 차가운 북쪽 바다에서 빨아들인 수 톤의 크릴새우가 겨울철에 따뜻한 남쪽 바다로 이동하기 위한 연료가 되어 주었을 것이라는 아이디어다. 고래의 몸이 그런 장거리 여행에 필요한 연료를 운반할 수 있을 정도로 크다면 훨씬 쉬워지는 일이다. 그래서 바다의 왕자의 크기와 모양은 바다에 의해서 결정된 것으로 보인다.

크다는 것은 쉬운 일이 아니다

크기에는 장단점이 있다. 덩치가 크면 더 많이 먹을 수 있고, 더 먼 거리를 여행하고 열을 더 잘 유지할 수 있지만, 살아가기 위하여 더 많은 연료가 필요하다. 다른 한편으로는 도움을 줄 부력이 없고, 바다보다 열 손실 문제가 훨씬 덜 심각한 육지에서는 슈퍼 사이즈의 단점이 두드러진다. 이제까지 대왕고래의 크기에 이른 육상 동물이 없었던 데는 그럴 만한 이유가 있다. 유일하게, 정말로 거대한 공룡인 *아르젠티노사우루스Argentinosaurus*만이 대왕고래의 크기에 근접했다.

1993년에 아르헨티나에서 발견된 *아르젠티노사우루스*는 몸무게가 무려 100톤에 달했고, 머리에서 꼬리까지의 길이가 40m였다. (대략 보잉 757 항공기의 무게와 축구장의 폭에 해당한다.) 길이는 대왕고래보다도 길지만, 이런 비교는 고래에게 약간 불공평하다. *아르젠티노사우루스*의 여분의 길이에서 구부러진 목과 잘 휘어지는 꼬리가 많은 부분을 차지했기 때문이다.

*아르젠티노사우루스*는 거대한 크기 때문에 고통스러울 정

도로 느리게 움직였다. 생물리학자들은 이 공룡이 전속으로 움직이는 속도가 시속 5마일(8km) 정도였을 것으로 추정한다. 공원을 산책하는 것과 비슷한 페이스다. 비록 조사할 수 있는 화석이 매우 적지만, 그들의 너무 긴 목에는 폐낭lung sac이 줄지어 달려 있었어야 할 것으로 보인다. 기린의 목도 마찬가지다. 그들은 목에 달린 폐낭이 없이는 몸통 안에 있는 허파에 신선한 공기를 충분히 공급할 수 없다. 엄청난 몸무게를 지탱하는 문제에 관해서는, 남아 있는 화석에서 길이가 5피트(1.5m)이고 놀랍게도 둘레가 4피트(1.2m)에 이르는 대퇴골을 볼 수 있다. 크다는 것은 쉬운 일이 아니며, 이렇게 굵은 대퇴골 같은 것이 큰 동물이 육지에서 생존하는 데 필요한 유형의 물리적 적응이다.

지구의 중력이 부과하는 제약 조건을 고려하면, 아르젠티노사우루스가 지구상에서 존재 가능한 가장 큰 동물일 수도 있다. 우주 어딘가에 그렇게 큰 동물이 있다면, 그들 역시 같은 방식으로 크기가 조정되어야 할 것이며, 엄청난 몸무게를 감당할 수 있는 거대한 다리가 있을 것이다. 따라서 공상과학소설에 나오는 상상력이 부족한 거짓말과는 전혀 달라야 한다. 다리가 가냘프고 몸통이 둥근 지구의 곤충을 단순히 거대한 곤충으로 확대할 수는 없다. 꿈에서는 거대한 크기의 거미가 무서울 수 있지만, 실제로는 가능하지 않다. 그러나 안심이 되더라도 확신할 수는 없다. 다른 행성에서 일어나는 진화가, 훨씬 덜 친숙할지라도, 훨씬 더 무서운 생명체를 만들어 낼지도 모른다.

스파이더-맨, 앤트-맨 그리고 맨-맨

동물계를 존중하는 것은 좋은 일이고, 거대한 동물의 위업에 감동하는 것은 완벽하게 정당화되는 일이다. 그렇지만 때로 우리는 인상적인 동물에 관하여 이야기할 때, 잘못된 비교의 함정에 빠질 수 있다. 인기 있는 동물 웹사이트에 다음의 예가 있다.

작은잎사귀개미leafcutter ant의 턱은 자기 몸무게의 50배인 약 500mg의 무게를 들어 올리고 운반할 수 있다. 이는 사람이 이빨로 트럭을 들어 올리는 것과 같다.

이 진술의 전반부가 사실임은 부인할 수 없다. 오랜 세월 동안, 잎사귀, 죽은 새, 온갖 다른 곤충과 물체 등, 분명히 자기 체중보다 몇 배 무거운 것들을 운반하는 개미들이 관찰되었다. 이런 통계가 시사하는 것보다 개미는 더 강할 수 있다는 ― 몸무게에 비하여― 증거도 있다. 예를 들어 미국 들개미field ant의 목은 자기 체중의 약 5,000배에 달하는 하중을 견딜 수 있다. (글상자를 참조하라.) 반면에 사람의 목은 그럴 수 없다.

개미의 목은 얼마나 강할까?

도대체 어떻게 개미 목의 강도를 측정할까? 영리한 측정 장치? 생체 역학, 개미 해부학, 물리학의 깊은 이해에 기초한 정교한 계산? 아아, 아니다. 과학자들은 실험을 통해서 이런 사실을 알아냈는데, 유감스럽게도 개미에 대해서는 별로 좋은 일이 아니었다는 말을 해야겠다.

2014년에 오하이오 주립대 연구팀은 미국에서 흔히 볼 수 있는 들개미인 앨러게니언덕개미Allegheny mound ant 여러 마리의 머리를 원반의 외부에 붙였다. 그리고 주의 깊게 보정된 원심분리기를 사용하여 원반을 회전시켜 개미의 머리가 몸통에서 분리되는 데 필요한 힘을 측정했다. 수석 과학자는 인터뷰 진행자에게 '꽤 잔인하게 들릴 수도 있다'는 것을 인정했다. '그러나,' 그는 안심시키려는 뜻으로 조심스럽게 덧붙였다.

"우리는 먼저 개미를 마취시켰습니다."

물론 동물의 능력을 이해하기 위하여, 다음과 같은 말로 스스로와 다른 동물을 비교하기를 좋아한다. '벼룩이 사람 크기라면, 엠파이어스테이트 빌딩의 40층을 뛰어오를 수 있을 것이다!' 가장 진지한 저널도 이런 경향에서 자유롭지 않다. 예컨대, 대단히 근엄한 〈사이언스Science〉지에도 다음과 같은 보석gem이 있다.

쇠똥구리는 자기 몸무게의 1,141배를 끌 수 있다. 체중이 70kg인 사람이 2층버스 여섯 대의 무게에 해당하는 80톤을 들어 올릴 수 있는 것과 마찬가지다.

이런 말을 들으면, 지구상에서 가장 강한 생물체가 곤충이라고 생각하기 쉬울 것이다. 그러나 우리의 임무는 이처럼 완벽하게 합리적이지만 궁극적으로는 어리석은, 어떤 억측이든 바로잡는 것이다.

살면서 때로는 사물을 깔끔하고 멋지게 확장하거나 축소할 수 있다. 사탕을 사는 데 쓰는 용돈이 두 배가 된다면, 두 배의 사탕을 먹게 되는 것이 이치에 맞는다. 똑같은 집이 늘어선 도로를 따라 걷는 거리를 두 배로 늘리면 두 배만큼 많은 집을 지나치게 될 것이다. 인기 있는 과학책에 있는 예제를 세 배로 늘리면, 계약된 단어 수에 세 배 더 가까워진다.

그러나 사물을 확대하거나 축소하는 것 —크거나 작게 만들려면 필요한 대로— 이 확대나 축소의 결과에 따르는 변화를 그렇게 간단한 산술로 계산할 수 있음을 뜻하지 않을 때가 더 많다.

특히, 동물의 크기를 변화시키는 문제에서는 그렇게 되지 않는 충분한 이유가 있다. 크기의 변경은 높이, 폭, 깊이의 3차원을 모두 바꾸는 것을 뜻한다. 그러나 강도에 있어서 가장 중요한 요소인 근육의 단면적은 2차원으로만 늘어난다. 드웨인 존슨Dwayne Johnson이 헬스장에서 근력운동을 할 때, 그의 우람한 이두박근은 길어지지 않는다. 그렇게 된다면 우스꽝스러울 것이다. 근육은 더 넓고 두꺼워진다. 강도는 3차원이 아니고 2차원으로만 확장/축소된다.

이 모두는 곤충의 몸무게가 1,000배로 늘어나도록 (즉, 모든 차원에서 10배가 되도록: 10^3) 키우고 싶더라도, 힘은 100배(10^2) 정도 늘어나는 데 그칠 가능성이 크다는 뜻이다.

개미는 작은 크기에도 불구하고 강한 것이 아니다. 작은 크기 *때문에* 강한 것이다. 몸무게가 5mg에 불과한 개미는 250mg의 잎사귀를 운반할 수 있지만, 개미를 표준적 성인 남자의 크기로 키우면 (자기 몸무게보다 한참 가벼운) 15kg을 들어 올릴 힘도 없게 된다. 서려고만 해도 다리가 부스러진다. 실제로 이 팽창된 개미는 고개를 들어 우리를 바라보고 우리의 우월한 생물학을 인정하는 일조차 겨우 할 수 있을 것이다.

미안해요, 할리우드. 이것이 바로 단순히 고릴라를 키워서 킹콩King Kong을 만들거나, 뭔지는 모르겠지만, 고질라Godzilla를 키워서 고질라를 만들 수 없는 이유다. 그 때문에 지구와 비슷한 외계행성에서는 *아르젠티노사우루스* 크기의 생쥐나 바닷가재를 찾을 수 없을 것이다. 그들은 모두 그렇게 거대한 크기의 몸무게를 지탱하기 위하여 훨씬 더 굵은 팔다리와 뚱뚱한 몸통이 필요하다.

외계인은 얼마나 높이 뛸 수 있을까?

모든 것이 규모에 따라 바뀌지는 않는다. 생명체가 아무리 크거나 작아지더라도 일부 특성은 대략 그대로 남는다. 이는 외계 생명체에서도 비슷한 속성을 찾을 가능성이 크다는 것을 의미한다. 놀라울지도 모르지만, 한 가지 예를 들자면 동물이 얼마나 높이 뛸 수 있는가다.

가장 간단하게 말해서 우리가 어떤 형태이든 다리가 있는 동물에 관하여 이야기한다고 가정하자. 동물이 무거워짐에 따라 공중으로 올려 보내는 데 필요한 에너지가 증가하게 된다. 그러나 도약하기에 충분한 에너지를 생성하는 데 필요한 근육의 양 또한 증가할 것이다. 이 두 가지 요소 —공중으로 올라가는 데 필요한 에너지와 도약을 위하여 가용한 에너지— 가 효과적으로 서로 상쇄하고, 모든 동물이 뛰어오를 수 있는 상당히 보편적인 높이가 남는다.

이 말은 약간 반직관적으로 들린다. 당신은 사람이 곤충보다 훨씬 더 높이 뛸 수 있어야 한다고 —어쨌든, 곤충은 사람보다 왜소하다— 생각할 것이다. 그러나 실제로 우리가 정지 상태로부터 무게 중심을 얼마나 높이 이동시킬 수 있는지에 관한 데이터는, 다음 도표에서 보듯이 다른 사실을 보여 주기 시작한다. 우리는 벼룩보다 다소 높지만, 메뚜기와는 비슷한 높이에 있다. 벼룩은 그렇게 작은 크기를 고려하면 도표에 있는 다른 동물보다 공기 저항의 영향을 훨씬 더 많이 받는다. 진공 속이라면 60cm 정도를 뛰어오를 수 있을 것이다. 물론 죽기도 할 것이다.

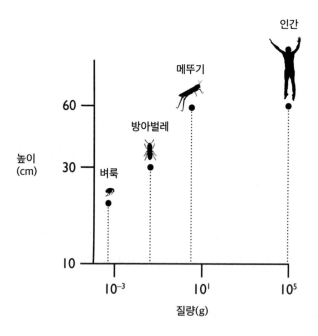

벼룩이 사람 크기라면 뛰어오를 수 있는 높이는… 벼룩만큼일 것이다.

앤트맨은 숨을 쉴 수 있을까?

이러한 스케일링scaling 법칙은 다른 방향으로도 작용한다. 이는 할리우드 —특히, 고전 만화책의 주인공을 은막의 슈퍼히어로로 만든 사람들— 가 우회한 것으로 보이는 또 하나의 사실이다.

앤트맨Ant-Man의 전제는 단순하다. 특별한 슈트suit를 입은 남자가* 개미 크기로 축소된다. (스포일러 경고는 너무 늦었을까?) 축소된 상태에 있는 동안, 우리의 영웅은 초인적인 힘을 소유하고 개미 군대를 지휘한다.**

여기까지는 너무도 완벽하게 합리적이다. 인간을 개미의 크기로 축소하면 실제로 자기 몸무게의 여러 배를 들어 올릴 수 있다. 텔레파시를 통해서 개미 군대를 지휘한다는 이야기는 뭔가 찜찜하지만, 그것도 받아들일 의향이 있다. 그러나 한 가지 문제가 있다. 여기서 우리의*** 과학 지식이 우리**** 만화책의 헛소리를

---

* 우리 두 사람 중 만화 애호가인 애덤은 이 남자가 그냥 아무 남자가 아니라는 것을 지적하려 한다. 그는 오리지널 앤트맨인 헨리 '행크' 핌(Henry 'Hank' Pym) 박사다. 재닛 핌(Janet Pym)도 이 파워 슈트의 버전을 가지고 있지만, 날개가 있어서 개미 대신에 와스프(Wasp)가 된다. 나중에 핌은 개과천선한 범죄자 스콧 랭(Scott Lang)과 에릭 오그래디(Eric O'Grady)에게 슈트를 인계하게 되는데, 아마 독자는 이미 이 각주 읽기를 중단했을 것이다.

** 행크 핌의 기술은 또한 그가 자이언트맨(Giant-Man)도 될 수 있게 해 주지만, 그렇게 된다면 —킹콩과 마찬가지로— 균형에 맞지 않게 다리가 굵어야 할 것이다. 만화책이 과학 교과서가 아닌 것과 거의 비슷하다.

*** 해나의.

**** 애덤의.

극복하게 된다. 인간의 허파를 축소하면 단지 비례적으로 산소가 줄어드는 것으로 끝나지 않는다. 허파 자체가 모든 효율성과 기능을 잃는다. 허파는 작은 크기에서 작동하지 않는다.

이런 특정한 실수에 이의를 제기한 사람은 우리만이 아니다. 이 현상은 2018년에 발표된, '앤트맨과 와스프: 미소 스케일의 호흡과 미세 유체 기술Ant-Man and the Wasp: Microscale Respiration and Micro Fluidic Technology'이라는 제목의 논문에서 상세하게 다루어졌다. 논문의 저자들은, 인간이 미시적 버전으로 축소되면 물리적으로 들이쉴 수 있는 공기의 양이 너무 적어서 실제로 앤트맨과 와스프가 대략 에베레스트의 데스 존death zone에 영원히 머무는 것과 비슷하게 심각한 산소 결핍에 시달리게 될 것이라는 결론을 내렸다. 흥미롭게도, 최근의 할리우드 영화는 앤트맨이 두통과 현기증에 시달리고, 폐와 뇌에 액체가 차서 기절하는 장면을 우회한 것 같다.

죽거나 부서지고 곤죽이 되기

크기는 색상이나 질감 같은, 단지 또 하나의 속성이 아니다. 마음대로 가지고 놀고 조정할 수 없다. 동물이 특정한 크기를 갖는 이유는 그런 크기가 필요하기 때문이다.

극 지역에서 생쥐나 도마뱀을 찾을 수 없고, 북극곰과 바다

코끼리가 추운 지역에서 번성할 수 있는 이유다. 동물을 축소하면 표면적 대 체적의 비율이 늘어나서 자신의 체온을 조절할 수 없게 된다.

크기는 또한 곤충이 중력의 영향을 덜 받는 이유이기도 하다. 작은 동물은 몸무게 대비 표면적이 상대적으로 크기 때문에, 충분히 작다면 몸 자체가 실질적인 낙하산 역할을 할 수 있다. 이론적으로는(그러나 부디 실천하지는 말기 바란다), 비행기에서 생쥐를 내던지더라도 —부드럽게 착지하는 한— 별로 다친 데 없이 탈출하는 모습을 볼 수 있을 것이다. 20세기의 생물학자 J. B. S. 홀데인Haldane은 바로 이 문제에 관한, 비행기가 아니라 우물 속으로 동물을 내던지는 사고실험thought experiment을 생각했다. (우리는 그것이 사고실험이었다고 생각하고 *그랬기를 바란다*.) 그는 생쥐는 살아남지만, '쥐는 죽고 사람은 엉망진창으로 부서지고 말은 *곤죽이 된다*'는 결론을 내렸다.

개인적 배관

크기에 따라 변하지 않는 것 중에는 '배뇨의 보편법칙Universal Law of Urination'으로 알려진 더욱 흥미로운 예가 있다.

2014년에 일단의 과학자가 말 그대로 이전에 그 누구도 묻지 않은 질문을 다룬 논문을 발표했다. 그들은 '수십만 배의 몸무게 범위에 걸친 동물의 배뇨와 관련된 유체역학을 설명하려' 했다.

달리 말해서, 동물이 쉬하는 영상을 엄청나게 많이 보고 배뇨에 걸리는 시간을 측정했다.

연구팀은 모든 포유동물의 방광을 비우는 데 걸리는 시간이 크기와 관계없이 거의 일정하다는 사실을 발견했다. 코끼리처럼 큰 동물은 배설해야 할 소변의 양이 더 많지만, 요도가 더 길고 더 큰 중력을 받기 때문에 소변의 유속도 더 빠르다. (소방호스를 생각하면 비슷할 것이다.) 생쥐나 박쥐처럼 훨씬 작은 동물은 오줌의 점성viscosity 및 표면장력과 싸워야 한다. 이는 그들이 찔끔찔끔 한 방울씩 오줌을 눈다는 뜻이다. 두 가지 경쟁적 요소가 서로 상쇄하여, 꽉 찬 방광을 비우는 데 걸리는 시간이 21초라는,* 거의 보편적인 법칙을 얻게 된다. 다음번에 화장실 갈 때 스스로 시험해 보기 바란다.

이 모든 것은 또한 기린과 용각류sauropods(초식 공룡의 총칭_옮긴이)에게 목 안에 부착된 폐낭이 필요한 이유이기도 하다. 곤충은 몸의 표면을 통한 삼투현상으로 흡수되는 산소로 살아갈 수 있다. 그러나 크기가 전반적으로 10배 증가할 때마다 세포에 공급할 산소가 1,000배로 늘어나는 반면, 산소를 빨아들일 표면적은 100배 늘어나는 데 그친다. 폐와 아가미는 산소를 흡

---

* 오차 범위: ±13초.

수하는 표면적을 추가하는 자연의 방식이다. 인체에는 약 180 제곱미터의 표면적을 갖는 폐가 가슴 속에 꽉꽉 눌러 담겨 있다. 사람을 디플로도쿠스diplodocus(거대한 공룡의 일종_옮긴이)의 크기로 확대하면, 단지 숨을 쉬기 위하여 조금이라도 더 큰 폐를 갈망하는 동물이 된다. 홀데인은 말한다.

"고등동물이 하등동물보다 더 큰 것은 더 복잡하기 때문이 아니다. 더 크기 때문에 더 복잡하다."

그것이 지나치게 커지는 것의 문제다. 물리학에는 타협할 수 없는 규칙이 있다. 진화는 유용한 차선책을 만들어 내기 위하여 최선을 다한다. 그러나 동물을 똑바로 유지하는 모든 순환 시스템 —혈류, 산소의 흐름, 신경 자극— 의 작동이 어려워지는 순간이 온다. 따라서 과학자들은 *아르젠티노사우루스*와 대왕고래가 지구상에서 커질 수 있는 가장 큰 동물에 가깝다는 것을 의심하지 않는다. 중력이 이기기 전에, 동물이 커질 수 있는 자연적 상한선이 있다. 그리고 궁극에 가서는 언제나 중력이 이긴다.

중력이 약한 작고 가벼운 행성에서는 덜 강력한 힘이 홀데인의 아이디어를 창문 밖으로 던져 버릴 수 있다. 지탱할 몸무게가 크지 않으면 다리가 훨씬 더 가늘어질 수 있다. 지구보다 작은 행성의 가늘고 긴 다리를 가진 곤충은 키가 훨씬 더 클 수 있고, 소는 기린과 비슷할 것이며, 기린은 살바도르 달리 Salvador Dali의 그림에 나오는 동물과 비슷할 것이다. 나무들은 수백 미터 높이의 고층건물처럼 우뚝 솟아오를 것이다.

하지만 그런 나무는 지구의 식물과는 극적으로 달라야 한다. 약한 중력은 배수가 잘 되지 않는 토양을 의미하고, 뿌리가 쉽게 물에 잠기게 된다. 이는 바로 국제 우주정거장에서 원예에 재능이 있는 우주인들이 저궤도의 미소 중력microgravity 환경에서 상추와 백일초zinnia flower를 재배한 작은 정원에서 발견한 현상이었다.

미소 중력 환경에서는 무슨 일이든 까다롭지만, 식물을 키우는 것은 특히 어렵다. 지구의 식물은 지난 20억 년 동안 흙 속에서 자라도록 진화했다. 그런데 흙은 부서지기 쉬워서 우주 캡슐 속에서 떠돌아다니게 된다. 우주 캡슐 속에 느슨한 물질이 떠돌아다니는 것은 별로 바람직한 일이 아니다. 그래서 흙 대신에 일회용 기저귀의 패딩padding과 비슷한 젤gel에 씨앗이 심어졌다. 젤은 젖은 흙처럼 뿌리를 포화시키지 않으면서 촉촉하게 유지되었다.

따라서 외계의 식물도 팸퍼스Pampers(일회용 기저귀 상표_옮긴이) 한 쌍의 내부와 동일한 속성을 갖춘 퇴비 속에 있을지도 (가능성은 낮지만) 모른다. 아니면 외계 식물의 덩굴을 통하여 스며드는 액체가 식물 자신에 의하여 능동적으로 펌프질 되어야 할 수도 있다. 무엇이든 가능하다.

2019년 1월 3일에 달의 남극 근처에 착륙한 중국의 달 탐사선 창어 4호嫦娥四号에는 외계에서 식물의 견고성을 테스트하기 위한 미니 식물원이 포함되었다. 18cm 크기의 원통 안에는 감자 씨앗, 식물학자들이 사랑하는 갓류cress의 일종인 *애기장대Arabidopsis*의 샘플, 그리고 지구에서 기름을 얻기 위하여 재배하는 유채의 씨가 있었다. 그렇지만 감자 샐러드를 만들려는 계획은 아니었다. 원통 안에는 초파리 알과 효모yeast도 있었다. 초파리가 내쉰 이산화탄소가 식물에 영양을 공급하고, 식물이 산소를 생산하고, 효모가 대기의 조절을 돕는 식으로 미니 생태계가 번성할 수 있는지 알아보려는 아이디어였다. 우리는 앞으로 수년 안에 달로 돌아간 인간이 미니 생물돔mini-biodome의 뚜껑을 열기 전에는 밝혀지지 않을 수도 있는 이 실험의 결론을 기다리고 있다. 예측할 수 있는 결과는 다음 세 가지 가능성 중 하나다. (1)모든 것이 살아남아 번성하고, 우주 식물학의 새로운 시대가 시작되었음을 알린다. (2)우주 복사선과 익숙지 않은 이상한 중력 때문에 모든 것이 죽고 쓰레기통 바닥에 고인 액체 같은 냄새만 남아 있다. (3)내부의 유기체들이 공상과학소설에나 나올 법한 상상할 수 없는 방식으로 교차-수정하여, 인류를 파괴할 작정인 파리-감자 잡종의 돌연변이를 창조한다. 베팅하라.

우주의 빅토리아 정원사

　국제 우주정거장은 1998년에 건설된 이래로 인간이 상주해 왔다. 그동안 230명이 넘는 여성과 남성 우주인이 위에서 우리를 내려다보고 있었다. 그러나 인간이 만든 위성에 관한 최초의 묘사는 소설에 나온다. 1869년에 출간된 에드워드 에버렛 헤일 Edward Everett Hale의 공상과학소설 《브릭문The Brick Moon》에는 거대한 경사로를 따라 한 쌍의 플라이휠flywheel로 굴려 내려 지구의 저궤도로 내던지기 위한, 벽돌로 만든 지름 200피트(60m)의 속이 빈 구체가 나온다. 선원들에게 북극성과 마찬가지로, 구체의 기능은 우주에 고정된 항법 신호등의 역할을 하는 것이다. 그런데, 구체가 토대에서 미끄러지는 사고로 예정보다 일찍 발사되고, 건설 기간에 벽돌 구체 안에서 살고 있었던 40가구도 함께 우주 궤도에 오르게 된다.

　그러나 영화 『마션The Martian』의 마크 와트니Mark Watney와 마찬가지로, 우연히 우주인이 된 사람들은 살아남아서 토양을 일

구고 식물을 기르면서 번성한다. 그들은 축제와 파티를 열고, 달의 거대한 종려나무 사이로 돌아다니는 모스 부호Morse code로 소통하며, 계절이 바뀐다고 생각될 때마다 여름부터 겨울까지 걷는다. 솔직히 말해서, 천국처럼 들리는 이야기다.

우리는 믿고 싶다

그래서 우리는 한 바퀴 돌아 출발점으로 왔다. 지구 밖에 존재하는 생명체를 추측하는 일은 흥미롭지만, 우리에게는 두 가지 대단히 심각한 제약이 있다. (1)풍부하고 다채로운 지구의 생명체는 경이로우나, 우리가 아는 유일한 생명체다. (2)우리의 상상력은 진화의 근처에도 미치지 못한다. 우리가 아는 유일한 생명체 너머를 생각하는 일은 특히 소설에 나오는 외계인에 관한 현혹적인 아이디어를 생각할 때, 대단히 어렵다. 우주의 나머지 영역에 생명이 있을까? 우리는 알지 못한다. 설사 존재하더라도, 너무 먼 곳에 있어서 영원히 발견하지 못할지도 모른다. 반면, 우주에 다른 생명체가 존재하지 않는다면 지구가 더욱더 소중한 장소가 되고 지구를 보호하려는 노력을 배가해야 한다.

우리는 우주가 생명으로 가득 차 있다고 생각하기를 좋아한다. 그렇지 않다면, 엄청난 공간의 낭비처럼 보인다. 그리고 합리적인 확신을 가지고 말할 수 있는 것, 단순한 추측이 아니라 과학적인 추측이 있다. 그것으로 만족한다.

대부분 생명체는 작다. 크다는 것은 어려운 일이다. 외계 생명체가 크다면 (즉, 박테리아보다 크다면), 그들은 아마도 광 감수성photoreception이 있을 것이다. 어느 정도 볼 수 있는 능력은 먹이를 찾고 먹히는 일을 피하는 데 엄청나게 도움이 된다. 볼 수 있는 능력이 있다면, 다양한 색채의 가능성이 열리고, 삶이 다채로워질 것이다. 그들에게는 창자 ―음식의 모든 영양 성분을 효율적으로 추출하여 내부화하는 수단― 가 있을 것이다. 추운 환경에서는 둥그스름한 모습일 것이다. 액체 속에서 산다면, 꼬리나 다른 형태의 추진 수단을 갖춘 어뢰와 비슷한 모습일 가능성이 크다. *파키세투스*가 얕은 물에 발가락을 담그던 시절의 상어는 오늘날의 상어와 거의 같은 모습이었다. 바다로 돌아간 고래도 상어와 흡사하게 유선형이 되었다. 바다에서는 그런 모양이 최선이기 때문이다. 그들이 날았다면, 수억 년의 시간으로 분리되어 있음에도 불구하고, 새나 익룡이나 박쥐처럼 날개가 있었을 것이다. 육지에 사는 동물이었다면 틀림없이 다리가 있었을 것이다. 아마 여섯 개. 또는 그 이상. 아니면 없었을지도.

그 모두가 아니더라도, 21초 동안 쉬를 했을 것은 분명하다.

생명은 환경 속에서 진화한다. 유기체는 사는 곳의 우주적 우연성에 의하여 만들어진다. 모든 생명체가 그렇듯이 인간도 마찬가지다.

인류의 진화가 처음부터 다시 시작되고, 우리의 보육원이 아프리카의 숲이나 평원이 아니라 삐죽삐죽한 바위가 많은 지역이나 100피트(30m)의 덩굴이 자라는 습지였다고 상상해 보자. 우리가 더 잘 기어오를 수 있는 발을 갖도록, 심지어 꼬리가 남아 있도록 진화했을까? 습지였다면, 얕은 물을 헤치는 데 부력의 도움을 받을 수 있도록, 발가락 사이가 벌어진 발과 속이 빈 뼈를 갖게 되었을까? 이런 질문에 답할 수는 없다. 우리의 지금 모습은 그 모든 일이 일어난 장소의 기후, 풍경, 그리고 그곳이 속한 행성 때문에 만들어진 것이다.

'지구 위의 생명life on Earth'이라는 세 마디는, 40억 년 동안 여섯 차례의 대멸종을 겪었고 우리가 상상하거나 셀 수 있는 것보다 많은 생명체를 포함하는 엄청나게 큰 가계도에서, 우리가 작은 가지 하나에 불과하다는 사실을 상기시키는, 너무도 강력하고 암시적인 말이다.

그러나 '지구 위의'라는 부분은 쉽게 간과될 수 있다. 생명은 단지 지구 *위에* 존재하는 것만이 아니다. 지구가 생명의 모습을 결정한다. 생명체의 지금 모습은 지구 *때문이다.* 지구의 크기, 치수, 중력, 태양으로부터의 거리. 우리는 우주의 다른 영역에 있는 생명에 관한 중요하고 흥미로운 문제이기 때문에 외계인의 아이디어를 만지작거린다. 그러나 실제로 외계 생명체를 생각하는 이유는, 우리 자신과 우리의 소중한 우주 바위

에서 일어난 진화의 이야기를 들려주기 때문이다. '지구 위의
생명'이 아니라 '생명 *그리고* 지구'다.

3

장

완벽한 원

프리츠 츠비키Fritz Zwicky는 두 가지 면에서 유명하다. 첫째는 1930년대에 중력, 빅뱅Big Bang, 암흑물질과 중성자별을 연구한 우주론의 개척자적 업적이고, 둘째는 악명 높은 심술궂음이다. 우주를 뒤흔드는 물리학 연구와 함께, 츠비키는 자신이 좋아하지 않는 동료에 대한 모욕적 용어로 '구체 개자식spherical bastard'이라는 말을 만들어 냈다. 어느 방향에서 바라보더라도 개자식이기 때문에 구체라는 것이었다.

구spheres의 크기는 얼마든지 변할 수 있지만, 모양은 그렇지 않다. 모든 구는 아무리 비틀고 돌려도, 본질적으로 동일하다. 어떤 방향에서 보더라도 항상 같은 모양이다. 지름과 둘레의 비율이 항상 같은 이유이기도 하다. π는 그 비율에서 나왔다. 이런 사실은 매우 명백해 보일 수도 있지만, 이 책의 저자 중 한 사람은 (누군지 추측할 수 있는가?) 성인이 되어서야 알아낸 사실이다.

우주는 구체로 가득 차 있다. 행성, 방울, 축구공, 짜증 나는 동료들. 둥근 모양이 넘쳐난다. 그렇지만, 그저 이 책의 주제를 상기시키기 위하여 말하자면, 당신이 안다고 생각하는 많은 것이 보이는 것과 다르다. 구와 원은 당신의 생각보다 더 수학적 환상에 가깝다. 그 이유를 알려면 원자의 구조에서 시공간 spacetime 자체의 구조까지, 지구와 그 너머의 모든 것을 탐색해야 할 것이다. 뉴턴과 아인슈타인을 거쳐서 우주 오징어와 의심스러울 정도로 큰 젖꼭지까지.

4차원 구는 어떻게 생겼을까?

하지만 그 모든 것에 이르기 전에, 구를 고려하는 데 필수적인 4차원 공ball의 알쏭달쏭한 문제를 생각해 봐야 한다.

당신은 본능적으로 4D 공이 어떻게 생겼는지를 그려 보려할 것이다. 4차원 물체가 어떻게 생겼는지를 상상하는 첫 번째 규칙은 4차원 물체가 어떻게 생겼는지 상상하려고 애쓰기를 멈추는 것이다. 우리는 피할 수 없는 3차원의 현실에 완전히 갇혀 있다. 따라서 알고 있는 모든 것 너머의 무언가를 마음의 눈으로 보려고 아무리 애를 쓰더라도, 남는 것은 좌절뿐이고 아마도 매우 혼란스러울 것이다.

그렇지만, 설사 머릿속으로 이미지를 만들 수는 없더라도 여전히 4차원 모양이 어떻게 생겼는지에 대하여 많은 것을 설명할 수 있다. 그 비결은 2차원에서 3차원으로 이동할 때 일어나는 일을 주의 깊게 살피고, 3차원에서 4차원으로 이동할 때도 동일한 규칙을 적용하는 것이다.

간단한 문제부터 시작해 보자. 2차원 구는 당연히 원이다. 실제로, 수학자들은 종종 원을 원이라 부르지 않고 1-구(1-spheres)라 부른다. (당신과 내가 생각하는 일반적인 구는 2-구다.) 우리는 쉽사리 원에서 구로 갈 수 있고 다시 돌아올 수도 있다. 크기가 점점 커지다가 다시 작아지는 수많은 원을 층층이 쌓아서 구형의 공을 만들 수 있다. (레고 브릭으로 공을 만들거나, 픽셀로 팩맨을 만드는 것과 비슷하다.) 원은 공을 통과하는 아주 얇은 슬라이스slice로 만들 수 있다.

3차원 공을 통과하는 슬라이스가 원이라는 것은 다음의 더 높은 차원을 생각하는 데 핵심적인 아이디어다.

3D 프린터는 정확히 이런 슬라이스의 개념으로 작동한다. 얇은 층 하나를 다른 층 위에 올려서 새로운 층을 추가하면서, 인쇄 팔printing arm이 천천히 위쪽으로 이동한다.

그렇다면 당신이 3D 프린터 인쇄 팔 위, 납작한 개미 크기의 플랫폼에 앉아 있는 아주 작은 2차원 생물체 —아주 납작한 개미처럼— 라고 상상해 보라. 당신은 위나 아래를 볼 수 없다 (너무 납작하다). 볼 수 있는 것은 프린터가 하나씩 추가하는, 사실상 2차원일 정도로 충분히 얇은 새로운 층들이 전부다.

3D 프린터가 새로운 공을 만들고 있었다면, 당신(즉, 개미-

당신)은 차례로 도착하는 새로운 층이 원임을 보게 될 것이다.*
프린터가 공의 바닥을 제작할 때는 작은 원으로 시작하여, 중
앙으로 갈수록 커지고 상단 부근에서 원은 다시 작아진다. 새
로운 원이 인쇄될 때마다 팔이 다음 층을 만들기 위하여 당신
과 함께 위로 올라가므로, 이전의 원들은 시야에서 사라진다.

그것이 2차원에서 3차원으로 가는 이야기다. 서서히 변하
는 크기의 원이 작은 개미인 당신의 눈앞에 나타났다가 사라
진다. 그러므로 3차원에서 4차원으로 갈 때 이야기가 달라져
야 할 논리적 이유는 없다. 단지 모든 것을 한 차원 위로 밀어
올리는 문제일 뿐이다. 이는 다음의 이상한 아이디어가 사실
임을 뜻한다. 구는 4차원 공을 통과하는 3차원 슬라이스다.

이제 당신이 3차원적 존재라고 상상해 보라(별로 어렵지 않을
것이다). 그다음은 조금 더 어렵다. 4D 공이 제작되는 4D 프린터
안에 당신이 있다고 상상해 보라. 제작 과정은 어떤 모습일까?

우선 당신은 프린터 전체를 볼 수 없고 프린터의 3D 슬라이
스만 볼 수 있을 것이다. 개미가 위나 아래를 바라볼 방법이 없
는 것처럼, 당신이 접근하거나 심지어 인식조차 할 수 없는, 상
상할 수 없는 여분의 차원(이번에는 이름이 없는)이 있다.

---

* 엄밀하게 말해서, 개미의 위치가 고정되었다면 자신에게서 멀어지면서 구부러지는 선
만을 볼 수 있을 것이다. 2차원의 존재는 동일한 평면에 있는 원 전체를 한꺼번에 볼
수 없다. 3차원의 우리도 마찬가지다. 공을 바라볼 때, 당신은 정말로 3차원 구체를 보
고 있을까? 아니면 멀어지면서 구부러지는 원을 보고 있을까? 단지 경험을 통하여 구
라고 아는 것을 보는 것일까?

프린터가 윙윙대면서 작동을 시작하면 처음으로 보게 될 것은 아주 작지만 완벽한 공이 인쇄되는 모습이다. 공은 완성되자마자 허공으로 사라질 것이다. 첫 번째 공은 4차원 슬라이스가 되어 사라졌다. 공이 (또는 당신의 온전한 정신이) 어디로 갔는지 궁금해할 시간은 없다. 이미 프린터가 또 하나의 완벽한 공을 제작하면서 2층을 작업하고 있기 때문이다. 이번 공은 전번보다 조금 크다. 잠시 모습을 보인 공은 휙 하고 사라진다.

층이 쌓이면서 만들어지는 즉시 사라지는 공들은 4D 구의 중앙부에 도달할 때까지 커지다가 다시 작아지기 시작한다. 모든 연속되는 층(실제로는 그 자체가 3D 구)은 당신이 볼 수 없는 차원에서 달라붙어 보잘 것 없는 3D 마음으로는 상상할 수 없는 모양을 형성한다.

방금 인쇄된 4D 공을 볼 수는 없더라도, 여전히 이치에 맞는 말을 할 수 있다. 우리는 4차원 공을 도표로 그릴 수 있다. 4D 공의 중심은 원의 중심 (0, 0)이나 구의 중심 (0, 0, 0) 대신에 (0, 0, 0, 0)이다.

또는 공의 그림자를 생각해 보자. 물체 위에서 횃불을 들 때 지면에 생기는 그림자는 물체의 평면 투영flat projection이다. 달리 말해서, 공에 의해 드리워진 그림자는 원이다. 그림자를 만들면 낮은 차원으로 투영된 같은 물체를 보게 된다.

이는 (집중하기 바란다) 3-구에 의하여 드리워진 그림자가 실제로는 공이라는 뜻이다. 인쇄된 4D 구를 우리의 세계 위에 추가된 차원에서 들고 있으면, 떠다니는 암흑의 구체나 완벽한 그늘의 구체 같은, 완벽한 공 모양의 3차원 그림자를 드리울 것이다.

말도 안 되는 소리처럼 들리지만, 진실이 허구보다 낯설 때도 있다. 수많은 물리학자는 3차원이 아니라 26차원까지 가능한 초고차원hyperdimensional 구체와 공 모양의 그림자가 널려 있는 우주에 우리가 살고 있다는 개념을 연구한다.

완벽하게 둥근 물체가 있을까?

츠비키의 모욕 —어딜 봐도 개자식You spherical bastard— 이 효과가 있는 것은 오직 완벽하게 둥근 물체만이 모든 가능한 각도에서 정확히 같을 수 있기 때문이다. 대부분의 둥근 물체는 설계된 목적을 달성하기에 충분할 정도로 —버스의 바퀴, 턴테이블에서 돌아가는 레코드, 축구공(2009년에 나이키가 다른 공보다 실제로 더 둥근 공을 설계했다고 주장하기는 했지만)— 둥글다. 그러나 정밀함을 좋아하는 이들에게 그 모든 것은 사실상 둥그스름할 뿐이다.

완벽한 원형의 추구에는 몇몇 강력한 경쟁자가 있다. 빗방울, 비눗방울, 잔물결과 무지개 등 우리가 좋아하는 것들이 다these are a few of our favorite things(영화 『사운드 오브 뮤직The Sound of

*Music*에 나오는 노래 가사_옮긴이). 모두가 완벽한 원형에 가깝지만, 자세히 살펴보면 조금씩 부족하다. 빗방울과 비눗방울 모두 표면장력 —표면의 요철을 매끄럽게 하고 모서리를 잡아당겨서 가장 낮은 에너지 상태를 찾으려 하는 내부의 힘— 덕분에 근사적으로 구형이 된다. 그러나 현실적으로는 바람을 맞고 중력에 왜곡되어 결코 완벽한 구형이 되지 못한다. 물결의 모양 또한 무질서한 환경의 영향으로 왜곡된다. 무지개는 더 낮게 보일 수도 있다. 특히, 모든 조건이 들어맞을 때 운 좋게 비행기 창문을 통해서 볼 수 있는 가장 희귀한 무지개인 원형 무지개circular rainbow가 그렇다. 그렇지만, 무지개는 사실상 '물체'가 아니라, 햇빛을 굴절시키는 수많은 물 분자의 배열이 만들어 낸 환영이다.

생물계는 어떨까? 자연에서 아주 둥근 모양을 가지려는 것은 바람직한 생각인 듯하다. 방금 말했듯이, 둥근 모양은 가능한 최저 에너지 상태다. 생물체는 활동에 필요한 에너지가 적을수록 살아남기가 쉬워진다. 고슴도치, 아르마딜로armadillos, 쥐며느리(미국에서는 주걱벌레라는 사랑스러운 이름으로 알려진)는 모두 위협을 받을 때 공처럼 웅크린다. 공격받을 수 있는 몸의 표면적을 최소화하는 것이다. 따라서 삶을 지속하기 위한 가장 쉬운 방법을 찾는 끝없는 탐구와 관련된 생물학이 완벽한 구를 찾을 최적의 장소일지도 모른다.

대부분의 사람들은 학교에서 처음으로 생물학적 원을 경험한다. 현미경으로 나뭇잎을 들여다볼 때, 특히 아래쪽에 있는 나뭇잎이 숨을 쉬는 둥근 구멍을 찾아보려 할 때다. 생물학에서 다루는 많은 것처럼, 이들 구멍에도 그리스어나 라틴어 이름이 있다. 부분적으로는 과학적 설명을 돕기 위해서지만, 아마도 그리스어나 라틴어가 영어보다 훨씬 유식하게 들리는 것이 주된 이유일 것이다. 증거 A: 이 구멍은 그리스어로 입을 뜻하는 기공stomata이라 불린다.* 처음에는 구멍이 상당히 둥글게 보이지만, 자세히 들여다보면 그렇지 않음이 드러난다. 입처럼 여닫는 기공은 원보다 타원에 가깝다.

세포에 관해서 말하자면, 인간의 난자가 가장 크고 아마도 가장 구형에 가까운 세포일 것이다.** 그렇지만 얼마나 구형인지를 결정하기는 불가능에 가깝다. 이들 젤라틴 주머니를 현미경을 통해서 2차원으로만 볼 수 있기 때문이다. 3차원 공간에서 처들고 얼마나 구형인지를 평가하기에 난자는 너무 작다. 실제로, 난자는 구와 비슷하지도 않다.

난자는 설사 구와 비슷한 모양으로 시작하더라도 오랫동안 그런 상태를 유지하지 못한다. 인간이 되는 과정에서, 난자를 둘러싼 전기 울타리를 들이받아 통과하는 데 성공한 정자

---

* 여전히 반신반의한다면, 증거 B: 당신의 머리통 밑 부분에 있는 척추와 두개골을 연결하는 구멍은 포라멘 매그넘(foramen magnum)이라 불린다. 번역: 큰 구멍. 검찰 측 증언 끝.

** 정자 또한 인간 세포 중 가장 작은 세포에 수여되는 트로피를 받는다.

의 침입을 받는다. 생쥐의 경우에는 ―인간에게도 적용되는지는 아직 모른다― 난자에 정자가 진입한 지점이, 태반이 될 세포와 아기 생쥐가 될 세포, 그리고 어느 쪽이 머리가 되고 어느 쪽이 꼬리가 될지를 결정한다.

세포가 구형이 아니라면 장기$_{organs}$는 어떨까? 예를 들어, 처음에는 훌륭한 후보로 보였던 눈은 전면부가 실망스럽다. 초점 맞추기를 돕는 각막, 홍채, 수정체가 있는 앞부분이다. 눈의 모양은 또한 소유자가 어떤 종류의 환경에 처했는지에 따라 달라지는 것으로 보인다. 우주에서는 (우리가 아직 이해하지 못하는 이유로) 안구가 구형에서 더 멀리 벗어나게 왜곡된다. 모든 우주비행사는 우주 공간에서 안구가 늘어나므로 최소한 몇 달 동안 안경이 필요한 상태로 귀환한다. 수정체가 생성하는 초점이 각막 앞쪽으로 이동하여 근시를 유발한다는 뜻이다. 우주비행사 대부분은 20:20 시력으로 회복되지만, 그렇지 않은 사람도 있다. 디스커버리$_{Discovery}$ 우주왕복선, 국제 우주정거장, 소유즈$_{Soyuz}$ 우주선에 탑승하여 총 178일을 우주에서 보내고 시력을 회복하지 못한 채로 귀환한 더그 휠록$_{Doug\ Wheelock}$은 이제 영구적으로 안경을 쓴다. 덧붙이자면, 그의 별명은 휠스$_{Wheels}$다.

생물체에서 완벽한 원형을 찾는 것은 좋은 출발이 아니다. 생물계에서 정확히 둥근 모양을 얻기에는 특이성과 미묘한 복잡성이 너무 많다.

지구가 평평하지 않다는 것을 어떻게 알까?

지구에 묶인 생물체 대신 행성 자체를 생각해 보자. 완벽한 구체인 지구 크기의 경쟁자가 있을까?

지구가 둥글다는 사실이 밝혀진 것은 크리스토퍼 콜럼버스가 아메리카를 발견한 지 30년 뒤에 마젤란이 행성을 한 바퀴 돌았던 1522년이 되어서였다. 그러나 우리는 지구가 둥글다는 것을 2,000년 이상 전부터 알고 있었다.

100만 달러를 거절한 수학자

미국의 클레이 수학연구소Clay Mathematics Institute는 밀레니엄이 바뀔 무렵에 전 세계를 향한 도전 과제를 제시했다. 수학 분야에서 해결되지 않은 문제 중 가장 어렵고 중요한 문제의 목록을 발표했던 것이다. 목록에는 일곱 가지 문제가 있었는데, 그중 하나라도 해결하는 사람에게는 100만 달러의 상금이 수여될 것이었다.

당신이 학교에서, 심지어 대학에서 마주쳤던 까다로운 문제 같은 이미지는 모두 잊기 바란다. 이들 문제는 보스급boss-level의 난제다. 예를 들면, 이 책의 저자 한 사람은 바로 클레이 밀레니엄 문제 중 하나의 주제인 방정식을 박사과정 내내 연구했지만, 지금까지 겨우 문제를 이해하는 데 그쳤다. 그 문제들은 완곡하게 말해서, 터무니없이 어렵다.

사실, 너무 어려워서 지금까지 해결된 문제가 하나밖에 없는데 바로 4차원 구와 관련된 문제였다.

푸앵카레 추측Poincaré Conjecture으로 알려진 이 문제는 위상기하학이라 불리는 수학 분야에 속한 문제다. 위상기하학을 연구하는 수학자들은 모든 것이 점토 같은 가소성 물질로 이루어졌다면 어떤 모습일지를 상상한다. 이 점토의 세계에는 규칙이 있다. 원하는 대로 얼마든지 물체를 으깨고 구부릴 수 있지만, 구멍을 추가하거나 제거할 수는 없다. 문제는, 그런 세계에서 어떤 물체들이 서로 비슷한가이다.

이런 식으로 생각하면, 정육면체와 피라미드가 동일하다. (점토로 만들어졌다면) 쉽게 주물러서 서로 모양을 바꿀 수 있기 때문이다. 모서리와 가장자리는 중요하지 않다. 얼마든지 평평하게 해서 다른 모양으로 바꿀 수 있다. 상상하기가 조금 더 어렵지만, 커피 머그잔과 도넛도 동일하다. (모두 구멍이 하나이므로 —도넛의 가운데와 머그잔의 손잡이에 있는— 머그잔의 컵 부분을 평평하게 해서 손잡이에 흡수시키면 도넛이 된다.) 시각화하기 더욱 어렵지만, T-셔츠와 구멍이 세 개인 도넛이 동일하다는 것도 사실이다. T-셔츠 아랫부분을 잡아당겨 늘리고, 안쪽의 구멍 세 개가 드러나도록, 가장자리를 훌라후프에 꿰매면 된다. 피젯 스피너fidget spinner(손가락으로 돌리면서 스트레스를 푸는 장난감_옮긴이) 비슷하게.

이런 게임을 해 보면, 구멍이 없는 3차원 고체는 —원한다면

— 언제든지 공 모양으로 만들 수 있음을 꽤 빨리 깨닫게 된다. 푸앵카레 추측은 묻는다. 이것이 4차원에서도 동일한 사실일까?

이 문제는 2003년에 그리고리 페렐만Grigori Perelman이라는, 거의 알려지지 않은 러시아 수학자가 기묘한 증명을 인터넷에 올릴 때까지 거의 100년 동안 해결되지 않은 문제였다. 처음에는 다수의 진지한 수학자가 페렐만의 해답을 무시했다. 인터넷에서 푸앵카레 추측을 해결했다고 주장하는 수많은 사람의 '증명'은 의미 없는 허튼소리로 가득한 이해할 수 없는 몇 페이지로 구성되는 것이 상례였다. 그러나 서서히, 점점 더 많은 사람이 페렐만에게 관심을 보이기 시작하고 그의 증명이 진짜일 가능성이 있음을 깨닫게 되면서, 가속도가 붙기 시작했다.

그의 증명을 주의 깊게 확인하는 데는 3년이 걸렸다. 2006년에 확인이 이루어지고, 페렐만은 100만 달러의 상금을 제안받았다.

그는 즉시 상금을 거절했다.

수학계도 그에게 필즈 메달Fields Medal(흔히 수학의 노벨상이라 불리지만 훨씬 더 받기 어렵고 4년에 한 번씩만, 그것도 40세 미만의 수학자에게만 주어지는)을 수여하려 했다. 그리고리 페렐만은 수학계에서 가장 권위 있는 상을 받게 되었지만, 다시 한번 거절했다.

페렐만은 자신이 수학 공동체의 인정을 받는 것에는 관심이 없다고 말했다. 그는 자신의 표현대로 '동물원의 동물'처럼 취급

받기를 원하지 않았다. 응시의 대상이 되고 자신보다 성취가 떨어지는 수학자들이 자신의 삶을 들여다보는 것을 바라지 않았다. 필즈 메달 시상식이 열리는 장소가 문제였다는 소문도 있었다. 메달 수여식은 마드리드에서 거행될 예정이었다. 이는 페렐만에게 고향인 모스크바를 떠나 마드리드까지 가는 여행에 하루, 시상식에 하루, 집으로 돌아오는 데 하루, 즉 상을 받는 대신 수학을 연구할 수 있는 3일을 빼앗김을 뜻했다. 그리고리 페렐만, 당신의 헌신에 경의를 표합니다.

에라토스테네스Eratosthenes는 기원전 3세기에 지금은 리비아, 당시에는 그리스에 속했던 지방에서 태어났다. 따라서 성장하는 동안에 지역의 학교에서, 알몸 씨름과 원반던지기 같은 청소년 체육과 함께, 지적 추구와 관련된 개인지도를 받았다. 그리고 아테네로 가서 플라톤을 공부한 그는 꽤 인정받은 시를 썼고, 트로이 전쟁 연대기와 사실상 최초의 스포츠 연감이라 할 수 있는 올림픽 게임 우승자의 연대기를 편찬했다.

고대 그리스적 농담의 고전적 사례로, 동시대인 중에는 에라토스테네스를 '베타Beta' ―그리스어 알파벳의 두 번째 글자― 라고 부른 사람들도 있었다. 그가 당대의 사상가들에 비하면 2류라고 생각했기 때문이다. 이상하게도 그 1류 친구들을 기억하는 사람은 아무도 없다.*

경력이 쌓임에 따라, 에라토스테네스는 결국 이집트 알렉산드리아의 도서관장이라는 지극히 명망 있는 직책을 맡게 되었다. 알렉산드리아 도서관은 지중해 지역에서 위대한 학문의 심장부였다. 해시계와 약간의 수학만을 사용하여 지구의 크기를 추산한 것을 포함하여, 그가 가장 오래 남은 과학적 업적을 이룬 곳도 바로 이 도서관이었다.

알렉산드리아에 있는 동안, 에라토스테네스는 여행자들로부터 시에네syene(오늘날 남부 이집트의 아스완)라는 마을의 우물에 관한 이야기를 들었다. 여름의 하짓날 ─1년 중 하늘에서 태양의 위치가 가장 높은 날─ 정오에는 햇빛이 그림자를 드리우지 않고 우물 바닥의 물 위에 똑바로 비친다는 것이었다. 실제로 하짓날 정오에는 시에네의 건물, 바위 등 어떤 물체에도 그림자가 생기지 않았다. 따라서 그 순간에 태양은 완벽하게 머리 위쪽으로 수직한 위치에 있어야 했다.

대부분은 그런 이야기를 듣고 그저 흥미롭다고 생각하고는 하던 일을 계속할 것이다. 그러나 그 이야기는 베타에게 아이디어를 주었다. 그림자의 경로에 기초한 탁월한 실험의 아이디어였다. 우선 그는 알렉산드리아에서 하짓날 정오에 그림자가

---

* 플라톤도 마찬가지다. 그의 본명은 아리스토클레스(Aristocles)였다. '플라톤(Platon)'은 넓다는 뜻인데, 아마도 그가 마르지도 호리호리하지도 않았기 때문에 붙여진 별명이었을 것이다.

생기는지가 궁금했다. 그래서 지면에 그노몬gnomon —지표면에 수직으로 세운 막대기— 을 꽂아서 실험해 보았다. 그는 시에네에서와 달리 막대기의 그림자가 생긴다는 사실을 알았다.

에라토스테네스는 지구가 평평하다면, 하짓날 정오에 두 곳 모두 그림자가 생기지 않아야 한다고 생각했다. 그렇지만 남쪽의 시에네에서 그림자가 없을 때와 정확히 같은 순간에 이곳 알렉산드리아에는 그림자가 있었다. 유일하게 가능한 설명은 지구 표면이 평평하지 않고 구부러졌다는 것이었다.

에라토스테네스의 막대기는 알렉산드리아에서 7도의 그림자를 만들었다. 원의 1/50에 약간 못 미치는 각도였다. 그리고 그는 한 가련한 영혼에게 과학의 역사상 최악의 임무를 맡겼다. 돈을 주고 (적어도 우리는 그랬기를 바란다) 알렉산드리아에서 시에네까지의 거리를 도보로 정확하게 측정하도록 한 것이다. 결과는 5,000스타디아stadia였는데, 대략 800km 또는 500마일에 해당한다.*

그다음은 간단한 계산이었다. 알렉산드리아와 시에네 사이의 거리가 지구 둘레의 1/50을 나타낸다면, 지구의 둘레는 50×5,000스타디아로 총 250,000스타디아, 대략 40,000km다. 오

---

* 그리스 스타디아의 길이에 대해서는 약간의 논쟁이 있다. 스타디아의 길이는 해마다 파라오(pharao)의 장부관리인이 아마도 특정한 낙타 여행에 걸리는 시간을 재는 방법으로 측정했을 것이다. 시간이 가면서 스타디아의 길이가 바뀌고, 따라서 에라토스테네스의 계산 오차 범위도 10~15% 사이에서 변동한다. 그래도 고대 그리스 사람이 한 일치고는 나쁘지 않다.

늘날 적도에서 측정한 지구 둘레의 실제 길이는 40,075km다.

그 정도만 해도 충분히 인상적이었지만, 이 결과는 알 비루니Al-Biruni라는 이란의 학자에 의하여 더욱 개선되었다. 기원후 973년에 태어났고 역사상 가장 위대한 과학자의 한 사람이었던 그는, 알렉산드리아와 시에네 사이의 거리처럼 오차가 생기기 쉬운 장거리를 측정할 필요 없이 놀라울 정도로 정확하게 지구의 둘레 길이를 추산하는 방법을 생각해 냈다.

알 비루니의 아이디어는 우선 산의 높이를 알아내는 것이었다. 이를 위하여 그는 천문의astrolabe를 사용했다. 천문의는 회전이 가능한 팔이 달린 원반으로, 각도기와 비슷하지만 황동으로 만들어졌으며 훨씬 더 화려하게 장식된 관측기구다. 산 밑에 선 그는 천문의를 이용하여 정상까지의 각도를 측정했다.

그리고는 100m 정도의 짧은 거리를 걸어서 산으로부터 멀어진 다음, 주의 깊게 지나온 거리를 기록하고 그 지점에서 천문의 측정을 되풀이했다.

알 비루니는 두 측정 결과로부터 산의 높이를 계산하기에 충분한 정보를 얻었다. (관심이 있는 독자라면, 그가 사용한 삼각법을 알아낼 수 있는지 생각해 보라. 답은 다음번 글상자에 있다.)

측정을 마친 알 비루니가 지구의 반지름을 알아내는 데 필요한 것은 숫자 하나뿐이었다. 믿음직한 천문의를 들고 산으로 올라간 그는 정상에서 수평선과 지평선 사이의 각도를 측정함으로써 지구의 반경이라는 미지의 요소를 포함하는 거대한 행성 크기의 직각삼각형을 결정하는 마지막 정보를 얻었다.

알 비루니는, 기본적 삼각법만을 사용하여 지구의 반경이 3927.77마일(6,319.78km)임을 계산했다. 오늘날, 지구의 반경에 대한 최선의 계산 결과는 3958.8마일(6,369.7km)이다.

따라서 고대 그리스이든 이슬람의 황금시대이든 과거를 돌이켜 볼 때, 아주 오래전부터, 골치 아프게 다양한 —그리고 점점 증가하는— 음모론자들의 주장에도 불구하고, 우리의 행성이 평평한 원반이 아니라는 사실을 알았다.

에라토스테네스와 알 비루니의 단순하면서도 탁월한 실험은 지구의 표면이 구부러졌음을 의심의 여지없이 보여 주었다. 그들은 이 사실에 기초하여 —완벽하게 합리적으로— 지구가 완벽한 구형이라고 생각했다.

하지만 그 문제 —우리의 행성이 그저 둥그스름한 것이 아니고 진짜 구형인지— 는 오랜 세월 동안 놀라울 정도로 많은 논란을 유발했고, 몇몇 중요한 실용적 결과를 낳기도 했다.

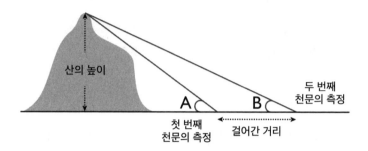

산의 높이

두 번째
천문의 측정

A

B

첫 번째
천문의 측정

걸어간 거리

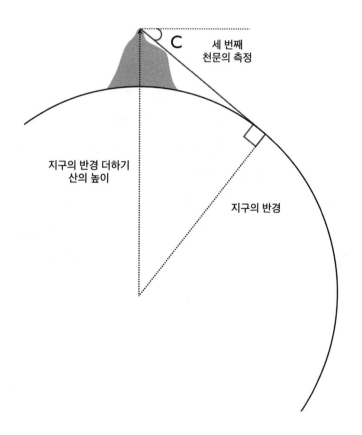

C

세 번째
천문의 측정

지구의 반경 더하기
산의 높이

지구의 반경

알 비루니의 천재성

오케이, 수학 팬을 위하여 답을 설명할 시간이다.

A와 B가 천문의로 측정한 첫 번째 및 두 번째 각도이고 알 비루니가 걸어간 거리가 D라면, 산의 높이 H는 다음과 같이 계산된다.

$$H = \frac{D \tan A \tan B}{\tan B - \tan A}$$

H와 세 번째 천문의 측정값 C를 알면, 다음과 같이 지구의 반경 R이 멋지게 따라 나온다.

$$R = \frac{H \cos C}{1 - \cos C}$$

지구는 정말로 구형일까?

크리스토퍼 콜럼버스는 자신을 의심하는 유형의 인간이 아니었다. 역사상 가장 오만하고 잔인한 폭군 중 한 사람이었던 그는 자신이 개인적으로 대서양을 건너서 지구를 도는 항해를 위하여 신의 선택을 받았다고 믿었다. 그런 일을 감당할 사람이 지구상에 아무도 없었기 때문이다. 스페인에서 서쪽으로 출발한 그와 부하 선원들은 1492년에 카리브 제도에 상륙함으로써, 신세계New World라 명명된 식민지 최초의 개척자가 되었다. 물론, 이미 그곳에 살고 있었던 수백만의 사람들에게는 신세계가 아니었다. 그들은 체계적으로 정복되고 학살되거나, 아니면 자신들의 면역체계가 한 번도 겪어 보지 못한 질병으로 죽어 갔다. 그들의 소유물은 유럽에서 온 침입자들에게 약탈당했고, 누구든 저항하는 사람은 콜럼버스가 반대자를 다루는 가장 좋아하는 전술 중 하나의 희생자가 되었다. 반항의 의지를 꺾으려는 메시지로, 반대자의 손을 잘라 목에 걸어 두고 마을로 돌려보내는 전술이었다. 콜럼버스는 괴물이었다.

강한 성격 중에 겸손이라는 특성은 없었음을 생각할 때, 그가 1498년에 자신이 큰 실수를 저지르지 않았는지 의구심을 가지기 시작한 것은 더욱더 주목할 만한 일이다.

이 주제를 이야기하는 동안, 콜럼버스와 그의 부하들이 아메리카를 *영구적*으로 식민지화한 최초의 유럽인이었지만 처음으로 그곳에 도착한 것은 아니었음에 주목할 필요가 있다. 그들보다 훨씬 전인 1001년에 아이슬란드 바이킹인 레이프 에릭손Lief Ericson과 동료들이 아메리카 대륙에 상륙하여 마크랜드Markland, 헬루랜드Helluland, 빈랜드Vinland라 명명한 곳 —오늘날 캐나다의 래브라도Labrado, 뉴펀들랜드Newfoundland, 배핀섬 Baffin Island으로 생각된다— 에 캠프를 차렸다. 아메리카 대륙에는 바이킹이 나타나기 2만 년 전부터 사람이 살았으며, 이들 지역도 이미 원주민이 점령하고 있었다. 바이킹들은 이들

112

원주민을 스크렐링Skraeling이라 불렸는데, 아마 이누이트Inuit족의 조상이었을 것으로 생각된다. 에릭손 패거리의 카를세프니 Karlsefni와 구드리드Gudrid는 1004년경에 아들 스노리 소르핀손 Snorri Thorfinnsson을 낳았다. 아메리카 대륙에서 최초로 태어난 유럽인의 후손이었다. 하지만 그들의 휴일은 길지 못했다. 3년 동안을 버틴 레이프와 동료들은 스크렐링을 다루기가 너무 힘들다고 생각했고, 날뛰는 황소rampaging bull에 대한 논쟁을 벌인 후에 캠프를 정리하고 그곳을 떠났다. 그 후, 유럽인이 다시 아메리카 대륙에 발을 디딘 것이 1492년이었다.

콜럼버스 이야기로 돌아가자. 그는 에라토스테네스의 증명을 잘 알았고, 정복하고 약탈할 새로운 땅을 찾기 위한 계획의 일부로 삼았다. 콜럼버스 역시 지구가 둥글다는 것을 확신했지만, 다른 계산 —스스로 고안한— 을 통하여 행성의 크기가 에라토스테네스의 추산보다 약 25% 작은 결과를 얻었다. 그는 이러한 계산 결과에 기초하여 자신의 선단이 극동에 도착했다고 굳게 믿었지만, 실제로 도착한 곳은 쿠바를 겨우 지나친 지역이었다.

50번째 생일이 가까워진 콜럼버스는 아시아라고 생각했지만 실제로는 베네수엘라 해변에서 가까운 섬 주위를 돌면서, 뭔가 이상하다는 것을 알아차리기 시작했다.

적도에 매우 가까운 위치치고는 기후가 이상할 정도로 온화했다. 위치를 확인하는 기준으로 삼은 북극성은 하늘에서 불규칙하게 움직이는 것처럼 보였고, 그의 배 주위에는 담수가 바다로 흘러드는 진짜 강이 있었다. 지구를 돌아가는 항해가 아니라 *위*로 올라가는 항해처럼 느껴졌다.

당시에 (15세기 기준으로) 콜럼버스는 노인이나 마찬가지였다. 그의 명성과 부wealth는 둥근 지구 이론에 기초하고 있었다. 하지만 그는 항해를 계속하면서 수집된 증거에 혼란을 느꼈고, 자신이 안다고 생각했던 모든 것에 의문을 품기 시작했다. 콜럼버스는 스페인 왕에게 보낸 편지에서 다음과 같이 설명했다.

> 저는 항상 육지와 바다로 구성된 세계가 구형이라는 것을 읽어 왔고, 프톨레마이오스Ptolemy와 다른 모든 사람의 경험에 관한 기록도 이런 사실을 입증합니다. 하지만 지금은 너무도 많은 불규칙성을 보았기 때문에, 지구에 관한 또 다른 결론에 이르렀습니다. 즉, 그들이 설명한 대로 지구가 둥근 것이 아니라, 전반적으로는 둥글지만 줄기가 자라는 부분에서는 그렇지 않음이 두드러지는 배pear 모양, 또는 여성의 젖꼭지처럼 돌출한 부분이 있는 둥근 공 모양이라는 것입니다.

여담이지만, 그는 젖꼭지 부분이 천국에 가장 가까워서 기후가 온화하다고 믿었다.

콜럼버스의 젖꼭지-지구 이론은 정밀한 조사를 견뎌 내지 못했다. 하지만 그런 불합리성의 이면에는 —그리고 당신이 기꺼이 세부사항을 무시할 수 있다면— 그러한 결론에 이른 것에 대하여 감탄스러울 정도로 과학적인 무언가가 있다. 콜럼버스는 명예롭거나 호감이 가는 인물과는 거리가 멀었지만, 적어도 이 점에 관한 한 본 것만이 아니라 측정과 계산에 따른 새로운 증거에 기초하여 평생의 사업을 기꺼이 포기하는 모습을 보여 주었다. 비록 지구가 실제로 배 모양도 아니고, 두드러지는 젖꼭지도 없었지만.

지구는 구체도 아니다. 지구 표면의 언덕과 계곡, 산과 바다 및 해구 때문에 완벽한 구가 되기에는 요철이 너무 심하다. 그렇지만 그 차이는 당신의 생각보다 작다. 지구 전체가 얼마나 큰지를 생각하면, 에베레스트 같은 높은 산도 작은 흠집에 불과하다. 실제로 지구가 손에 쥘 수 있는 크기로 줄어든다면, 당구공보다 훨씬 더 매끈할 것이다.

그러나 당구공보다 더 둥글지는 않을 것이다. 지구에서는 여기저기 솟아 있는 산맥보다 훨씬 더 극적인 일이 진행되고 있다. 행성 간 거리만큼 물러나 우주 공간에서 바라본다면, 지구가 둥근 모양에 가깝지도 않음을 알 수 있을 것이다. 우리의 행성은 중앙부가 약간 통통하고 위와 아래가 약간 평평하다. 구가 아니라 편평 회전타원체oblate spheroid다.

중년의 복부 비만 같은 모습이 된 이유는 무엇일까? 지구가 활동적으로 회전하는 행성이기 때문이다. 아이작 뉴턴은 지구가 회전하고 지각 밑에는 액체가 있으므로 지구의 적도 부분이 불룩해질 것으로 생각했다. 그의 생각은 정확했다. 최근의 측정 결과에 따르면, 지구의 중심에서 해수면까지의 거리는 극지보다 적도에서 약 13마일(21km) 더 길다.

21세기의 기술은 또한 지구가 완벽한 편평 회전타원체도 아님을 보여 준다. 지구가 움직이고 모양을 바꿈에 따라 어떤 변화가 일어나는지를 알아내기 위하여, 과학자들은 인공위성을 향하여 발사한 레이저가 되돌아오는 시간을 확인하고 은하수 밖에서 오는 전파에 귀를 기울인다. 달과 태양의 중력은 바다와 대기의 조수tides를 유발한다. 판 구조론plate tectonics은 지구의 질량 분포가 고르지 않음을 말해 준다. 심지어, '후빙기 반동post-glacial rebound'이라 불리는, 지각이 되돌아오는 (1,000년마다 수 cm 정도의 속도로) 현상도 있다. 행성의 생명체가 맥동하는 것과 마찬가지로, 지구 자체도 약동하고 있다.

우주의 구체들

그래서 우리가 고향이라 부르는, 우주에 떠 있는 구슬에는 기분 좋을 정도의 요철이 있다. 가장 가까운 이웃인 화성은 지구만큼 편평한 회전타원체가 아니다. 지금은 조용하나 과거에는 화산 활동이 활발했던 화성의 표면에는, 지구보다 훨씬 큰 여드름이 격동적인 역사의 흔적으로 남아 있다. 올림포스산Olympus Mons은 활동을 멈춘 방패화산shield volcano이다. 분출된 용암이 공중으로 솟구치지 않고 분화구 주위로 흘러내렸다는 뜻이다. 수천 년 동안 흘러내린 용암은 점점 커지는 산의 측면을 층층이 쌓아 올렸다. 이 모든 점진적인 흐름의 결과인 올림포스산은 약 5%의 완만한 경사로 상승한다. 20피트 전진할 때마다 1피트가 높아지는 경사로, 에베레스트를 등정하는 것보다는 하이킹에 더 가깝다. 하지만 그것은 중요하지 않다. 지구의 최고봉인 에베레스트는 높이가 해수면으로부터 5.5마일(8.85km)에 불과하지만, 경사가 매우 가파르다. 지구에서 가장 큰 화산인 마우나로아Mauna Roa의 높이는 6.3마일(10.1km)인데, 그중 2.6마일(4.2km)만이 해수면 위에 있다. 이들 여드름은 바닥으로부터 16마일(25.7km) 높이인 올림포스산의 상대가 되지 않는다.

올림포스산의 정상 근처에는 여섯 개의 칼데라caldera ―과거에 용암을 분출했던 붕괴한 분화구― 가 있고 바닥 면적은 약 12만 제곱 마일(46천km2)에 달한다. 프랑스의 국경 안에 딱 맞을 정도라는 뜻이다. 이 잠자는 괴물 여드름의 엄청난 크기는 자체적으로 행성을 왜곡하여 구체가 되지 못하게 한다.

다른 행성들도 비슷하게 불안정하다. 거대한 가스 행성인 토성과 목성은 지구보다 더 편평한 회전타원체다. 위쪽과 아래쪽이 더 찌부러졌다는 뜻이다. 토성의 극 직경은 적도 직경의 90%에 불과하다. 토성이 볼링공이라면, 구르면서 크게 흔들릴 것이고 결코 직선으로 구르지 않을 것이다. 유명한 토성의 고리조차도 완벽한 원이 아닌 타원이며, 타이탄 같은 위성의 중력이 측면을 찌부러뜨리기 때문에 모양이 변한다.

이들 두 가스 행성은 지구보다 더 구형에서 벗어난다. 기체로 이루어졌고 크기가 거대하기 때문이다. 인근 지역에서 가장 큰 기체 공인 태양은 아마도 우리가 측정할 수 있는 가장 구형의 자연 물체일 것이다. 2012년, 태양의 모양을 알아내기 위하여 특별히 수행된 결정적 연구에 의하면, 자체적 내부 활동 주기인 11년 동안에 태양의 모양이 크게 변하지 않으며, 적도와 극 직경의 차이가 890,000마일 중 6마일에 불과하다는 결론을 내렸다. 그러나 이렇게 명확하게 보이는 결론은 태양의 경계가 어디인지에 대하여 아직 합의가 이루어지지 않았다는 사실에 따라 약간 모호해진다. 태양에서는 지구보다 몇 배 큰 태양 플레어flare가 자주, 그리고 예측할 수 없게 우주 공간으로 분출된다. 우리가 볼 수 있는 것은 태양이 미치는 범위 중 일부일 뿐이다. 태양의 범위는 카메라에 장착하는 필터에 따라 수성과 금성을 감싸고, 자기장을 이야기한다면, 지구까지도 포함한다.

가장자리를 볼 수 없음에도 불구하고, 우리가 발견한 가장 둥근 자연 물체가 우리의 별이라는 말은 타당하다. 그러나 인간은 완벽한 원형의 추구에 대하여 단지 지구, 다른 행성, 심지어 별까지 측정했다는 것 말고도 칭찬받을 만하다. 우리가 아는 한 가장 완벽한 구체 역시 우주에 있지만, 그것은 우리 자신의 창조물이다. 우주의 구조에 관한 지식을 추구하면서 ―보다 구체적으로, 알베르트 아인슈타인의 이론을 검증하기 위하여― 놀라울 정도로 완벽에 가까운 구를 만들었다.

일반상대론은 우주의 근본적 중력 구조를 설명하기 위하여 아인슈타인이 만든 모델이다. 일반상대론에 따르면, 시공간spacetime ―우주의 실제 구조― 에는 행성처럼 질량이 큰 물체에 의하여 움푹 들어간 곳이 생긴다. 이 상당히 당혹스러운 아이디어를 시각화하는 한 가지 방법 ―우리가 학교에서 배운 표준적 방법― 은 3차원 공간에 있는 평면을 팽팽한 고무 시트로 생각하는 것이다. 시트 위에 볼링공을 올려놓으면 평면의 구조가 왜곡되어 움푹 들어간 곳이 생긴다. 시트가 단지 2차원의 평면이라면, 그러한 변형이 3차원에서 일어난다. 그러나 공간이 이미 3차원이므로, 행성 같은 큰 물체가 초래한 변형은 4차원으로 움푹 들어가게 된다. 질량이 큰 물체(즉, 반드시 큰 물체일 필요는 없지만 많은 질량을 가진 물체. 천체물리학 현상 중에는 구체 개자식을 이야기한 프리츠 츠비키가 생각했던 중성자별처럼, 별로 크지는 않으나 밀도가 엄청나게 높은, 따라서 크기는 작고 질량이 큰 물체와 관련된 현상이 있다)는 시공간의 구조를 휘게 한다.

일반상대론은 우주 공간에서 회전하는 행성이 시공간의 움푹 들어간 곳에서, 꿀 속에서 공을 회전시키는 것처럼 작은 소용돌이를 만들어 낼 것으로 예측한다. 틀 끌림frame-dragging이라 불리는 현상이다. 1960년대의 물리학자들은 이 예측을 검증하기 위하여, 개념적으로는 2,000년 전 에라토스테네스의 실험처럼 단순하나 막대기와 튼튼한 하인보다는 약간 더 복잡한 실험 기구가 필요한 실험을 고안했다.

아이디어는 간단하다. 회전하는 자이로스코프gyroscope의 주축은 단일한 방향을 가리키려 한다. 지구에서는 중력, 마찰력, 공기 저항 같은 온갖 종류의 힘이 자이로스코프의 회전을 늦추고 방향을 바꾸게 한다. 그러나 외부에서 작용하는 힘이 없는 우주 공간에서 자이로스코프를 회전시키면 회전수가 완벽하게 유지되고 주축이 가리키는 방향도 절대로 변하지 않아야 한다. 중력탐사선 BGravity Probe B는 틀 끌림을 검증하는 실험의 중심적 역할을 하도록 설계되었다. 자이로스코프를 궤도에 올려서 특정한 별을 가리키게 하고, 지구의 질량이 자이로스코프의 회전에 영향을 미치는지를 확인한다는 아이디어였다.

아인슈타인이 옳다면, 예상되는 기울기tilt는 1년에 0.00001167도 정도일 것이었다. 이는 원의 믿을 수 없을 정도로 작은 조각이다. 따라서 상상을 초월할 정도로 정밀해야 했던 자이로스코프를 만드는 일은 가능한 한 완벽한 구형인 탁구공 크기의 볼베어링ball bearings을 제작함으로써 달성되었다. 실제로 그 볼베어링은 이제까지 만들어진 물체 중 가장 완벽한 구체였다. 용융 석영과 실리콘으로 만든 볼베어링이 완벽한 구에서 벗어난 오차는 *최대로*… 원자 40개 크기였다. 이 페이지에 인쇄된 잉크의 폭보다도 훨씬 작은 크기다. 이 볼베어링을 지구 크기로 확대한다면, *12피트(3.7m)*보다 높은 산이나 깊은 계곡이 없을 것이다.

이 실험의 완벽함은 거기서 그치지 않는다. 이들 공(네 개, 하나라도 실패할 경우를 대비하여)은 섭씨 -271도, 즉 절대영도보다 1.8도 높은 온도로 유지된 400갤런(1,800리터)의 액체 헬륨 속에 떠 있었다. 이는 미세한 기울기라도 감지하는 데 매우 중요한 요소였다. 금속 니오븀niobium의 거의 완벽한 필름으로 코팅된 공들은 그 온도에서 초전도체superconductor가 된다. 회전하는 초전도체는 회전축과 정확하게 평행한 자기장을 생성하고, 이 자기장은 초전도 양자간섭장치Superconducting Quantum Interference Device, 또는 스퀴드SQUID라 불리는 극도로 민감한 장치로 탐지할 수 있다.

액체 헬륨 상자 속의 자이로스코프 공들은 중력탐사선 B에 실려서 북극과 남극을 연결하는 지구 궤도로 올라갔다. 실험이 정상적으로 진행되기 위해서는 이 궤도 또한 기막힐 정도로 정밀해야 했기 때문에 발사가 가능한 시간대가 단 1초로 제한되었다. 바람 때문에 1차 시도가 취소된 후, 2004년 4월 20일 오후 4시 57분 23초에 탐사선이 발사되었다.

탐사선에는 또한, IM 페가시Pegasi라는 별을 가리키도록 설정된 망원경이 장착되었다. IM 페가시는 지구에서 329광년 떨어져 있고, 맑은 날 밤에는 페가수스Pegasus 별자리에서 볼 수 있는 별이다. 공들은 회전축이 이 별을 똑바로 가리키도록 설정되었다.

실험은 2004년 8월 28일부터 2005년 8월 4일까지 진행되었다. 그리고 몇 년 동안, 회전하는 공들의 회전축이 원래 방향에서 벗어났는지를 확인하기 위한 데이터 분석 작업이 이루어졌다. 2010년 12월 8일에 중력탐사선 B의 임무가 공식적으로 종료되었고, 실험을 진행한 물리학자 팀은 그로부터 1년 뒤에 이 놀라운 실험의 결과를 발표했다. 아인슈타인의 일반상대론 모델은 지구에 의한 틀 끌림 편류 속도drift rate가 1년에 37.2밀리 각초milli-arcsecond가 되어야 할 것으로 예측했다. 중력탐사선 B가 측정한 틀 끌림 편류 속도는 1년에 39.2밀리 각초였다.

따라서 이 세상에 완벽한 것은 없다는 말이 사실일 수는 있지만, 우리가 아는 한 완벽한 구에 가장 가까운 물체는 과학자들이 만든 공이었다. 공상과학소설 작가 (그리고 훌륭한 과학자이기도 했던) 아서 C. 클라크Arthur C. Clarke는 "충분히 진보한 기술은 마법과 구별할 수 없다."라고 말한 적이 있다. 중력탐사선 B는 아인슈타인, 완벽한 구체, 우주 스퀴드, 페가수스가 등장하는, 예술과 구별할 수 없는 실험이었다. 우리가 알기로, 임무를 끝낸 중력탐사선 B는 여전히 허리가 뚱뚱한 우리 행성의 400마일(644km) 상공에서 북극과 남극을 연결하는 궤도를 돌고 있다. 탐사선 속에는 아인슈타인이 옳았음을 보여 준 탁구공 크기의 완벽한 구체 네 개가 있다.

4
장

태고의 바위

이제 지구가 완전한 구체가 아니고 중간부가 조금 처졌다는 것을 확인한 우리는 약간 무례한 다른 질문을 던지려 한다. 우리가 살고 있는 이 크고 울퉁불퉁한 바위는 대체 얼마나 오래되었을까?

지구는 어떻게 시작되었을까?

당신이 빅뱅에 관해서 알지 못했다고 상상해 보라. 거대한 먼지구름에서 형성된 태양계나, 행성의 창자에서 서서히 출렁이는 녹은 암석에 관해서도 알지 못했다고 상상해 보라. 오늘날의 천체물리학과 행성 지구화학의 도움이 없이 이런 질문을 숙고하게 된다면, 어디서부터 시작해야 할까? 당혹스러울 것이다. 이는 고대 문명의 수많은 창조 이야기들이 완전히 미친 소리처럼 들리는 이유를 어느 정도 설명해 준다. 그중에서도 그리스인의 창조 이야기보다 더 황당한 이야기는 없을 것이다.

고대 그리스의 창조 신화에서 대지의 어머니 가이아Gaia는 무질서의 영역인 카오스Chaos에서 끌어낸 영원한 힘이었다. 그녀는 타르타로스Tartarus(심연) 및 에로스Eros(사랑)와 함께 존재하게 되었고, 곧 하늘인 우라노스Ouranos를 낳아서 그와 결혼했다.

얼마 후에 우라노스가 임신시킨 가이아는 티탄족Titans을 낳는다. 이들 열두 자녀(남성 여섯, 여성 여섯)는 터무니없이 추잡한 짓 ―솔직히 말해서, 그들의 아버지가 형이나 오빠이기도 하다는 사실을 잊는 데 상당히 도움이 되는― 을 하면서 헤아릴 수 없이 오랜 시간을 보낸다.

오래지 않아 그들의 장난질에 싫증이 난 우라노스는 열두 명의 자식을 지하세계에 가둔다. 그중에 막내아들/동생인 크로노스Cronus만이 어머니의 부추김을 받아 아버지에게 대항할 만큼 대담하다. 그는 아버지의 성기를 낫으로 잘라 바다에 던진다. (말이 나온 김에, 그것이 미의 여신 아프로디테Aphrodite가 된다.) 근친상간이 조금 더 이어지고, 드디어 올림포스Olympian의 신들이 등장한다. 제우스Zeus, 헤라Hera, 포세이돈Poseidon을 비롯한 열두 신이 지구를 다스리게 되어도 혼란스러운 상황은 별로 나아지지 않지만, 어쨌든 재미있는 이야기다.

다른 문명 및 문화권의 이야기들도 그리스 신화처럼 이해하기 어려운 경우가 많다. 우리가 가장 좋아하는 이야기는 핀란

드의 민속설화다. 전설에 따르면 하늘의 딸인 일메이터Ilmater
는 여러 세기 동안 공중에 떠다니다가 마침내 700년 동안 바다
에서 헤엄을 치기로 한다.

그녀를 발견한 새 한 마리가 그녀의 무릎에 거대한 알 일곱
개를 낳는다. 그녀가 알들의 균형을 유지하는 수천 년 동안에
알들이 너무 뜨거워져서 더는 견딜 수 없게 된다. 떨어져 나온
알들은 바다에서 부화한다. 노른자는 태양이 되고 흰자는 별,
껍데기는 지구가 된다.

이들 창조 신화에는 패턴이 있다. 표면상으로는 아무리 독
특한 미친 소리처럼 보일지라도 몇 가지 범주에 대체로 들어
맞는다. 무질서로부터 질서가 나오는 (그리스 신화처럼) 혼돈의
기원이 한 가지 유형이다. 핀란드 민속설화뿐만 아니라 중국

신화, 힌두교 설화를 비롯하여 수많은 문화권에서 나타나는 우주 알cosmic egg은 또 다른 유형이다. 또 하나의 유형은 엑스니힐로*ex nihilo* —무無로부터— 인데 여기에는 기독교 신화뿐만 아니라 흥미롭게도 오늘의 우리가 가장 검증 가능한 과학적 버전의 창조로 받아들이는 빅뱅도 포함된다.

지구는 얼마나 오래전에 존재하게 되었을까?

시간은 모든 창조 이야기에서 시간의 경과에 대한 우리의 지각perception과 잘 연결되지 않는 캐릭터로 보인다. 화요일 오후에 일어난 빅뱅을 이야기하는 사람은 거의 없다. 우주의 기원에서 일, 주, 월, 시는 의미가 없다. 마치 거의 모든 사람이 '오래전에' 이들 사건이 일어났다는 데 동의하는 것으로 만족하고 그대로 내버려 두는 것 같다.

그렇지만, 창조의 이야기를 은유와 신화로 취급하는 대신 그 속에서 지구의 진짜 나이에 관한 증거를 찾는 사람들이 있다. 특히 훨씬 더 분별 있는 기독교인들의 변두리에 있고 목소리가 큰 성서적 창조론자biblical creationists들이 그렇다. 그들은 시적이고, 때로는 미친 소리 같고, 집단 학살이 자주 나오지만 아름다운 이야기도 많이 있는 성서를 해석하지 않는다. 그 대신 성서가 단어 하나에 이르기까지 문자 그대로 사실이라고 단언한다. 천사와 씨름하는 야곱Jacob, 고래의 배 속에 들어간 요나Jonah, 노아Noah의 홍수, 신약성서에 나오는 예수Jesus의 생애까지.

여담이지만 혹시 궁금할 독자를 위하여 설명하는데, 성서에 있는 치수에 따르면 노아의 방주는 *타이타닉*Titanic보다 훨씬 작은 배다. 그 모든 동물을 그런 배에 태우는 일이 가능했겠는지를 알아내려는 시도도 있었다. 계산 결과에는 다소간 해석의 여지가 있지만, 동물학적 관점에서 세 가지 큰 문제가 즉시 제기된다. (1)맛있는 먹이가 많은 좁은 공간에 최고의 포식자들을 몰아넣는 것은 별로 좋은 생각이 아니다. (2)행성 전체의 동물 종을 단지 한 쌍씩의 부모로부터 다시 번식시키는 것은 어떤 종에게든 유전적 재앙이 된다. 근친교배의 결과가 거의 멸종에 이를 정도로 심각할 것이다. 그리고 (3)그 모든 동물이 만들어 내는 똥의 양을 상상할 수 있는가? 엄청난 규모의 무더기가 쌓일 것이다.

잠시 이야기가 옆길로 샜다. 창조론자들은 성서가 문자 그대로 진실의 기록이라고 믿는다. 심지어, 말하는 당나귀와* 신이 보낸 곰 두 마리가 대머리 남자를 비웃은 아이들 42명을 죽인

---

* 민수기(Numbers) 22장 21-39절. 발람(Balaam)이 나귀를 타고 갈 때, 길에 서 있는 천사를 본 나귀가 방향을 바꾸려 한다. 발람이 나귀를 때린다. 두 차례 더 맞은 뒤에 나귀가 큰 소리로 말한다. "야, 왜 나를 때리는 거야?"

이야기까지.* 그리고 결정적으로, 엿새 동안에 우주와 그 안에 있는 모든 것을 창조한 신이 일곱째 날에는 당연한 보상으로 어쩌면 넷플릭스Netflix를 시청하면서, 휴식을 취한 이야기도.

창조론 철학의 일부는 '오래전에'가 다른 종교나 과학이 말하는 것만큼 오래전이 전혀 아니라는 것이다. 과학자들처럼 성서적 창조론자도 정확성을 갈망한다. 그들 중 다수가 완고하게 고수하는 날짜는 너무도 정확해서 철저한 검토가 필요하다. 17세기의 저명한 성직자에 따르면, 문자 그대로의 성서 해석에 기초하여 '빛이 있으라'라고 신이 명령한 창세기 1장의 사건은 기원전 4004년에 일어났다.** 이는 우리가 이 책을 쓰고 있는 현시점, 즉 2021년에 지구뿐만 아니라 우주 전체의 나이가 6,025살이라는 뜻이다.

놀라는 독자가 없기를 바라지만, 이런 주장은 옳지 않다. 옳지 않다는 증거가 너무 많아서 일일이 거론할 가치가 없을 정도다. 당신은 지구의 열기 속에서 수백만 년 전, 심지어 수십

---

* 열왕기 하(2 Kings) 2장 23-24절: '엘리사(Elisha)가 거기서 벧엘(Bethel)로 올라가더니 그가 길에서 올라갈 때에 작은 아이들이 성읍에서 나와 그를 조롱하여 이르되, "대머리여 올라가라. 대머리여 올라가라!" 하는지라. 엘리사가 뒤로 돌이켜 그들을 보고 여호와의 이름으로 저주하매 곧 수풀에서 암곰 두 마리가 나와서 아이들 중에 42명을 찢었더라.'

** 과거에는 '그리스도 이전(Before Christ)'의 BC와 우리 주의 해(the Year of Our Lord)를 뜻하는 '아노 도미니(Anno Domini)'의 AD라는 용어를 사용했다. 이제 과학계는 공통(또는 현재) 시대를 뜻하는 CE(Common/Current Era)와 그 이전(Before That)인 BCE를 채택했다. 편의상, 현재(또는 공통) 시대는 BC/AD 척도의 0년에서 시작하기로 합의되었다.

억 년 전에 만들어진 돌을 손에 쥐어 본 적이 있다. 공룡은 1억 7천만 년 동안 살다가 6,600만 년 전에 모두 (즉, 큰 공룡은 모두) 죽었다. 아주 찬 물에서 사는 생물은 성장이 매우 느리며 나이가 15,000살에 이르는 대서양 유리해면glass sponge이 오늘날에도 살아 있음을 시사하는 추정도 있다. 달리 말해서, 이들 동물은 인간이 돼지를 가축화하기 전부터 살아 있었다.

시계를 6,000년 전으로 돌려 보면, 신석기Neolithic시대라 불리는 시대에 앉아 있는 당신의 모습을 발견할 것이다. 전 세계에서 농업이 꽃을 피운 시대였다. 유럽에서는 쟁기가 개발되고, 어린아이들은 점토 젖병으로 젖을 먹고 있었다. 아메리카에서는 옥수수가 경작되었고, 이집트에서는 구리가 제련되었다. 아프리카, 중동, 유럽에서는 낙농업과 치즈 제조가 삶의 일부였다. 간단히 말해서, 이미 인간의 활동이 왕성하게 진행되고 있었다. 6,000년 전은 또한 역사가 시작된, 인간이 처음으로 문자 기록을 시작한 시점이다.

성서적 창조론자들은 틀렸다. 대단히 명확하고 우스꽝스럽게 틀렸다. 지구가 단호하게, 거대하게, 장엄하게, 6,000년보다 아주 아주 오래되었다는 것을 아는 데는 헤아릴 수 없이 많은 이유가 있다.

그러므로 독자는 바로 이 책 ―평생 동안 과학의 중요성을 옹호한 두 사람이 쓴― 에서, 우리가 이 숫자를 변호하려 한다는 사실에 놀랄지도 모른다. (우리는 확실히 놀랐다.) 사물이 실제로 얼마나 오래되었는지를 말해 주는 명백한 단서는 거의 없다. 나무의 연간 성장은 새로 자란 조직의 고리에서 측정할 수 있다. 따라서 고리를 이용하여 나무의 나이를 알아낼 수 —연륜 연대학dendrochronology이라 불린다— 있지만, 가장 오래된 나무라 해 봐야 나이가 4,850살 정도에 불과하다. 그 나무는 노아의 손자로 969세에 사망한 것으로 성서에 기록된 인물의 이름을 따라 므두셀라Methuselah라 불린다. 그런 이야기에서 시간이 융통성 있는 캐릭터임을 다시 한번 보여 주는 사례다. 그래서 중세 시대의 학자들은 가장 신뢰할 수 있는 출처의 정보에 의존했다. 기독교가 지배한 유럽 대륙에서는 성서가 진실에 관한 무오류의 원천으로 여겨졌고, 창조의 날짜가 중요한 학문적 주제였다. 요하네스 케플러Johannes Kepler, 베다 베네라빌리스Venerable Bede, 심지어 아이작 뉴턴까지 창조의 순간을 정확하게 밝혀내려는 진지한 노력을 기울였는데 모두가 약 6,000년 전이라는 시점 근처를 맴돌았다. 그중에 특히 두드러진 날짜 하나가 오늘날의 창조론자들에게 인기를 얻는다. 제임스 어셔James Ussher라는 아일랜드 대주교가 밝혀낸 지구의 탄생일은 BCE 4004년 10월 23일이다.

6,000년의 지구

1581년에 더블린의 유복한 가정에서 태어난 어셔는 열세 살에 대학에 입학했다. (물론 어셔가 똑똑했음은 분명하지만, 당시에는 그렇게 이상한 일도 아니었다.) 교회의 사다리를 빠르게 올라간 그는 26세의 나이로 더블린 트리니티 칼리지의 신학 논쟁 교수 Professor of Theological Controversies at Trinity College Dublin라는 *해리 포터 Harry Potter* 이야기에 나올 법한 직책에 임명되었다. 그의 출세는 1625년에 아일랜드 대주교Primate of All Ireland가 되어 아일랜드 교회의 최고위직에 오를 때까지 계속되었다. 기독교 계층구조에서 최고위직의 이름이 또한 원숭이와 유인원의 분류학적 이름이라는 것(primate에는 대주교 외에 영장류라는 뜻도 있음_옮긴이)은 흥미로운 사실이 아닐 수 없지만, 사소한 일은 제쳐 두자.

당시는 나라가 내전이라는 정치적·종교적 혼란 상태로 나아가는 가운데 영국 교회가 어려움을 겪던 시절이었다. 1649년에는 찰스 1세Charles I가 런던의 화이트홀 궁전Palace of Whitehall에서 목이 잘렸는데, 근처의 건물 지붕에서 이 모습을 지켜보던 어셔는 도끼가 떨어지는 순간에 기절했다.

이때부터 어셔는 자신의 탁월한 정신과 지성을 우주가 언제 시작되었는지를 밝히는 일에 바쳤다. 그는 찰스의 처형 1년 뒤에 출간한 걸작 《*구약성서 연보Annals of the Old Testament*》에서 세계의 (그리고 다른 모든 것의) 기원에 관한 자신의 계산을 체계적으로 제시했다.

당시에 이런 유형의 프로젝트가 흔히 그랬듯이, 어셔는 몇 가지 가정을 했다. 예를 들면, 창조가 일요일에 시작되었다는 가정이었다. 이는 물론 신이 일곱 번째 날에 휴식을 취했기 때문이다. 유대인이 휴식을 취하는 안식일Sabbath이 토요일이므로 신이 안식일에 쉴 수 있으려면 창조가 그전 일요일에 시작되었어야 했다.

그는 또한 그 중요한 일요일의 전날 정확히 오후 6시에 지구가 존재하게 되었다고 가정했다. 전통적 유대 달력에 따르면 그때가 하루가 시작되는 시간이었기 때문이다. 창조가 가을에 일어났다는 어셔의 믿음도 유대 달력에 기초한 것이었다. 유대인의 새해는 낮과 밤의 길이가 정확히 같아지는 추분에 시작되기 때문이다.

매의 눈을 가진 독자라면 오늘날의 추분이 10월 23일이 아니라 9월 21일임에 주목했을 것이다. 이는 16세기 이후로 우리가 사용해 온 그레고리력Gregorian calender이 율리우스 카이사르 Julius Caesar가 BCE 45년에 도입했고 어셔도 사용한 율리우스력 Julian calendar보다 최대 10일 늦기 때문이다. 이렇게 큰 불일치는 1년이 실제로 어느 정도의 시간인가라는 문제로 귀결된다. 이제부터 진행될 거친 질주wild ride를 위하여 독자의 안전띠를 단단히 조이기 바란다.

구식의 율리우스력은 지구가 태양을 한 바퀴 도는 데 정확히 365.25일이 걸린다는 사실에 기초하여 작동했다. 오전 6시에 하루를 시작할 수는 없으므로, 1/4일을 반올림하여 3년 동안은 365일이 되고, 4년마다 한 번씩인 윤년은 366일이 된다.

여기까지는 매우 익숙한 이야기다. 그러나 지구가 태양을 한 바퀴 도는 데 걸리는 시간은 실제로 365.2425일이다. 그 차이 때문에 율리우스력의 1년은 실제보다 약 11분 길어지게 된다. 여러 세기가 지나면서 이러한 불일치가 누적되어, 율리우스력의 1년과 지구의 공전주기 사이에는 여러 날의 차이가 생기게 되었다. 오늘날에는 세기가 시작되는 첫해 중 400으로 나누어지지 않는 해를 윤년에서 제외하는 방법으로 이 문제를 해결한다. 즉, 1700년, 1800년, 1900년은 윤년이 *아니었고*, 2100년, 2200년, 2300년도 윤년이 *아니라*는 뜻이다. 그러나 1582년에 이러한 이상 현상을 파악하고 달력을 수정한 그레고리오 8세 교황은 매우 급진적인 방식으로 자신의 이름이 붙은 달력의 시작 시점을 이동시켰다. 그는 역사에서 열흘을 삭제하여, 10월 4일 목요일 다음 날이 10월 15일 금요일이 되도록 했다. 사라진 열흘 동안에 생일이 있었던 가련한 영혼들에게 무슨 일이 일어났는지는 확실치 않다.

여기까지 잘 따라왔는가? 어셔가 창조의 순간으로 밝힌 날짜인 10월 23일 추분에 대한 설명이 아직 끝나지 않았기 때문이다. 어셔는 *예상proleptic* 율리우스력으로 알려진 달력을 사용했다. 카이사르가 윤년을 정규화하기 전에도, 1년 동안의 달력이 계절과 일치하지 않는 문제를 해결할 필요가 있었다. 그러나 윤년은 때로는 3년마다, 아니면 그저 필요할 때마다 불규칙하게 설정되었다. 공식적으로 4년마다 윤년이 도입된 것은 CE 8년이 되어서였다. 따라서 누구든 그 이전의 날짜를 알아내려는 사람은 윤년의 변동성을 고려해야 했다. 우리는 어서가 체계적이었다고 말했다.

시대는 변하고 있다: 간략한 서양 달력 용어집

(The Times They Are A-Changin', 미국의 포크 가수 밥 딜런Bob Dylan의 유명한 노래 및 음반 제목_옮긴이)

율리우스력: 율리우스 카이사르의 후원하에 BCE 45년에 설계되고, 태양을 도는 지구의 공전주기가 365.25일임을 반영하기 위하여 CE 8년에 정규화된 달력. 따라서 4년마다 1년이 366일인 윤년이 있다.

예상 율리우스력: 율리우스력을 사용하여 CE 8년 이전의 날짜를 알아내려는 역사가들은 그때까지 윤년이 규칙적으로 설정되지 않았음을 고려해야 했다.

그레고리력The Gregorian calendar: 그레고리오 8세 교황의 팀은 카이사르가 지구의 공전주기를 약간 과도하게 추산했음을 알아 냈다. 이는 율리우스력이 지구의 공전보다 조금씩 앞서간다는 뜻이었다. 따라서 그들은 1582년 10월에서 열흘을 제거하고 — 그냥 역사에서 지워 버렸다— 4세기마다 세 차례씩의 윤년도 제 거했다.

유대력The Jewish calendar: 그레고리력과 동일하지만, 새해가 추분에 시작된다.

알겠는가?

그래서 다양한 달력과 그들의 기묘한 일시적 이상 현상 및 수정사항을 만지작거리는 방법으로, 어서는 창조의 날짜를 10월 23일 전날 저녁으로 못 박았다. 이제 남은 문제는 *어느 해의* 10월 23일인가뿐이었다. 당시의 일반적인 추정은, 베드로후서 (2 Peter) 3장 8절에 기초하여 지구의 나이가 대략 6,000년이라 는 것이었다.

「사랑하는 자들아, 주께는 하루가 천 년 같고 천 년이 하루 같다는, 이 한 가지를 잊지 말라.」

어서는 당대의 학자들 대부분과 마찬가지로 이 구절을 직설 적으로 해석했다. 신이 모든 것을 창조하는 데 6일이 걸렸고,

신의 하루는 은유적으로 1,000년과 동등하므로 지구의 나이는 6,000년 —첫날Day One부터 예수의 탄생까지 4,000년, 그 이후의 2,000년— 이 되어야 한다.

어셔는 지구의 나이가 6,004년이라고 계산했다. 추가된 4년은 이전의 다른 연대순서 오류를 수정하려 했던 역사가 요세푸스Josephus를 따른 것이었다. 기원전이 기원후로 전환되는 것은 예수의 탄생 시점이다. 그러나 헤롯Herod 왕이 사망한 날짜는, 요세푸스가 기원전 4년에 일어난 것으로 계산한 월식과 일치했다. 마태복음이 정확하다면 —당시에는 성서에 날짜가 언급되지 않았을 뿐이고 오류가 없다고 여겨졌음을 기억하라— 헤롯이 죽기 전에 예수가 태어났어야 했다. 예수의 가족이 모든 남자 아기를 죽이라는 헤롯의 포고령을 피해서 도망쳤기 때문이다. 따라서 어셔는 예수가 실제로 기원전 4년에 태어났다고 생각했다. 이는 디지털 손목시계를 보고 있던 신이 기원전 4004년 10월 23일 전날 저녁 6시에 —펑, 하고boom— 우주를 창조했음을 의미한다.

이제 당신도 하루 쉬면서 넷플릭스를 시청할 수 있다. 어셔의 계산은 당시의 모든 연대기학자와 마찬가지로, 신이 천문학자라는 것과, 논리적·이성적 접근법으로 가용한 증거를 분석하면 신이 창조한 우주의 완벽한 수학적 구조가 드러나리라는 학문적 믿음에 따른 것이었다. 이러한 노력의 주요 문제는 어셔의 방법론이 아니고 증거였다. 그의 책 제목은 《구약

성서 연보》지만, 구약성서는 과학책이 아닌 것으로 밝혀졌다. 구약성서는 사실상 역사책도 아니다. 가정으로 가득하고 오늘날 대부분이 더 이상 믿지 않는 성서의 사실적 정확성에 의존하는 어셔의 연대표를 비웃기는 어렵지 않다. 그러나 어셔가 살았던 시대의 기준으로는 성서가 정확하다는 것이 확립된 사실이었고, 그의 학문적 접근법은 정밀하고 논리적이고 철저했다. 물론 어셔는 여러 자릿수에 해당하는 오류를 범했을 수 있다. 그러나 그는 당대의 지혜를 받아들이고 엄밀하게 적용하여 이 숫자를 알아냈다. 진짜 미친 짓은 21세기에 와서도 이러한 방법론과 날짜에 집착하는 것이다.

어셔의 시대 이후에 과학은 마침내 권위가 제시하는 교리나 칙령에 의존하기를 멈추고 관찰된 사실을 검증하기 위한 일련의 방법과 도구로 공식화되었다. 오늘날 최선의 추정은 지구의 나이가 실제로 약 45억 년이고 —곧 그 증거를 이야기할 것이다— 어셔가 760,000배에 해당하는 오류를 범했다는 것이다. 오차의 규모로는 역대급이다. 런던에서 버밍햄Birmingham까지의 거리가 120마일(193km)이 아니라, 실제로는 10인치(25cm)라고 주장하는 것과 같다. 그러나 오래된 물건의 나이를 알아내는 데는 지구상의 두 장소 사이의 거리를 측정하는 것보다 훨씬 더 많은 기술과 도구가 필요하다. 솔직히 말해서, 당신은 바위의 나이가 단지 수천 년이 아니고 수백만 년이라는 것을 입증할 수 있는가?

과학이 꽃을 피우면서 빛을 잃은 창조론은 사라져 갔다. 19세기 전반기로 들어설 무렵, 자연선택에 의한 진화의 이론을 연구하던 찰스 다윈Charles Darwin은, 자신의 이론이 정확하려면 지구의 나이가 수백만 년이 되어야 한다고 생각했다. 그가 비글Beagle호를 타고 항해하면서 마주친 수많은 동물 중에는 헤엄쳐 건널 수 없는 대양으로 분리된 다른 곳에 있는 동물과 비슷한 특성을 보이는 동물들이 있었다. 그는 시간이 가면서 대륙이 움직인다고 생각했다. 판 구조론plate tectonics이 정확히 설명되기까지는 한 세기가 더 필요했지만, 대륙은 정말로 움직인다.

그러나 지구가 이전 세기의 추정치보다 아주, 훨씬 더 오래되었다는 사실을 다윈이 발견한 곳은 사우스 다운즈South Downs(영국의 남동부 해안지역_옮긴이)였다. 다윈은 화석 기록이 극도로 불완전하다는 것을 알고 있었다. 화석이 형성되는 과정에는 동시에 일어날 가능성이 매우 낮은 특별한 조건들이 필요하기 때문이다. 적절한 조건의 토양이 필요하고, 죽은 동물이 다른 동물에 먹히기 전에 신속하게 흙 속에 묻혀야 하며, 묻힌 지역이 수백만 년 후에 우리가 파낼 때까지 상당히 안정적인 상태를 유지해야 한다. 오늘날에는 수백만 개의 화석이 있다. 그러나 다윈 시대의 화석은, 그의 이론의 초석이 되고, 또한 한 종이 서서히 다른 종으로 바뀌었음을 입증하는 데 필요한 점진적 변화의 완벽한 연속성을 보여 주지 않았다. 그래서 그는 과도기 동물들이 수백만 년은 아니라도 수십만 년에 걸쳐 살았으리라는 것을 보이기 위하여 동료 지질학자들, 특히 찰스 라이엘Charles Lyell의 연구 결과를 이용했다. 영국 남부의 월드Weald 지역은 런던의 바로 남쪽에서 영불해협의 해안에 이르고, 표토 바로 아래에 백악질 바닥이 있는 거대한 지질학적 분지basin다. 그런 분지가 어떻게 형성되었는지에 대한 모델은 다음과 같다. 한때는 배사구조anticline라 불렸고, 지구 내부의 요동에 따라 밀어 올려진 거대한 산이 오랜 지질학적 시간이 지나면서 상부가 침식되어 꼭대기가 평평해지고 그 밑의 아주 오래된 백악층이 드러난 것이다. 다윈은 다양한 암석의 침식률을 살펴보고 켄트Kent주에 있는 자신의 집Down House 뒷마당 너머의 비교적 평탄한 지역을 포함하여 월드 배사구조가 침식을 통하여 현재의 분지 상태가 되는 데는 무려 3억 년이 걸렸다는 결론을 내렸다. 이는 그의 탁월하고 완벽하게 정확한 진화 이론에 따라 한 동물이 다른 동물로 바뀔 수 있는 훨씬 더 긴 시간을 제공했다.

그러나 비록 원리적으로는 옳았지만, 그 역시 지구의 실제 나이에서는 멀리 —15배— 벗어났다. 물론 어셔의 연대표보다는 상당히 가까워졌지만, 여전히 시계를 맞추려는 당신이 원하는 오차범위는 아니다.

우리가 사는 오래된 바위의 나이에 대한 최근의 가장 정확한 날짜는 지질학, 화학, 핵물리학의 융합이 제공하는데, 그 모든 것은 어니스트 러더퍼드Ernest Rutherford*에서 시작된다. 원자가 전자, 중성자, 양성자로 구성됨을 보인 연구와 아울러 러더퍼드는 핵 속에 다른 원자보다 더 많은 중성자가 있는 원자가 존재한다는 사실도 발견했다. 그런 원자는 동일한 원소의 무거운 버전 —동위원소isotope— 이며 일반적으로 안정성이 떨어진다. 불안정성은 방사능을 유발한다. 즉 그런 원자는 붕괴하면서 입자(또는 감마선)를 방출한다. 러더퍼드는 또한 방사성 원소가 예측 가능한 속도로 붕괴하며, 이 속도는 각 방사성 원소마다 고유하다는 것을 알아냈다. 그는 실험을 통하여, 매우 희귀한 토륨thorium(여담이지만, 북구 신화의 염소를 먹는 신 토르의 이름을 딴) 샘플의 50%가 붕괴하는 데 11.5분이 걸린다는 것을 알아낸 뒤에, '반감기half-life'의 개념을 창안했다.** 수많은 원소에 있는 동위원소는 안정된 원소와 섞여 있으므로, 러더퍼드의 발견은 일종의 핵 시계nuclear clock의 가능성을 제공했다. 알려진 방사성 동위원소가 있는 원소의 원자 물질이 암석에 포함되었다면, 이들 원자가 암석이 형성되었을 때 (형성된 후가 아니라) 포함된 것으로 가정할 수 있다. 해당 원소에서 방사성 원자와 정상 원자의 전형적인 비율을 안다면, 오늘날의 암석 샘플

---

* 우리와 친척 관계는 아니다.
** 토륨에는 30가지 서로 다른 동위원소가 있다. 모두가 양성자는 90개지만, 중성자는 118~148개다. 이들 동위원소는 모두 불안정하고 반감기가 10분 미만에서 우주의 나이와 비슷한 140억 년까지의 범위에 걸쳐 있다.

에 있는 방사성 원자의 수를 측정할 수 있고 반감기를 알고 있으므로, 암석이 언제 형성되었는지를 계산할 수 있다. 이는 또한 과거에 살았던 생물체 표본의 연대를 추정하는 방법이기도 하다. 탄소 원자 중에도 방사성 원자가 있다. 식사를 통하여 신체 조직에 흡수되는 탄소의 비율도 우리가 살아 있는 한 일정하게 유지된다. 인간이 죽으면, 식사가 멈춤에 따라 탄소의 흡수도 멈추고 방사성 탄소가 붕괴함에 따라 시계가 작동하기 시작하여, 방사성 원자의 비율이 감소한다. 방사성 탄소 연대 측정radiocarbon dating이라 불리는 이 방법은 과거 약 5만 년 이내에 죽은 생물 표본에만 효과가 있다. 방사성 탄소의 반감기가 7,530년에 불과하기 때문이다. 5만 년보다 오래된 표본에는 정확하게 연대를 측정하기에 충분한 양의 방사성 탄소가 남지 않는다.

널리 사용되는 이 기법의 한 가지 버전이 있다. 누군가의 손에서는 다이아몬드의 저렴한 대안이 될 수 있는 다소 값싼 보석인 지르콘zircon으로 지구의 나이를 알 수 있다. 규산지르코늄zirconium silicate 결정은 거의 완벽한 정육면체이고, 결정이 형성될 때 결정 구조 중앙에 우라늄uranium 원자를 가둘 수 있으나 납 원자는 가둘 수 없다는, 특이하고 유용한 특성이 있다.

방사성 우라늄 원자인 U238이 붕괴하여 Pb207 형태의 납으로 바뀌는 반감기는 44.7억 년이다.* 지르콘은 결정이 형성될 때만 우라늄을 가둘 수 있으므로, 일단 U238 방사성 원자가 갇히고 나면 시계가 돌아가기 시작한다. 지르콘 결정은 대단히 강한 물질로서, 수십억 년에 걸친 지질학적 변형의 파괴력을 견딜 수 있다.

따라서 암석층에서 지르콘 결정이 발견되면 시계를 멈출 수 있다. 우리는 지르콘 결정에서 발견되는 납Pb207이 우라늄의 매장에서 시작된 것임을 알며, 지르콘 결정 광상deposit에서 우라늄에 대한 Pb207의 비율을 알아냄으로써, 그 광상이 정확히 얼마나 오래되었는지를 알 수 있다. 지금까지 발견된 가장 오래된 광상은 서부 오스트레일리아의 잭 힐스Jack Hills에 있고, 형성된 이후로 44.04억 년의 시간이 흘렀음을 말해 준다.

지구의 형성 과정에서 남은 물질로 추정되는 운석에 비슷한 방법을 적용하면 더 오래된 연대를 얻게 된다. 운석은 태양의 탄생 과정에서 남겨진 떠다니는 파편 조각들이 부착accretion이라 불리는 궤도에서 부서지고 다시 뭉치는 과정을 통하여 만들어졌다. 이들 운석의 분석을 통하여 방사성 납, 오스뮴osmium, 스트론튬strontium을 비롯한 온갖 중금속의 존재가 밝혀졌는데, 그들 모두가 약 45억 년에서 수천만 년의 오차범위 안

---

* 천상의 설계였는지 아니면 과학적 우연이었는지, 우라늄은 같은 시기에 발견된 행성인 토성(Uranus)의 이름을 따라 명명되었는데, 우라누스는 그리스 신화의 거세된 하늘신 우라노스(Ouranos)의 로마 버전이다.

으로 들어온다.

따라서 결론은 명확하다. 우리 행성의 나이는 약 45억 년이며, 이는 우주 자체 나이의 약 1/3에 해당한다. 이 질문의 답을 찾는 일은 자신의 시대에서 가장 위대했던 과학자들의 마음을 사로잡았으며, 각자의 답과 오차의 크기는 모두 달랐지만, 그들 모두가 같은 장소에 모이게 되었다. 어셔는 아이작 뉴턴, 찰스 라이엘, 찰스 다윈, 그리고 어니스트 러더퍼드와 함께 웨스트민스터Westminster 사원에 매장되었다. 그의 무덤에는 '역사가, 문학 비평가, 신학자. 성인 중에 ─가장 학자적인. 학자 중에─가장 성인적인.'이라는 묘비명이 있다. 솔직히 말하자. 매우 똑똑한 영장류에 바치는 경의치고는 대단히 훌륭한 묘비명이다.

5
장

시간의
간략한 역사

이 이야기는 케이블cable로 시작한다. 런던의 거리 아래 땅속 깊숙이 묻혀 숨겨진 아주 특별한 케이블이다. 혹시 우연히 마주치더라도 별로 해가 없는 케이블처럼 보일 것이다. 그저 검은색으로 코팅된 한 움큼 굵기의 섬유가 런던 남서부에 있는 헨리 8세의 햄프턴 코트 팰리스Hampton Court Palace 너머에서 동쪽으로 템스강 연안의 도클랜즈Docklands까지 연결된다. 케이블의 존재를 아는 사람은 거의 없다. 케이블이 *왜* 있는지, 또는 30분 남짓한 동안에 공간의 에테르ether(19세기에 빛을 비롯한 전자기파를 전파하는 매질로 생각되었던 가상의 물질_옮긴이) 속으로 사라진 1조 달러가 어떻게 세계 —우리가 알았던— 가 이 케이블이 없이는 더 이상 지탱할 수 없게 되었음을 의미했는지를 아는 사람은 더 적다. 통과하는 숫자들과 함께 상상할 수도 없는 금액이 전달되지만, 케이블이 하는 일은 아주 간단하다. 케이블은 오직 한 가지 질문에, 알려진 우주의 그 어느 곳에서보다도 정확하게 답하는 역할을 한다.

지금 몇 시야?

당신이 사용하는 모든 시계 중에는 아마도 가장 신뢰할 수 있다고 생각하는 시계가 있을 것이다. 외부 신호로 설정되는 휴대폰이나, 아니면 정밀 제작된 스위스 손목시계일 수도 있다. 그러나 아직도 설치되었을 때와 같은 시간을 보여 주고, 재설정하려면 잃어버렸을 것이 거의 확실한 설명서가 있어야 하는 오븐oven의 시계는 아닐 것이다.

이와 마찬가지로 인류에게는 시계의 계층구조가 있고, 다른 시계보다 더 믿을 만한 시계가 있다. 그중 오븐에 설치된 시계는 없다. 진자시계pendulum clock는 해시계sundial보다 더 믿을 만하고, 수정 시계quartz clock는 진자시계보다 더 신뢰할 수 있다. 따라서 시계의 정확성을 테스트하는 일은 아주 간단하다. 그저 계층구조에서 위쪽에 있는 ─더 정확하다고 믿어지는─ 시계와 비교해 보면 곧 두 시계의 초침이 서로 보조를 맞추지 않는지가 명확해질 것이다.

시계에 숨겨진 계층구조가 있다면, 맨 꼭대기에 있는 ─다른 시계가 따라야 할 표준을 설정하는─ 시계가 있어야 한다고 생각할 수 있다. 그러나 시간은 표준 단위(2018년까지는 kg의 표준이 파리의 금고에 보관된 백금 원통이었다)가 있는 질량과는 다르다. 시간의 단위 ─초 같은─ 는 그런 방식으로 정의될 수 없다. 원형archetypal 초를 만들어 유리병에 넣고 찬장에 보관하거나 1초를 손에 쥘 수는 없다. 따라서 지금이 몇 시냐는, 외견상 간단해 보이는 질문에 답하려면 우선 누가, 또는 더 적절하게 무엇이 시간의 궁극적인 중재자인지를 알고 나서 시간이 실제로 무엇을 의미하는지의 사소한 문제를 다뤄야 한다.

1초란 무엇인가?

쉽게 답할 수 있어야 하는 질문이다. 어쨌든, 지구는 24시간에 한 번씩 축을 중심으로 회전하고, 한 시간은 60분이며, 1분은 정확히 60초다. 1초의 길이를 측정하고 싶다면, 그저 망원경을 하늘에 있는 별 하나에 똑바로 맞추고 그 별이 다음 날 밤에 똑같은 지점에 올 때 —즉, 정확히 하루 뒤— 까지 기다리면 된다. 그동안 경과한 시간을 86,400(초로 환산한 하루)으로 나누면 1초의 정확한 길이를 얻을 수 있다.

물리적 시계보다 지구 자체가 궁극적 계시원timekeeper이 되어야 한다는 것은 좋은 생각으로 보인다. 그러나 심지어 고대의 천문학자들까지 지구의 회전이 믿을 만한 초시계가 아니라는 사실을 눈치챘다.

해시계는 지구가 자전축을 중심으로 얼마나 회전했는지를 꽤 잘 추정할 수 있다. 하지만 누구든 해시계 옆에 다른 시계를 설치하여 같이 가도록 하면 시간이 왜곡되기 시작한다. 사람들은 거대한 모래시계와 물시계(모래 대신에 물방울을 사용하는)를 시도해 보았다. 심지어 촛불 시계(촛불이 타들어 감에 따라 줄어드는 양초의 길이가 시간의 경과를 나타내는)까지 시도했지만, 항상 같은 결론에 이르렀다. 인간이 만든 장치와 해시계는 서로 시간의 보조를 맞출 수 없었다. 때로는 인간이 만든 장치가 해시계를 앞서갔고, 때로는 뒤처졌다.

고대 바빌로니아의 과학자들은 이러한 불규칙성을 알았고, 2세기 로마의 수학자이자 천문학자였던 프톨레마이오스도 마찬가지였다. 그는 심지어 인간이 만든 시계와 천체 시계를 맞추는 데 필요한 수정량을 계산하기까지 했다. 그러나 해시계 — 시간과 시계— 시간의 관계를 정밀하게 조사하는 데 사용할 수 있는 장치가 나온 것은 네덜란드의 물리학자, 수학자, 그리고 아마추어 시계공이었던 크리스티안 하위헌스Christiaan Huygens가 1656년에 진자시계를 발명하고 나서였다. 하루에 수 초 이내의 오차로 시간을 맞출 수 있었던 하위헌스의 진자시계는 문제를 훨씬 더 쉽게 (그리고 훨씬 덜 지저분하게) 만들었다. 반쯤 녹은 양초와 자를 가지고 해시계 옆에 앉아서 정밀한 계산을 하려 애쓰는 것보다 말이다. 하위헌스는 새로 발명한 시계를 이용하여 두 시계 사이의 불일치를 1년 동안 비교한 일련의 표를 만듦으로써, 분명히 무언가가 잘못되었다는 증거를 제시했다. 진자시계와 해시계의 시간이 일치하지 않았을 뿐만 아니라, 두 시계의 차이가 무작위적이 아니라는 사실을 알아냈기 때문이었다.

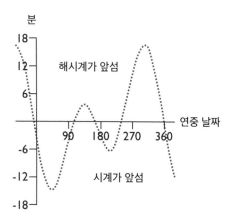

시계와 해시계의 불일치는 1년 동안 증가와 감소를 반복했는데, 하위헌스는 해마다 정확히 같은 패턴이 나타난다는 것을 알아차렸다. 인간이 만든 시계들은 서로 보조를 맞췄다. 이상한 것은 해시계인 듯했다. 물론 당시의 시계가 스위스제 회중시계처럼 정교하지 않았지만, 지구가 더 큰 원인이었다.

그 이유는 천체의 영역에 있다. 태양 주위를 도는 동안 지구의 자전에는 미세하지만 측정할 수 있는 변동이 생긴다. 우리의 행성이 자신의 별 주위를 공전하는 동안 다른 행성들의 중력이 우리의 궤도에 약간 움푹 들어간 곳을 만든다. 이는 우리가 축제 마당에서 왈츠를 추는 사람처럼 때로 조금 빠르거나 느리게 회전한다는 것을 의미한다. 이러한 중력에 따른 요철은 시간 측정에서 꽤 중요한 의미를 가진다. 즉, 하루는 실제로 24시간이 아니다.

9월의 하루 —태양이 하늘에서 가장 높이 있는 연속된 두 순간 사이에 경과한 시간으로 정의하면— 는 2월의 하루보다 거의 30분 가까이 짧다.

하늘 대신에 진자시계를 보면 정오에서 다음 정오까지가 계절과 무관하게 정말로 24시간이다. 그러나 지구는 그 24시간 동안, 1년 중 시기에 따라 과소 또는 과도하게 회전한다. 당신은 그런 일이 일어나는 것을 알아채지 못할 것이다. 하루 동안에 생기는 오차가 수 초에 불과하기 때문이다. 그러나 천체를 기준으로 한 시간이 불규칙하기 때문에, 인간이 만든 어떤 시계라도 도저히 해시계와 보조를 맞출 수 없음을 의미하기에 충분한 오차다.

이전 시대에는 언제가 정확하게 오전 11시 38분인지를 알 필요가 있는 사람이 아무도 없었다. 일상이 지구의 리듬과 훨씬 더 밀접하게 연결되었다. 그러나 우리가 지구를 횡단하기 시작하면서, 지금이 몇 시인지가 점점 더 중요해졌다. (153쪽 글상자 참조) 시계가 쓸모 있으려면 (그래야 한다. 모든 사람에게 잠자리에서 일어날 때를 알려 주는 수탉과 오후에 차를 마실 시간을 알려 주는 천문학자가 있는 것은 아니니까), 이 문제에 대한 확실한 해결책이 필요했다.

따라서 17세기와 18세기의 과학자들은, 연속한 정오 사이 (24시간과 비슷하지만, 15분 정도 짧거나 길 수 있는)가 아니라 1년 동안 측정한 지구 자전주기(즉, 24시간)의 *평균* 시간을 '하루'로 다시 정의하는 아이디어를 생각해 냈다. 그들은 평균에 기초한 새로운 하루를 '평균 시간Mean Time'이라 불렀고, 영국인이 세계의 패권을 주장하던 시절이었으므로, 영국에서 가장 유명한 천문대의 이름을 따서 '그리니치 표준시Greenwich Mean Time'라 명명했다.

흔들리는 세계

일단 그리니치 표준시가 확립되자 모든 사람이 안심할 수 있었다. 어리둥절한 과학자가 촛불 시계를 관찰하다가 실수로 화상을 입는 일도, 배의 선장이 어디로 가고 있는지 몰라서 당황하는 일도 더 이상 없었다. 전 세계 어디에서든 오후에 마시는 차가 4시 정각에 차려졌다.

진자시계는 275년이 넘도록 최고의 시간 관리자로 군림했다. 천문 관측으로 설정되고 그리니치 표준시에 맞춰 작동하는 런던의 진자시계는 당시에 가장 권위 있는 시계였다. 그러나 20세기로 들어서면서 새로운 시계들이 발명됨에 따라 논쟁이 다시 불붙기 시작했다.

세계가 마침내 '지금 몇 시야'라는 질문의 답을 찾았던 것일까? 근처에도 가지 못했다.

먼저 수정 시계quartz clock가 나왔다. 19세기 말에 마리 퀴리

Marie Curie의 시아주버니인 폴 자크Paul Jacques와 남편인 피에르 퀴리Pierre Curie는 작은 석영quartz 결정에 압력을 가하면 미세한 전하electric charge가 생성되는 것을 발견했다. 이 효과는 반대 방향으로도 작동했다. 약한 전기장electric field을 걸면 석영 결정이 수축하면서 작은 전하를 방출했다. 석영의 이러한 특성은 기가 막히게 유용했다. 예를 들어, 1차 세계대전에서 프랑스는 바로 이런 특별한 성질에 기초하여 잠수함 탐지기를 만들었다.* 그러나 시계로서 석영의 잠재력이 실현된 것은 1920년대가 되어서였다.

석영에 전기를 통하면 수축과 전하 방출이 매우 예측 가능한 빈도로 일어난다. 이러한 진동은 앞뒤로 흔들리는 진자를 효과적으로 대체할 수 있다. 초당 진동수를 사용하여 기계적 시계 장치가 감당할 수 있는 것보다 훨씬 더 신뢰성 있게 시간의 경과를 기록할 수 있다는 뜻이다.

그러나 새롭게 반짝이는 수정 시계와 지구의 회전을 비교하자마자, 과학자들은 ―실망스럽게도― 시간에 관해서 걱정해야 할, 전적으로 다른 측면의 문제가 있음을 깨달았다. 그들은 양자 간의 불일치를 발견했고, 다시 자신들의 시계를 의심하

---

* 이 탐지기는 소나(sonar, 수중음파탐지기)의 초기 형태였다. 고주파 펄스를 바닷물 속으로 방출하고 반사되어 돌아온 펄스를 석영이 탐지할 수 있다는 데서 착안했다. 석영은 메아리가 가하는 압력에 작은 전기 신호를 방출하는 것으로 반응한다. 메아리가 빨리 돌아올수록 물속에 있는 물체가 더 가까운 것이므로, 수많은 핑(ping)을 내보내면 불길한 무언가가 접근하고 있음을 알 수 있다.

기 시작했다. 과학자들은 이미 예측 가능한 지구의 가속 및 감속을 알고 있었지만, 분자의 구조를 진자로 사용하는 신뢰도 높은 수정 시계로 그러한 효과를 고려한 뒤에도 지구는 여전히 보조를 맞추지 않았다.

수정 시계와 지구가 말하는 시간이 일치하지 않았다. 그리고 불일치의 정도가 깔끔하지도 않고 예측할 수도 없었다. 또 다른 층layer의 불규칙성 —그리니치 표준시의 사용으로는 해결할 수 없는— 이 있어서 매일같이 하루의 길이를 소리 없이 왜곡하고 있었다. 우리는 이러한 층의 존재를, 그것을 드러낼 정도로 정확한 시계를 발명할 때까지 깨닫지 못했다.

시간을 알지 못하면 어디에 있는지를 알 수 없다

카를로스 2세Carlos El Hechizado —광인왕 카를로스Charles the Bewitched— 가 후계자 없이 사망한 뒤에 스페인 제국에서 떨어져 나온 영토의 소유권을 주장하면서 유럽의 열강이 다툼을 벌인 스페인 왕위계승 전쟁War of the Spanish Succession이 한창이던 1707년, 철천지원수 프랑스와의 해전에서 손상을 입은 영국 함대가 지브롤터Gibraltar에서 출항하여 포츠머스Portsmouth로 향했다. 악천후로 인하여 항해의 마지막 구간이 위험한 상황으로 바뀌었고 함대는 길을 잃었다. 함대의 위치를 다시 계산한 선장들은 자신이 프랑스의 브리타니Brittany 해안에서 멀리 떨어진 바다를 안전하게 항해하고 있다고 믿었지만, 사실은 수심이 얕고 암초가 많은 실리제도Isles of Scilly의 노두outcrop를 향하여 똑바로 나아가는 극도로 위험한 상황이었다. 누군가 실수를 깨닫기 전에, 함선 네 척이 좌초했고 2,000명에 달하는 선원이 목숨을 잃었다. 영국 역사상 최악의 해군 참사 중 하나였다.

그들의 실수는 적어도 부분적으로 경도의 계산에 있었다. 북쪽이나 남쪽으로 얼마나 멀리 왔는지 —위도— 를 알아내기는 비교적 쉽다. 계산에 필요한 것이 달력의 날짜와 수평선과 태양이 이루는 각도뿐이기 때문이다. 여름에는 하늘에서 태양의 위치가, 예측할 수 있고 일관된 방식으로 높아지기 때문에 그저 태양을 바라보는 것만으로 자신의 위치를 알아낼 수 있다. 그러나 이와 비슷하게 단순한 천문학적 계산으로, 바다에서 동쪽이나 서쪽으로 얼마나 멀리 왔는지를 알아내기는 거의 불가능하다. 그러려면 정확한 시간을 아는 방법이 필요하다.

현지 시간local time을 알아내는 일은 매우 간단하다. 정오에 태양이 가장 높은 고도 —천정zenith— 에 도달하므로, 낮 동안 하늘을 관찰함으로써 그 순간을 정확히 파악할 수 있다. 그러나 이는 그리니치 표준시로 정확히 정오임을 알려 주는 시계가 있어서, 런던과 현지의 시간차를 알아낼 수 있을 때만 가능한 일이다. 현 위치와 런던 사이에 있는 지구의 회전량이 얼마나 되는지, 즉 당신이 그리니치 자오선에서 동쪽이나 서쪽으로 얼마나 멀리 떨어졌는지를 알려면 그 시간차가 필요하다.

당시의 선박에 설치된 시계는 그런 일을 할 수 없었다. 진자시계가 육지에서는 시간이 잘 맞았지만, 바다 위에서 흔들리는 배에서는 효과적으로 작동할 수 없었다. 온도의 변화 또한 시계 내부의 금속을 구부리고 팽창 및 수축시켜서 톱니가 돌아가는 속도를 변화시켰다. 염분이 많은 습기는 기어를 엉망으로 만들었다. 이 모든 기계적 결함이 재앙을 초래한 경도 계산의 오류를 낳았다.

바다에서의 시간을 알 수 없다면, 바다를 지배하려는 욕망이 강했던 만큼이나 생명의 위험도 심각해진다. 따라서 18세기의 스페인, 네덜란드, 프랑스 모두 누구든 항해에 적합한 정확한 시계를 만드는 사람에게 거액의 상금을 제시했다. 그러나 마침내 성공이 이루어진 곳은, 1714년에 정부가 2만 파운드 —오늘의 화폐 가치로 약 400만 파운드— 라는 엄청난 상금을 약속한 영국이었다. 약속된 상금 전액을 받지는 못했지만(정치인들은 공짜 돈을 주지 않거나 약속을 지키지 않을 핑계를 놀라울 정도로 잘 찾아낸다), 영국의 목수이자 시계 제작자인 존 해리슨John Harrison은 해결책을 고안해 낸 사람으로 인정받았다. 1761년에 그는 온도에 따라 크기가 변하는 기계 장치를 조절하는 바이메탈 스트립bimetal strip이 포함된, H4라 불린 독창적인 초대형 회중시계를 만들어 냈다. H4는 81일 동안 진행된 첫 시험항해에서 단 5.1초만을 잃었다.

물론 오늘날의 수정 시계(1년에 10초 이내의 오차로 평균 태양시를 추적할 수 있는)에 비하면 상당히 아쉬운 결과라 할 수 있다. 그러나 경도에 대한 해리슨의 해결책의 유산은 계속해서 살아남았다. 19세기에는 정확한 시계 없이 바다를 여행한다는 것은 생각조차 할 수 없는 일이 되었다. 심지어 지금도 지구에서 어떤 방법으로든 길을 찾는 —GPS를 사용하든, 아니면 구식 육분의를 사용하든— 일은 정확한 시간을 아는 것에 근본적으로 의존한다.

시간을 알아야 할 필요성이 항해의 역사에서 중요했던 이유는 간단하다. 시간을 알지 못하면 어디에 있는지를 알 수 없다.

이 모든 것은 한 가지 사실을 의미한다. 어떤 특정한 하루의 길이가 24시간이 아닐 뿐만 아니라, *평균적인* 하루의 길이도 24시간이 아니라는 것이다.* 계시원으로서의 지구는 완전 엉망이다. 지구가 완전히 한 바퀴를 도는 데 걸리는 정확한 시간을 *전혀* 예측할 수 없다.

이 모든 것에는 이유가 있다. 마이크로초microseconds 수준에서 측정을 시작하면, 바람과 기압의 변화가 지구의 정확한 하루 길이를 미묘하게 변경하기에 충분하다. 또한 달이 나선을 그리면서 서서히 지구로부터 멀어져 가고, 그에 따라 지구의

---

* 여기서 '하루'는 지구의 자전에 걸리는 시간을 뜻한다. 진자시계 이전 시대의 의미다. 그리고 나서 '하루'가 24시간을 의미하는 것으로 바뀌었는데 예전의 하루와는 다르지만, 오늘날의 우리가 사용하는 하루다. 아마 이 문제를 너무 깊이 생각하지 않는 것이 최선일 것이다.

자전 속도가 줄어들고 있음을 안다(162쪽 글상자 참조). 심지어 우리 발밑 약 3,000km에서 출렁대는 액체 상태의 묵직한 철심도 지구의 자전 속도에 영향을 미친다. 바람, 액체 코어cores, 중력 모두 수학적 기법으로 수정할 수 없는 혼돈의 과정이다.

시계를 지구에 맞추려 애쓰는 일은, 역사의 대부분에 걸친 시도가 그랬듯이 시간의 낭비일 뿐이다.

방법은 한 가지뿐이었다. 지구를 완전히 버리고, 인간의 노력으로 만든 신뢰할 수 있는 기계를 고수하여 시간을 말하게 하라. 이런 생각은 1940년대에 원자시계atomic clock가 발명된 후에 특히 매력적이었다. 어쨌든, 우주 공간에서 흔들리면서 달려가는 회전하는 바위보다는 물질의 근본적 성질이 좀 더 믿을 만했다.

원자시계 속의 진자는 세슘cesium 원자다. 세슘 원자가 공명할 때의 진동수는 우주에 있는 모든 세슘 원자에서 동일하다. 원자의 시간 척도로는 매초가 서로 같다.

지금까지 만들어진 가장 정확한 원자시계는 *150억 년* 동안 채 1초도 틀리지 않는다. 150억 년은 우주의 나이보다도 10억 년이 긴 시간이므로, 이 정도의 정확도라면 시간 측정의 정확도에 관한 모든 요구를 충족해야 할 것이다.

1972년에 파리 외곽에 있는 국제도량형국International Bureau of Weights and Measures(kg 원기가 보관되었던 곳)은 새로운 글로벌 표준을 원자 시간으로 전환했다. 국제도량형국은 전 세계에 설치된 약 70개 원자시계의 시간 출력을 취합하여 공식적인 글로벌 —더 나아가 우주까지 확장되는— 시간(협정 세계시Universal Coordinated Time로 알려졌지만, 약자 UTC가 혼동을 일으키는)을 계산한다. 그곳에서 방금 일어난 일에 주목하라. 역사상 가장 정확한 시계를 사용하는 물리학자들이 결정하는 공식적 세계시universal time는 절대적 시계가 가리키는 시간이 아니고 *계산*이다. 당신이 오븐의 시계를 맞추지 않은 일은 용서받을 수 있다. 세계의 모든 시계가 틀린다.

산호의 시간

우리는 부분적으로 산호coral 덕분에 지구가 느려지고 있음을 안다.

산호는 서식지를 보호하기 위하여 탄산칼슘을 분비함으로써 산호초를 형성하는 해양 동물의 군락이다. 산호의 개별 폴립polyp은 미세한 층으로 이루어진 외골격exoskeletons을 키운다. 이는 폴립을 절개하여 계절의 변화에 따른 성장 패턴의 차이 —나무의 나이테를 세는 것처럼— 를 볼 수 있다는 뜻이다. 자세히 살펴보면, 낮과 밤을 나타내는 미세한 특징까지도 탐지할 수 있다.

2018년에 미국의 과학자 스티븐 메이어스Stephen Meyers와 알베르토 말린베르노Alberto Malinverno는 1년 동안의 계절 변화에 걸친 모든 층을 조사하면, 산호의 성장 패턴에서 당시의 낮과 밤의 정확한 수를 알 수 있음을 깨달았다. 그들은 4억 3천만 년 전의 산호 화석에 이 방법을 적용하여 달력에 관한 매우 기묘한 사실을 발견했다. 산호의 화석은 1년의 날수가 365일이 아니고 420일에 더 가깝다는 것을 보여 주었다. 당시의 삼엽충trilobite은 다음번 생일이 올 때까지 훨씬 더 여러 밤을 자야 했다.

한편, 데본기Devonian period(4억 1천 9백만 년 전과 3억 5천 9백만 년 전 사이)의 화석은 당시의 1년이 410일이었음을 보여 준다. 이는 공룡의 출현보다 훨씬 전이며(공룡은 2억 3천만 년 전에 나타났다), 1년의 날수가 시간에 따라 끊임없이 변화해 왔음을 보여 준다. 마이어스와 말린베르노는 과거 수억 년 동안 하루의 길이가 1년에 1/74,000초씩 늘어났으며, 이러한 증가가 예측 가능한 미래에도 계속될 것으로 계산했다. 여기서 '예측 가능'은 수십억 년을 뜻한다. 따라서 걱정하지 말라. 시간은 우리 편이다.

시간의 나무 꼭대기에 앉은 것은 시계가 아니고 결정decision이다. 파리의 연구팀은 한 달에 한 번씩, 영국의 국립 물리학 연구소National Physical Laboratory, 베이징의 전파 기상학 연구원 Institute of Radio, Meteorology and Measurement, 미국의 해군 천문대Naval Observatory 등 각국의 마스터 타임키퍼Master Timekeepers ─그렇다, 그들의 실제 직함이다─ 에게 시계를 합의된 표준시에 동기화하는 데 필요한 정보를 이메일로 보낸다. 그러면 각 마스터 타임키퍼는 포고령을 외치는 마을의 관리처럼 계층구조 아래쪽으로 인공위성, BBC의 시보, 그리고 당신의 휴대전화에 시간을 전달한다.

그러나 완벽함을 목표로 삼을 때 수반하는 작은 문제가 하나 더 있다. 완벽한 시간을 유지하는 시계에 우리의 시계를 맞추려 할 때 발생하는 작고 교활한 문제다.

지구를 완전히 버리고 시계와 지구 자전의 동기화를 굳이 신경 쓰지 않으면 날짜가 미끄러지기 시작한다. 21세기 말이 되면, 정오가 거의 1분 정도 틀리게 될 것이다. 결국, 충분히 먼 미래에는 지구의 날짜와 달력의 날짜가 더 이상 일치하지 않을 것이다. 시계는 혼란만을 제공하게 된다. 오후 늦게 마시는 차가 한밤중에 차려지고, 올빼미는 우리의 귀가 먹을 정도로 끊임없이 울어 댈 것이다. 실제 시간과 우리가 생각하는 의미의 시간 사이의 관계가 사라지게 된다.

해결책은 윤초leap seconds의 형태로 제공된다. 아마 당신은 알아채지 못했겠지만, 윤초는 공식적 시간 관리자에 의해서 우리에게 주어진 진정한 공짜 시간이다. 윤년이 채택된 것은 (4장에서 살펴본 대로) 태양 주위를 도는 지구의 공전주기가 365.2425일이라는 사실을 반영하기 위함이었다. 영국에는 2월 29일에 여성이 남자친구의 청혼을 기다리기보다, 먼저 청혼하도록 '허용하는' 다소 구식의 전통이 있다. 윤초는 같은 일을 할 기회를 거의 제공하지 않는다. 정말로 절박하다면, '결혼해 줘'라고 외칠 만한 시간은 되겠지만. 그러나 당신은 실제로 시계에 불규칙한 간격으로 여분의 초를 추가함으로써 지구가 따라잡을 기회를 주고, 행성 시간과 달력 시간의 차이가 너무 벌어지지 않도록 하는 게임에 참여해야 한다.

모든 사람이 이런 시스템의 팬은 아니다. 이렇게 가끔씩 시간이 건너뛰어 불연속이 되면 복잡하고 심각한 문제를 초래할수 있다. 즉, 윤초 표를 참조하지 않고는 미래를 내다보거나 과거를 돌이켜보면서 정확한 시간이 언제일지 (또는 언제였는지) 말할 수 없게 된다. 대부분의 사람에게는 중요한 문제가 아니지만, 완벽하게 정확한 시간 측정에 크게 의존하는 모든 시스템에는 실제적 위험이 제기될 가능성이 있다. 예를 들면, 윤초가 발생할 때마다 항공교통 관제소에 끔찍한 오류가 생길 수있다. 그에 따르는 비용은 상상하기조차 어려울 것이다.

그러나 윤초의 가장 강력한 반대자 중에는, 말 그대로 시간이 돈인 은행가들이 있다. 여기서 런던의 거리 밑에 조용히 숨어 있는 케이블이 다시 등장한다.

월가Wall Street의 거래소에서 고함치느라 얼굴이 붉어진 남자들이 팔을 휘두르며 주식을 사고팔던 시대는 지나갔다. 오늘의 주식시장은 비록 감독은 사람이 하지만, 구식의 인간 거래원이 지루할 정도로 느린 생물학적 눈을 깜빡하는 동안에 10건의 거래를 끝낼 수 있는 알고리듬을 갖춘 컴퓨터가 운영한다.

돈을 버는 일에는 속도가 중요하다. 시티City(런던의 금융 지구_
옮긴이)의 우사인 볼트Usain Bolt 격으로 가장 빠른 선수인 고주파
거래원 중에는 시장에서 자신보다 느린 인간(먹이)과 상호작용
하는 데 매우 똑똑한 (교활한) 접근법(속임수)을 채택하는 거래원
이 있다.

다음과 같은 방식이다.

편의점 카운터에 서서 점원에게 뒤쪽 선반에 있는 멋지게
보이는 위스키를 청한다고 상상해 보라. 당신이 모르는 사이
에 귀를 기울이던 고주파 알고리듬이 주문을 엿듣는다. 신용
카드를 꺼내려고 지갑을 내려다보는 당신을 재빨리 앞지른 알
고리듬은 선반에 남아 있는, 당신이 선택한 바로 그 위스키를
모두 사들인다. 갑자기 당신이 구입하려는 상품은 —이미 주
문한— 매우 희귀한 상품이 된 듯하다. 당신은 지갑에서 눈을
들어 조금 전에 비해서 치솟은 가격을 바라본다. 이제 와서 물
러설 수 없는 —이미 주문했으므로— 당신은 값을 치른다. 그
러곤 의도한 것보다 더 많은 돈을 쓰고 방금 일어난 일에 약간
찜찜함을 느끼면서 구입한 위스키병을 들고 편의점을 떠난다.
따라서 알고리듬은 즉석에서 당신이 방금 창조한 수요에 편승
하여 부풀려진 가격으로 위스키를 팔 수 있다. 알고리듬은 위
스키를 만들지도 않았고, 구입하거나 마시기를 원하지도 않았
다. 단지 당신이 괜찮은 술을 원하는 바람에, 가치가 높아진 동
안 잠시 위스키를 소유했을 뿐이다.

물론 위스키나 편의점 이야기를 하는 것이 아니다. 이들 알고리듬은 이제 주식과 채권 그리고 선물future을 사고파는, 금융 시장의 지배적인 세력이다. 그리고 이 모든 일을 1초보다 훨씬 짧은 시간에 수천 건의 거래를 성사시킨다. 정말로 엄청나게 빠른 속도로 수행한다.

시간을 판 여인

그리니치 타임 레이디Greenwich Time Lady로도 알려진 루스 벨빌Ruth Belville의 이야기다.

1800년대에 그녀의 아버지는 원래 서식스 공작Duke of Sussex을 위하여 설계/제작된, 아름답게 세공된 회중시계를 물려주었다. 1836년에 벨빌은, 대부분 사람이 소유한 시계보다 정확한 휴대용 시계를 가졌다는 사실에 기초한 사업을 시작했다. 그녀가 제공한 서비스는 사람들의 시계를 정확한 시간으로 맞춰 주는 것이었다. 2차 세계대전이 발발하기 전까지 루스는 그리니치 천문대로 가서 자신의 시계를 그리니치 표준시에 맞춘 뒤에 고객들을 방문하여 자신의 시계를 보여 주는 방법으로 시간을 팔면서 하루를 보냈다.

경쟁자인 존 윈John Wynne이 전보를 이용하여 시간 신호를 파는 —중개인을 효과적으로 차단하고 더 정확한 시간 신호를 고객에게 직접 제공하는— 사업을 시작하면서 그녀의 사업은 위협받는다. 윈은 그녀의 신용을 떨어뜨리기 위한 비방 캠페인을 벌였고, 〈타임스*The Times*〉를 통하여 그녀가 '여성성을 사업에  이용한다'고 비난했다. 그녀는 흔들리지 않았다. 흥미로운 가십 거리를 찾으려 쿵쿵대며 돌아다니는 기자들에도 불구하고, 사업은 계속해서 번창했다. 나중에 그녀는 윈의 전술이 단지 무료 광고 효과를 제공했을 뿐이라고 품위 있게 말했다.

2013년에 뉴스 미디어 기업인 톰슨 로이터Thompson Reuters 는 실수로 예정된 시간보다 15밀리초 빠르게 뉴스 기사를 내보냈다. 이 기사는 투자자들의 관심이 큰 미국 제조업에 관한 데이터를 포함했기 때문에, 모두에게 공평하도록 정확히 오전 10:00:00에 내보내도록 되어 있었다.

그러나 톰슨 로이터의 시계는 정확하지 않았다. 시계를 바라보는 인간이 알아차릴 수 있는 차이는 아니었지만, 그 모든 차이를 만들어 내기에 충분했다. 오전 10시 정각 대신에 09:59:59.985에 기사를 내보냄으로써, 누구든 그들의 웹사이트를 지켜본 사람은 15밀리초 앞서서 출발할 수 있었다. 그 짧은 시간 —15/1000초— 에 고주파 알고리듬은 2,800만 달러의 수익을 올린 거래를 성사시킬 수 있었다. 위스키로 따지면 엄청난 양이다.

이들 알고리듬은 사람의 감독을 받지 않는다. 무엇을 사고 팔지를 스스로 결정한다. 그래서 때로는 정상적인 경로에서 약간 벗어나기도 한다.

2010년 5월의 어느 날 오후 미국 주식시장에서, 뚜렷한 이유도 없이 30분 동안에 1조 달러가 증발했다. 시장의 변동을 추세로 오인한 알고리듬들이 앞다투어 뛰어든 투매가 가속화되어 다우존스Dow Jones 지수가 자유 낙하하기 시작했다. 한 시간 뒤에는, 새로운 주식 시세에 반응한 알고리듬들이 거래 방향을 역전시킴에 따라 시장이 거의 폭락 이전 수준으로 회복되었다. 그러나 누구든 그날 주식을 사거나 팔았던 사람은 아직도 1,000포인트 가까운 지수 등락에 따른 피해를 복구하지 못했다.

금융 규제 당국이 플래시 충돌Flash Crash로 불리게 되는 이 사건에서 도대체 무슨 일이 일어났는지를 밝히기 위하여 타고 남은 재를 헤집던 중 조사를 가로막는 거대한 장애물의 존재가 명백해졌다. 모든 거래에는 예상대로 시간 기록이 있었지만, 모두의 시계가 조금씩 다른 시간으로 설정되었던 것이다. 편의점의 위스키 영수증은 11:38:00인데 신용카드 기록은

11:37:45이어서, 마치 당신이 팔리기 전에 위스키를 산 것처럼 보이는 것과 같았다. 단일한 거래였다면 바로잡기가 어렵지 않았겠지만, 다우존스 시장에서 오후 내내 성사된 모든 거래를 조사하는 일은 약간 더 어려웠다.

설상가상으로, 1초 동안에 수만 건의 거래를 처리할 수 있음에도 불구하고 알고리듬들은 거래시간을 가장 가까운 초까지만 표시했다. 따라서 이어지는 포렌식forensic 분석은 불가능한 작업이었다. 마치 선수들 간의 정리되지 않은 패스pass 목록만 가지고 축구 경기를 이해하려는 것과 비슷했다.

불가능한 작업이다. 그 누구도 무엇이 플래시 충돌을 초래했는지를 정확하게 집어내지 못했고 지금도 마찬가지다. 규제 당국은 시계를 맞춰서 문제를 해결하기로 뜻을 모았다. 모든 거래 당사자가 거래 기록에 마이크로초microsecond(즉 1/1,000,000초)까지 표시되는 시간 기록을 남겨야 할 것이었다. 그리고 모두의 시계가 완벽하게 동기화되도록 확실히 해야 했다.

그런데 그들의 시계를 어떻게 동기화했을까?

모든 은행을 마스터 타임키퍼와 물리적으로 연결되는 케이블을 사용했다. 세계에서 가장 정확한 원자시계에 직통으로 연결되는 선이다.

영국에서는 템스강과 런던의 도로 밑에 있는, 거의 20마일(32km)에 달하는 광섬유 케이블이 그런 역할을 한다. 국립 물리연구소 —오늘날의 루스 벨빌— 는 은행가에게 케이블의 접

속권을 판매한다.

케이블이 설치됨으로써 규제 당국은 안심할 수 있었다. 모든 것이 해결되었고, 다시는 금융시장에서 문제가 생기지 않았다.[*]

은행가들은 여전히 윤초를 싫어한다. 세계의 물리학자들은 지금이 몇 시인지 알 수 있는 유일한 방법은 지금이 몇 시인지에 합의하는 것, 즉 약 70개의 원자시계에 때때로 윤초를 때려 넣어 지구가 보조를 맞출 수 있도록 하는 시간에 동의하는 것임을 알아냈다.

그렇지만, 아직까지는 윤초를 언제 추가할지에 대한 합의가 이루어지지 않았다. 자정 종이 칠 때 시스템에 윤초를 추가하는 회사가 있고, 한 시간 전에 추가하는 회사가 있다. 구글처럼 윤초를 하루에 걸쳐 분산시키는 기업도 있다.

마이크로초를 다투는 비즈니스에서 그러한 불일치는 상당한 골칫거리를 유발한다. 따라서 시간의 미래는 확정된 상태가 아니다. 은밀한 논쟁이 계속되고 있으며 윤초가 전면적으로 폐지되고 원자시계 홀로 궁극적인 시간의 중재자가 될 수도 있다.

그래서 가장 중요한 요점은 다음과 같다. '지금 몇 시야?'라

---

[*] 아, 2010년뿐만 아니라, 2013년, 2015년, 2016년, 2019년에도 플래시 충돌이 일어난 것만 제외하고. 약탈적인 거래 관행을 금지하라는 요구에도 불구하고, 고주파 거래는 매우 합법적으로 남아 있다. 안녕히 주무세요!

는 질문의 대답은 실제로 '지금 우리 모두 원하는 시간이 몇 시야?'의 대답이다.

'그것이 상대성이다'

고려할 것이 한 가지만 남았다. 상대성relativity을 고려하면 이 모든 것이 창문 밖으로 사라진다.

시간을 연구한 과학자로 말하자면, 아마도 아인슈타인이 모두의 할아버지일 것이다. 물리학, 천체물리학, 우주론 그리고 우주에 관한 우리의 이해에 기여한 그의 업적은 타의 추종을 불허함이 분명하다. 20세기가 시작될 때, 아인슈타인은 시간에 관하여 안다고 생각했던 모든 것을 창문 밖으로 내던졌다. 특수 상대성 이론theory of Special Relativity에서 그는 시간 자체가 고정되지 않고 유연하다는 것, 즉 시간을 측정하는 당신의 위치에 전적으로 의존한다는 것을 알아냈다. 1초는 항상 1초지만, 지구 표면에서 하늘 위 궤도에 있는 우주인의 시계를 바라보면 당신의 1초가 그녀의 1초보다 약간 빠르게 갈 것이다. 그리고 우주인이 블랙홀의 가장자리로 간다면, 당신에게는 그녀의 초침이 완전히 멈춘 것으로 보이겠지만, 그녀에게는 정상적으로 가고 있는 것으로 보일 것이다. 물리학에서 가장 중요하고 머리를 쥐어짜게 하는 개념 중 하나인 시간 팽창time dilation이라는, 기이한 현상을 다룬 수많은 책이 있다. 독자는 이 책이 그중 하나가 아니라는 말을 들으면 안심이 될 것이다.

대신 우리의 시간 이야기에 대한 아인슈타인의 기여는 —그가 말했을 수도 하지 않았을 수도 있지만— 우리의 목적에 꽤 적합한 유명한 인용의 형태로 온다.*

당신이 멋진 여성과 함께 앉아 있을 때는 두 시간이 단 1분처럼 생각되지만, 뜨거운 난로 위에 앉아 있을 때는 1분이 두 시간처럼 생각된다. 그것이 바로 상대성이다.

현재의 시간을 나노초nanosecond까지 알아서 거액의 현찰을 벌거나, 아니면 시공간의 본질을 아는 것은 매우 좋은 일이다. 그러나 대부분 사람에게, 또한 대부분 경우에 정말로 중요한 것은 '올 한 해가 어떻게 그토록 빨리 지나갔을까?', '이 피아노 독주회가 영원히 계속되려나?' 또는 '이 회의에서 얼마나 더 듣는 척을 해야 할까?' 같은 것이다.

모든 생명체와 마찬가지로 인간은 공간뿐만 아니라 시간도 통과하는 4차원의 생물이다. 인간이 시간을 *감지하*는 방식은 실제의 시간만큼이나 중요한데, 우리의 관점에서 시간의 경과

---

* 이 인용에는 다양한 버전이 있고, 너무 완벽한 인용문은 종종 출처가 불명확한 것으로 판명된다. 이 문구는 아인슈타인의 조수인 헬렌 듀카스(Helen Dukas)가 1929년에 기자들에게 배포한 이후로 전설이 된 것으로 보인다.

는 전혀 일정하지 않다. 우리의 흔들리는 행성 때문에 하루의 길이가 변하는 것은 사실이다. 지구의 1초가 당신이 블랙홀의 사건 지평선event horizon에 서 있을 때보다 아주 조금 짧은 것도 사실이다. 우리가 사는 이 세계에서는, 초침은 똑딱거리고 여전히 오븐의 시계도 틀려 있지만, 그것들보다도 우리가 훨씬 더 최악의 시간 관리자다.

신체 시계

우리에게는 생체 리듬으로 알려진 내부의 시계가 있다. 똑딱거리는 생체 리듬은 햇빛에 의해서도 깨어나고 조정되지만, 주로 뇌와 세포 안에서 통제된다. 수많은 동물은 그 나름의 생체 리듬이 있어서, 부엉이, 민달팽이, 흡혈귀(175쪽 글상자 참조)처럼 야행성이 되기도 하고 판다pandas, 웜뱃wombat(작은 곰같이 생긴 오스트레일리아 동물_옮긴이), 유령(글상자 참조)처럼 땅거미가 질 무렵이나 새벽에 활동하기도 한다. 그러나 인간은 주행성 diurnal이다. 주로 낮에 활동하고 밤에는 잠을 잔다는 뜻이다. 우리의 신체 시계는 이러한 패턴을 따르도록 진화했다. 생체 리듬은 우리 몸 내부의, 하루 중의 시간에 따라 혈압을 조절하는 (깊은 잠에 빠진 오전 2시경의 혈압이 가장 낮고, 새벽이 되면 깨어나는 과정의 일부로 혈압이 상승하기 시작한다), 물리적 과정이다. 생체 리듬은 가장 예민한 시간(오전 중반)과 가장 균형 잡힌 시간(오후 중반)을 결정하고, 심지어 밤에 대변을 보지 말고 깨어난 후를 위하여 아껴 두라는 말까지 해 준다.*

유령과 흡혈귀

두 가지 모두 사실이다. 어느 정도는. 수많은 문화권의 민속설화에 나오는 흡혈귀에 대한 보다 설득력 있는 의학적 설명은 포르피린증porphyria이라는 실제 혈액 질환을 포함한다. 포르피린증 환자 중에는 독성 화학물질이 피부에 축적되어 극심한 광 민감성light sensitivity을 유발함으로써, 햇볕을 쬐면 타는 듯한 고통을 호소하는 사례도 있다. 다른 증상으로는 피부의 손상, 잇몸의 출혈과 더 많은 치아가 드러나도록 잇몸이 물러나는 것, 그리고 마늘처럼 유황 함량이 높은 음식에 대한 거부감이 있다.

황혼 무렵에 나타나는 유령은 우리 눈의 구조와 관련이 있다. 망막에서 빛을 시각으로 바꾸는 세포는 광수용체photoreceptor라 불리는데 두 가지 종류가 있다. 망막의 중심부에 있는 추상

---

* 도널드 트럼프가 미국 대통령으로 재임한 기간에 실제로 무슨 일을 했는지에 대하여 많은 추측이 있었다. 그는 가장 자주 트윗을 올렸고, 그에 따라 가장 오타가 많고 혼란스러운 메시지를 생산했다. 2017년의 한 연구는 (당시의 현직) 대통령의 트윗 12,000건을 분석하여 바로 이 문제를 설명하고, 그가 자신의 가장 지저분한 유출물을 가장 자주 밀어낸 시간이 동이 튼 직후였음을 밝혀냈다. 비록 그 순간에 그가 실제로 화장실에 앉아 있는 대통령이었는지는 알려지지 않았지만.

체Cones는 색채를 탐지한다. 움직임과 흑백을 탐지하는 간상체 Rods는 망막의 가장자리에 있다. 이는 낮은 조명 상태에서 시야 밖으로 움직이는 물체를 볼 때, 색채가 사라지고 해상도가 낮아진다는 뜻이다. 이러한 효과가 황혼 무렵의 묘지 같은, 심리적으로 으스스한 상황과 결합하면, 당신의 뇌가 절반쯤 본 것을 설명하려 애쓰면서 과욕overdrive에 빠진다. 그래서 나뭇가지에 걸린 비닐봉지를 어슴푸레한 마녀의 속바지로 착각하게 된다.

유령을 햇빛 속에서 보거나 총천연색으로 보게 되는 일은 거의 없다. 우린 눈의 해부학적 구조가 허용하지 않기 때문이다. 햇빛 속에서 흡혈귀를 절대로 볼 수 없는 것은 포르피린증의 광민감성 때문이다. 그리고 흡혈귀와 유령이 실제로 존재하지 않는다는 사실 때문에.

지금쯤이면, 빛과 다양한 호르몬에 의해서 조절되는 우리의 내부 시계에 시계를 맞출 수 없다는 것을 알아도 놀랍지 않을 것이다. 인간의 주행성 주기diurnal cycle는 평균적으로 —개인차가 크다는 것에 유념하라— 24시간 11분이다. 지구의 자전 주기(평균에 철심의 출렁임을 더하거나 뺀)보다 조금 더 길다. 그렇다고 우리가 낮과 밤과의 완벽한 동기화에서 점점 더 벗어나 몇 주만 지나면 여러 시간의 차이가 나게 된다는 의미는 아니다. 그저 생체 리듬이 완전히 망가지지 않도록 우리의 몸이 끊임없이 재조정을 해야 한다는 뜻이다. 당신이 항상 피곤함을 느끼는 이유의 하나다. 당신의 생물학은 트위터를 그만하고 일찍 자는 것이 좋다고 말해 준다.

극단적이고 매우 부자연스럽게 격리된 상황(아래 글상자 참조)이 아니라면, 신체 시계는 시간에 대한 우리의 인식에 큰 영향을 미치는 것 같지 않다. 인간의 몸이 밤에는 장 활동을 억제하고 낮에는 감각을 예민하게 한다는 사실은 왜 점심시간이 아직도 멀게만 느껴지는지, 또는 반대로 어떻게 오전 시간이 눈 깜빡할 사이에 지나가는 동안에 문장 하나밖에 타자하지 못했는지를 거의 설명하지 못한다.

지하 생활

인간은 사회적 존재이고, 일반적으로 낮과 밤이 교대될 때 가장 잘 기능한다. 삶에서 그런 규칙성이 제거되면 시간 감각이 흐트러진다. 독방 감금은 감옥에서 다루기 힘든 죄수를 벌하는 가혹한 방법이지만, 자기 일에 지나칠 정도로 몰두하는 고집스러운 과학자의 사례에서 그 효과를 더 잘 이해할 수 있다. 1962년에 2주 동안 알프스 산맥 깊은 곳의 빙하를 연구하기 위한 탐사대를 이끈 프랑스의 지질학자 미셸 시프레Michel Siffre는 두 달 동안 지하에서 머물기로 했다. 그는 이 기간에 자신의 몸이 말해 주는 것 외에는 시간에 접근할 수 없었다. 시계도 햇빛이나 달빛도 없었고, 동굴 입구 근처에 진을 친 동료들과는 자신이 원할 때만 소통했다. 따라서 동료들은 무심코라도 시간에 대한 신호를 줄 수 없었다. 동굴 속에서 그는 플라톤을 읽었고, 원하는 시간에 잠자리에 들고 일어났다. 7월 16일에 동굴로 들어가서 9월 14일에 나온 그는 자신이 나온 날짜가 8월 20일이라고 확신했다.

이런 도전에 나선 사람은 그뿐만이 아니었다. 1989년 1월, 스테파니아 폴리니Stefania Follini라는 동굴탐험가는 뉴멕시코의 지하 깊은 곳에서 130일 동안의 독방 생활을 시작했다. 그녀는 NASA의 고립 실험을 위하여 설계된 유리 상자 속에서, 외부의 시간 신호가 없이, 개구리와 메뚜기 몇 마리, 주세페Giuseppe와 니콜레타Nocoletta라는 생쥐 두 마리와 함께 살았다. 그녀는 자신의 생체 리듬이 처음에 28시간으로 늘어났다가, 결국 48시간이 되었다고 보고했다. 5월 22일에 지하에서 나온 그녀는 그날이 3월 14일이라고 생각했다.

이런 연구 사례는 많지 않다. 지하에서 독방에 감금되는 일을 시도하려는 괴짜 피실험자가 필요하기 때문이다. 그러나 이런 몇몇 사례에서, 독방에서 장기간 생활한 사람들의 생체 리듬은 모두 48시간으로 정착하기 시작했다. 그리고 모두가 자신이 고립되었던 기간을 대단히 과소평가했다. 오늘날까지 그 이유를 제대로 이해하는 사람은 아무도 없다.

예컨대 사람들에게 5초의 시간을 추정해 보라고 하면 그들이 일반적으로 정확한 길이에서 불과 1% 벗어날 정도로 꽤 정확하게 추정할 수 있음을 알게 된다. 그러나 그런 정확도에 큰 영향을 미치는 특정한 장애가 있다. 가장 중요한 것은 조현병 schizophrenia이다. 여러 연구에 따르면, 조현병 환자는 시간의 경과를 상당히 과대평가한다. 5초에 대한 그들의 추정이 8초를 넘었다는 연구 결과도 있다. 조현병은 행동 및 신경과학 측면에서 매우 복잡한 질병이며, 뇌 화학brain chemistry의 수준에서 설명하기가 쉽지 않다. 뇌의 다른 부분에도 큰 영향을 미치기 때문이다. 그러나 이런 유형의 세계에서 사는 일은 당혹스러울 것이 틀림없다. 시간에 대한 우리의 인식은 원인과 결과를 묶는데, 조현병은 그런 연결을 분리하기 시작한다. 한 가지 이론은 이러한 분리에 따라 조현병 환자가 다른 사람들에게는 말이 안 되는 것으로 보이는 방식으로 생각하고 행동한다는 것이다.

모든 지각perception은 두개골로 둘러싸인 뇌의 어두운 구석에서 일어난다. 빛이 없는 그곳에 전달되는 것은 빛, 촉감, 냄새의 형태일 수 있지만, 모두가 처리 과정을 통하여 생각과 경험으로 바뀌어야 한다. 정말로 기이한 시간 팽창이 일어나는 곳은 인간의 몸속이다. 아인슈타인의 뜨거운 난로는 매우 실제적인 현상이다.

영원한 하마

우리의 뇌는 시간을 왜곡한다. 이를 입증하기 위하여, 2004년에 과학자들은 실험 참여자 네 명을 앉혀 놓고 세상에서 가장 지루한 파워포인트PowerPoint 발표를 보여 주었다. 화면에는 열 개의 원이 차례대로 나타났다. 각 이미지는, 천천히 확장되어 화면을 채우는 검은 원을 제외하고는 모두 동일했다.

슬라이드 쇼slide show 내내 관람자들은 각 이미지가 얼마나 오랫동안 보였다고 생각하는지를 질문받았다. 단지 네 명이 참가한 이 최초의 실험조차도, 우리의 정신적 시계가 얼마나 기이할 정도로 유연성이 있는지를 보여 주었다. 이제까지 이 실험의 다양한 버전이 수백 명의 참가자를 대상으로 수행되었다. 화면에 보이는 그림은 실험마다 달랐지만—

신발, 신발, 신발, 꽃, 신발, 신발, 신발

컵, 컵, 컵, 컵, 하마, 컵, 컵

—결과는 항상 같았다. 관람자들은, 각 이미지가 정확히 같은 시간 동안 나타났음에도 불구하고, 외톨이 이미지가 훨씬 더 오래 화면에 표시되었다고 확신했다. 새로운 것을 탐지하도록 연마된 우리의 뇌는 변칙적 이미지를 본 시간이 지루할 정도로 반복되는 다른 이미지보다 훨씬 더 길다고 판단한다.

뭔가 이상한 일이 일어날 때는 시간이 느려지는 것 같다. 연구자들은 이런 현상을 *팽창하는 괴짜에 대한 시간의 주관적 팽창*Time's Subjective Expansion for an Expanding Oddball이라 부르는데, 콘셉트 앨범concept album(한 가지 주제를 기준으로 음악을 선별한 음반_옮긴이)의 제목으로 붙여도 훌륭할 것이다.

시간을 왜곡하는 요소는 새로움만이 아니다. 보상의 기대에 따른 시간 팽창 효과는 더욱 강력하다. 관람자들은 외톨이 이미지가 얼마나 오래 화면에 있었는지에 대한 평가에 점수를 매기기로 했을 때, 다시 한번 모든 이미지가 나타난 시간이 정확하게 같았음에도 불구하고, 보상이 제안되지 않았을 때보다도 더 오래 있었다고 확신했다.

그뿐만이 아니다. 당신의 뇌가 시간을 왜곡하는 능력은 배가 얼마나 부른지에도 영향을 받는다. 심리학자 브라이언 풀Bryan Poole과 필립 게이블Philip Gable은 자발적 실험 참여자들에게 단지 짧거나 긴 두 가지 시간 동안만 나타나는 일련의 이미지를 보게 될 것이라고 알려 주었다. 그들은 정확히 400밀리초나 1,600밀리초 동안 (즉, 0.5초보다 조금 짧거나 1.5초보다 약간 긴 시간) 보이는 이미지를 차례대로 보여 주면서 시간의 차이를 구별하도록 참가자들을 훈련했다. 그러고는 새로운 쇼show를 보여 주었다. 이번에는 중립적 물체(기하학적 형태), 멋진 물체(예쁜 꽃), 그리고 매우 바람직한 물체(정말로, 진짜로 맛있는 푸딩의 멋진 사진)를 보여 주는 쇼였다. 훈련 때와 마찬가지로, 각 이미지는

400 또는 1,600밀리초 동안 화면에 나타났다. 참가자들이 할 일은 어느 이미지가 길게 나타났고 어느 이미지가 짧게 나타났는지를 판단하는 것뿐이었다.

실험 참가자들은 아무리 여러 번 사진을 보여 주어도 푸딩이 가장 짧은 시간 동안 화면에 나타났다고 고집했다. 맛있는 푸딩의 사진을 바라보고 있으면 실제로 시간이 더 빠르게 지나간다. 배가 고플수록, 군침이 도는 사진이 더 빨리 지나갔다고 생각할 가능성이 크다.

풀과 게이블의 자발적 희생자들은 모두 심리학을 공부하는 학부생이었다. 그들은 대학교에서 일하는 심리학자의 먹이로 선택되기 쉽다. 주변에 많이 있고 매수하기도 쉽기 때문이다.*
그런 실험의 참여자들은 때로는 (매우 절실한) 학점, 또는 (더욱 절실한) 돈으로 보상을 받지만, 이 특정한 실험의 다음 단계에 참여한 학생들은 ―정당하고 실제적인― 디저트라는 보상을 받았다.

학생들은 두 그룹으로 나뉘었다. 첫 번째 그룹에는 맛있는 푸딩의 사진 36장을 보여 주고 각 사진이 화면에 얼마나 오래 있었는지 추측하도록 했다. 두 번째 그룹에는 같은 사진 36장을 보여 주면서 실험이 끝난 후에 사진에 있는 어느 푸딩이든

---

* 결과적으로, 우리는 아마 지구상의 어떤 인구 집단보다도 심리학과 학부생에 관하여 많이 알고 있을 것이다. 과학과 인류를 위하여, 우리 모두 그들이 비교적 정상이기를 바라는 것이 좋겠다.

먹을 수 있다고 말해 주었다.

푸딩을 약속받은 학생들은 사진을 보고 침을 흘리는 것밖에 할 수 없다고 들은 학생들이 추측한 것보다 전체 실험에 걸린 시간이 훨씬 짧았다고 확신했다.* 재미있는 일을 할 때 시간이 빨리 간다는 정도가 아니다. 푸딩을 약속받았을 때는 시간이 정말로 날아간다.

아인슈타인에 관한 당돌한 인용은 제법 그럴듯했지만, 이제 우리가 아는 바를 기초로 업데이트해야 할 것 같다.

당신이 앉아 있는 벤치 앞의 컨베이어 벨트에 지루한 물건 사이로 간간이 멋진 여자, 또는 남자, 또는 맛있는 푸딩이 지나가고, 당신이 그중 어느 것이든 또는 모두 다에 굶주린 상태이며 그에 대한 보상을 받을 때, 시간은 정말로 빠르게 지나갈 것이다. 그러나 하마처럼 뭔가 특이한 것이 나타날 때는 시간이 느려지는 것 같을 것이다. 난로 위에 앉아 있는 것은 여전히 좋은 생각이 아니다.

---

* 결국, 두 그룹 모두 푸딩을 받았다. 과학자들은 괴물이 아니다.

100피트 낙하

비디오 게임을 하다가 시계를 보고 몇 시간이 지나갔음을 깨달은 적이 있다면 이런 현상을 인정할 것이다. 원하는 것에 의하여 동기가 부여될 때, 인간의 뇌는 시간을 단축한다. 프로그래머와 기술 괴짜들이 좋아하는 표현으로 말해서, 우리의 왜곡된 시간 인식 회로는 버그bug가 아니고 고유한 특성일 것이다. 아마도 그러한 왜곡이 먹이, 물, 금화 또는 탑에 갇힌 공주를 찾아서 사냥을 계속하도록 설득할 것이다. 더 느리게 흐르는 것 같은 시간은 그러한 목표를 덜 바람직하게 보이도록 할 수 있다. 그보다 훨씬 정확하게 말할 수는 없지만, 이러한 시간의 왜곡은 정말로 원하거나 필요한 (현실을 직시하자. 누구든지 푸딩이 필요하다) 것을 찾아 나설 때 예상되는 시간을 줄여 주는 것으로 보이는 좌절 방지anti-frustration 장치일 수 있다.

이렇게 시간의 구속에서 벗어나는 것이 정말로 매트릭스matrix의 문제가 아니고 우리의 생존에 도움이 되는 특성이라면, 반대의 기능이 존재할 것도 예상할 수 있다. 정말로 원하지 않는 일이 일어나려 할 때도 시간이 왜곡될까? 이에 대한 증거는 대부분 사람의 가장 간절한 소망 중 거의 꼭대기에 해당하는 소망, 즉 죽지 않는 것을 생각할 때 나타난다.

사람들은 종종 충격적인 순간에 갑자기 시간이 느려지고 흔들리는 것처럼 느꼈던 경험을 이야기한다. 마치 느린 동작으로 바뀐 영화처럼, 펼쳐지는 사건을 훨씬 더 자세히 보고 경험할 수 있었다는 것이다. 타키사이키아tachypsychia(시간이 느려지는 것처럼 느껴지는 현상)로 알려진 이런 현상이 일화적으로 매우 자주 보고되기 때문에 과학자들은 이 현상을 테스트하고 이해하고 그럴듯한 설명을 찾아내려는 노력을 기울여 왔다. 한 가지 해석은 우리의 뇌가 생명의 위협을 받는 상황이 펼쳐지고 있음을 인식하고 도망칠 준비를 하거나 죽음을 피할 방법을 찾아내려고, 가능한 한 많은 정보를 모으기 위하여 훨씬 더 많은 자원을 할당한다는 것이다.

시간의 도망자들 TEMPUS FUGIT

애덤의 진술: 나는 열일곱 살에 운전면허 시험에 합격한 지 얼마 지나지 않아서 자동차 사고를 당한 적이 있다. 우회전하려고 교차로에 정지한 내 차 뒤를 다른 차가 시속 40마일(64km) 정도의 속도로 들이받았다. 그 몇 밀리초 동안에 나는 세 가지 단편적인 생각을 했던 것을 분명하게 기억한다. (1)후사경을 보면서, '저 차가 제시간에 멈출 수 없을 거야', (2)'내가 죽으면 엄마가 화내시겠지. 그리고 동생들은 절대로 운전을 하지 못하게 하실 거야', (3)'오, 주여, 나의 뇌가 앞 유리창에 흩뿌려졌군요.' 다행히도 그러지는 않았다. 나는 누이동생의 생일 케이크에 쓸 산딸기를 가지고 할머니 댁에서 돌아오는 길이었는데, 조수석에 놓아

둔 산딸기가 추돌의 충격으로 앞 유리창에 흩뿌려져, 드라마의 끝을 불필요한 딸기(또는 산딸기)로 장식했을 뿐이었다. 이와 비슷하게 충격적인 상황을 경험하는 사람들은 그들의 뇌가 그토록 짧은 시간에 (비정상적으로) 그렇게 많은 정보를 처리하는 것으로 보이기 때문에 시간이 느려지는 것처럼 느낀다. 나는 임박한 충돌을 계산했고, 기묘한 죄의식과 곧 일어날 사건의 가족적 결과를 생각했으며, 끔찍한 공포영화 같은 방식으로 내가 이미 사망한 모습을 떠올렸다. 물론 엄마는 화를 낸 것이 아니라 내가 다치지 않았다는 사실에 한없이 안도했다. 그러나 생일 케이크는 과일 없이 만들어야 했다.

해나의 진술: 학부생 시절의 어느 날 밤에 런던 중심부에 있는 킹스크로스King's Cross를 통하여 집으로 걸어가던 나는 심각한 거리 싸움이 막 시작되려는 것을 보았다. 돌아서 그곳에서 벗어나거나, 은밀하게 숨는 것이 최선인 유형의 싸움이었다. 나는 후자를 택하여 케밥kebab 가게로 숨어들었다. 그러나 이는, 싸움이 케밥 가게 안으로까지 번지면서, 좋지 못한 선택으로 밝혀졌다. 슬프고 두렵게도, 싸움은 점점 확대되어 누군가가 칼을 꺼냈고, 내 앞에 있던 남자가 칼에 찔렸다. (나중에 알았지만, 다행히도 심각한 상처는 아니었다.) 생명의 위협을 받는 폭력의 순간에 나의 시간이 느려졌을까? 유감스럽게도 그렇지 않았다. 내가 일찌감치 집으로 걸어간 이유는 콘택트렌즈를 잃어버려서 내 앞

에서 펼쳐지는 끔찍한 상황은 고사하고 아무것도 볼 수 없기 때문이었다. 시간이 느려지는 현상도 실제로 볼 수 있는 능력에 의존하는 것 같다.

그러나 이런 설명은 몇 가지 이유로 타당성을 확인하기가 어렵다. 첫째는, 사건이 끝난 뒤에 우리가 정상적인 상황에서보다 더 많은 정보를 흡수했다는 사실을 시간이 느려진 탓으로 돌리는 것일 수 있다. 모든 추가적 정보를 처리하는 최선의 방법은 시간 자체가 왜곡되었다고 스스로를 설득하는 것이다. 둘째로 사고 상황에서의 시간 지연이 원인인지 아니면 결과인지의 문제가 남는다. 그런 충격적인 순간에 슬로모션slow motion을 경험하는 것은 더 많은 정보를 처리하기 위함일까, 아니면 더 많은 정보를 처리하고 있기 *때문일까?*

특히 실제적 위험을 수반하는 실험이 필요하고 학생들에게 공짜 푸딩을 제공하는 것보다 다소 복잡한 문제가 과학윤리위원회에 제기된다는 점을 생각하면, 이들은 조사해 보기가 어려운 문제다. 그러나 신경과학자 데이비드 이글먼David Eagleman은 바로 그런 일을 하려는 실험을 설계했다. 그의 연구팀은 정말로 형편없는 시계를 만들었다. 기본적으로 오래된 아이들 장난감, 즉 주걱의 한 면에는 새 그림이 있고 반대 면에는 새장 그림이 있는 장난감의 손목시계 버전이었다. 주격을 빠르게 돌리면, 당신의 뇌가 두 이미지를 통합하여, 새가 새장 속에 앉아 있는 것처럼 보이게 된다. 이글먼의 손목시계 또한 두 이미지 사이를 왔다 갔다 했다. 검은 바탕에 빨간 숫자가 픽셀로 표시되는 이미지와, 반대로 빨간 바탕에 같은 숫자가 검은색으로 표시되는 이미지였다. 이미지가 깜빡이는 속도가 느릴 때는 시계가 무슨 숫자를 표시하는지를 쉽게 알 수 있다. 그러나 속도를 높이면, 당신의 뇌가 두 이미지를 통합하여 불그레한 검은색 덩어리만 남고 무슨 숫자를 보고 있는지 알 수 없게 된다.

이글먼은 자발적 참가자들에게 그 시계를 손목에 차고 숫자가 깜빡이는 속도를 사람이 알아보기에는 약간 빠르게 설정하도록 한 뒤에, 16층 높이에서 그들을 떨어뜨렸다.

조금 더 정확하게 말해서, 그는 실험 참가자들을 댈러스Dallas 놀이공원으로 데려갔다. 31m 높이에서 넓은 그물로 떨어지는 완전한 자유낙하 놀이기구가 있는 곳이었다. 밧줄도 번지bungee 줄도 없는, 2.5초 동안의 진짜 자유낙하였다. 실험의 가설은 보고된 시간 지연이 정확하다면 피실험자들이 그 2.5초 동안의 순수한 공포 속에서, 무섭지 않은 정상적 상황에서 우리의 마음이 인식하기에는 너무 빨리 바뀌는 숫자를 알아볼 수 있으리라는 것이었다.

결과는? 숫자는 여전히 흐릿했고, 알아볼 수 있었던 사람은 아무도 없었다. 물론, 한 여성 참가자는 낙하하는 내내 눈을 질 끈 감고 있었지만, 이렇게 시계를 보는 일이 원천적으로 불가 능한 경우를 제외하더라도 숫자는 여전히 참가자 중 그 누구 도 인식할 수 없을 정도로 빠르게 깜빡였다. 참가자 전원이 실 제 낙하 시간 2.5초보다 훨씬 더 오랫동안 떨어졌다고 느꼈다. 자유낙하한 시간을 초시계로 재현하도록 했을 때 그들은 대체 로 1/3 정도의 시간을 과대평가했다. 그들의 뇌는 시간이 느려 졌다고 —낙하하는 동안에 일어나는 일을 받아들일 시간이 더 길었다고— 확신했지만, 떨어지는 동안에 어떤 초자연적인 힘 을 얻은 것처럼 보인 사람은 아무도 없었다.

이 두 가지 사실은 서로 상충하는 듯하지만, 설명할 수 있 다. 우리는 뇌가 얼마나 열심히 일하는지에 따라 시간에 대한 인식이 구부러지고 왜곡되는 일이 일어난다고 생각한다.

주변 환경을 과도하게 인식하게 되는 낙하와 같은 극적인 사건이 진행되는 동안에, 당신의 뇌는 더 많은 기억을 기록한 다. 심지어 사건 직후라도 돌이켜보면서 마음속에서 경험을 재구성할 때, 그 모든 추가된 정보가 당신의 뇌로 하여금 사건 이 실제보다 오랜 시간 동안 진행되었다는 결론을 내리도록 한다. 왜곡되는 것은 시간 자체가 아니고, 시간에 대한 당신의 인식이다.

왜냐하면 슬프게도, 신경세포에게는 자연법칙을 바꿀 힘이 없기 때문이다. 그러나 마음은 현실을 인식하는 방식을 근본적으로 바꿀 수 있다. 위험을 느끼거나 흥분되는 상태는 뇌를 활성화하여 특정한 상황에 대하여 더 많은 정보를 받아들이고 기록하도록 한다. 우리는 뇌의 역학과 심리학이 시간 왜곡 기능을 제공하는 머릿속에서 현실을 구성한다.

우리의 조상이 진화를 통해서 얻은 시간 왜곡 능력이 위험을 피하기 위한 전략을 빠르게 찾아내는 데 도움이 된다고 추측하고 싶은 유혹도 있다. 이런 현상이 인간에게만 독특한 것이 아니라는 생각 또한 유혹적이다. 위협을 느끼는 순간에 스위치를 켤 수 있는 특별경보superalert 모드는 고양이, 새 또는 영양gazelle에게도 유익할 것이며, 이는 시간 왜곡 능력이 진화의 먼 과거에서 비롯되었음을 뜻할 수 있다. 그러나 우리는 이제 겨우 인간에 대한 실험을 시작했고, 고양이, 새 또는 영양에 대해서는 아직 어떻게 실험할지를 알지 못한다. 언젠가는 이 책을 읽는 독자 중 한 사람이 바로 그런 실험을 고안해 내고 시간의 왜곡이 인간에게만 독특한 현상이 아님을 발견할지도 모른다.

시간의 흐름을 헤쳐 나가기

시간은 공간과 분리될 수 없는 물리학의 속성이다. 행성과 별의 똑딱거림은 그들의 움직임을 과거 수천 년 그리고 미래의 수백만 년에 걸쳐 따라갈 수 있을 정도로 규칙적이다. 그런 의미에서 우리는 시계장치 우주clockwork universe에서 살고 있다. 완벽하지는 않지만, 천체의 불규칙성은 예측할 수 있다. 지구의 자전은 낮과 밤을 낳고, 태양을 중심으로 한 공전은 1년을 낳는다. 우주에 있는 다른 천체의 중력으로 인하여 궤도가 구부러지고 왜곡되고, 녹은 금속 코어core가 내부에서 출렁댐에 따라 행성이 흔들린다. 이러한 변동 때문에 천체는 훌륭한 시간 관리자가 될 수 없다. 따라서 우리는 정확한 시간을 알기 위하여 시선을 하늘에서 원자로 돌렸고 진정한 1초가 무엇인지를 결정했다.

하지만 그러한 정밀성 ―우주의 나이 동안 단 1초가 틀리는― 에도 불구하고 시간의 흐름에 관한 큰 문제가 하나 있다. 바로 우리다. 우리 인간은 시계장치 우주에서, 기쁨, 부상, 사고, 새로움, 또는 심지어 돈 때문에 시간을 변경할 수 있는 능력을 갖춘 데다 마음을 가진, 이례적인 존재다. 우리의 뇌는 시간의 경과를 우리가 하는 일 ―즐겁든, 지루하든, 고통스럽든, 또는 생명을 위협하든 간에― 에 크게 의존하는 방식으로 처리한다. 우리에게 시간의 경과는 고정된 것이 아니다. 아무리 정확한 시계를 만들 수 있더라도, 시간에 관한 우리의 경험은 주관적이고, 순간순간의 심리 상태에 의존한다. 우리의 느낌은 단지 시간뿐만 아니라 뇌의 어두운 구석으로 들어오는 빛, 맛, 냄새를 비롯한 모든 감각적 입력을 경험하는 방식이다. 경험이 우리의 존재를 색칠한다.

이 책의 저자들은 과학자다. 그러므로 우리는 물리적 물질로 구성되고 가장 근본적인 수준에서 타협이 불가한 법칙의 지배를 받는, 매우 실제적인 우주가 존재한다는 견해에 동의한다.

그러나 우리도 인간이다. 따라서 우리 자신의 머릿속에 있는, 기묘함과 편견, 또는 세상과 타협하는 것을 돕도록 진화된 행동, 그리고 바로 그 진화의 부산물인 이상한 행동으로 가득한 우주를 경험한다. 우리의 마음은 현실을 흡수하고, 해석하고, 처리하고, 걸러내고 때로는 부정하는 광대한 공간이다. 직설적으로 말해서, 인간은 창의력과 지식을 통하여 시간과 공간을 초월할 수 있는 경이로운 존재다. 그와 동시에 심각한 결함도 있어서, 놀라운 우주를 있는 그대로 보는 능력이 완전 형편없다. 깨달음을 향한 첫걸음은 바로 이런 사실을 아는 것이다.

6
장

자유롭게 살라

이 책은 기원에 관한 이야기로 가득 차 있다. 빅뱅, 행성, 신과 괴물, 심지어 생명 자체까지. 모두 우리가 어떻게 오늘날의 모습으로 존재하게 되었는지에 대한 이야기다. 이렇게 과거를 들여다봄으로써 스스로를 이해하는 과정은 우리의 문화에 깊이 뿌리내리고 있다. 우리가 가장 사랑하는 캐릭터들을 알고 이해하기 위하여 채택하는 방법이기도 하다. 용기 있는 제인 에어Jane Eyre를 생각해 보자. 고아가 되어 어린 시절에 학대를 겪은 그녀는 자유의지에 주도되어 치열하게 독립을 추구하는 사람으로 성장하지만, 역설적으로 잘생긴 멍청이와 쉽게 사랑에 빠진다.* 그녀가 어디에서 왔는지를 모르면 그녀를 이해할 수 없다. 현실 세계에는 충격적이지만 궁극적으로 삶의 질을 높여 주는, 말랄라 유사프자이Malala Yousafzai의 이야기가 있다.

---

* 아직도 명백하지 않다면, 우리는 문학비평가가 아니다. 부디 모든 의견은 우리의 GCSE(영국의 중등교육 과정에서 치르는 시험_옮긴이) 영어 선생님이었던 미스터 키친 (Kitchen)과 미스 코빗(Corbit)에게 보내기 바란다.

그녀는 열다섯 살 때, 단지 학교에 가려는 소망 때문에 테러리스트의 총격을 머리에 받았다. 그러나 부상에서 회복된 그녀는 여성의 교육을 옹호하는 열정적인 주장을 배가했고, 2014년에는 역사상 최연소 노벨상 수상자가 되었다. 또는 어두운 골목에서 부모가 자신의 눈앞에서 살해되는 경험을 한 어린 소년의 이야기도 있다. 무의미한 폭력이 그가 거대한 박쥐 복장을 하고 불필요하게 화려한 경범죄자들을 사이코패스적으로 두들겨 패도록 몰아가는 이야기다. 돌이켜 보면, 아마도 말랄라의 이야기가 더 나은 예일 것이다.

우리의 삶은 미래로 나아가지만 삶의 이해는 과거를 향한다. 역사는 사건이 일어나는 순서에 달려 있다. 우주의 우연적 사건에는 항상 결과가 따른다. 유리잔이 바닥에서 박살나는 것은 고양이가 탁자 위의 유리잔을 밀어 떨어뜨렸기 때문이다. 고양이가 밀기 전에는 유리잔이 깨지지 않았다. 시간의 화살이 한 방향으로만 날아가기 때문에 그런 일은 불가능하다. 원인이 결과보다 *앞서야 한다*.

그러나 이렇게 타협할 수 없는 삶의 진실은 미묘하고도 중요한 퍼즐을 제시한다. 뒤돌아보면 모든 결과에는 원인이 있다. 하지만 미래를 바라볼 때는 우리의 행동이 지나간 일에 묶여 있다고 느껴지지 않는다. 우리는 과거의 사건에 구속되지 않고 완전히 자유롭게 자신의 경로를 선택할 수 있다고 느낀다. 두 가지가 모두 사실일 수 있을까?

고양이가 항상 유리잔을 깨뜨리게 되어 있었을까, 아니면 그런 일을 예방할 수 있었을까? 브루스 웨인Bruce Wayne의 부모가 살해된 것이 배트맨이 존재하게 되는 운명을 뜻했을까? 당신은 이 책을 읽기로 선택했는가? 당신이 언제나 이 책의 별 다섯 개짜리 평점을 인기 있는 온라인 서점에 남기게 되어 있었을까? 우리 모두 통제는 고사하고 이해할 수도 없는 우주적 힘의 끈에 매달린 꼭두각시일까?

이 책에서 우리는 중요한 질문을 회피하지 않는다. 그리고 우리에게는 훌륭한 동료들이 있다. 지난 2,000년 동안 아리스토텔레스, 플라톤, 데카르트, 공자, 사르트르, 바트 심슨Bart Simpson*을 비롯한 모든 위대한 철학자가 자유의지의 문제를 다루었다. 우리 또한 진지한 주제의 가장자리와 측면을 찔러 보려 한다. 그래서 우리의 이야기는 사상의 역사에서는 그다지 중요하지 않지만, 우리의 운명에 대한 의문을 제기하는 데 중요한 역할을 한 인물로 시작한다.

데이터 중독자였던 19세기 벨기에의 천문학자 아돌프 케틀레Adolphe Quetelet는 인간의 삶에서 불확실성의 역할에 관한 엄청난 양의 정보를 모았다. 전국적 범죄 기록을 수집한 그는 인

---

* 『심슨 가족(The Simpsons)』, 시즌 1, 2회. '천재 바트(Bart the Genius)'. 릭(Rick)과 모티(Morty)가, 특히 '흡수되다(Auto Erotic Assimilation)' 편에서, 애니메이션 형식으로 자유의지의 본질에 관한 의문을 제기하는 더 좋은 예일 수 있지만, 해나 프라이가 이미 너무 바보 같다는 이유로 이 각주를 삭제하도록 요청했다.

간의 행동이라는 혼란스럽고 예측할 수 없는 영역에 과학적 기법을 적용한 선구자 중 한 사람이었다. 케틀레는 그런 숫자로부터 우리가 그 누구의 예측보다도, 훨씬 더 예측 가능하다는 것을 발견했다.

여러 해에 걸친 프랑스의 범죄 기록을 살펴본 케틀레(당시 프랑스 공화국에 속했던 젠트Ghent에서 태어난)는 범죄 기록의 변동이 거의 없음을 알고 깜짝 놀랐다. 법원과 교도소가 어떻게 대처했는지와 관계없이, 프랑스의 모든 지역에서 해마다 일어나는 살인, 강간, 강도 사건 수가 변하지 않는 것 같았다. 케틀레는 말했다.

"범죄에게는 자신을 재생산하는 무시무시한 정확성terrifying exactitude이 있다."

범죄자들이 선택하는 수법조차도 변하지 않는 것으로 보였다. 해마다 살인 무기로 총, 검, 칼, 지팡이를 선택하는 살인자의 수가 거의 같았다.

"우리는 미리 알고 있다."

그는 계속해서 말했다.

"얼마나 많은 사람이 다른 사람의 피로 자신의 손을 더럽힐 것인지. 얼마나 많은 위조범과 독살범이 나올 것인지."

케틀레가 옳았다면, 사람들의 행동은 예측할 수 있고 미리 결정되어 있다. 그것이 사실이라면, 여전히 우리에게 자유의지가 있다는 믿음을 고수할 수 있을까? 이는 특히 범죄의 맥락에서 골치 아팠던 —그리고 골치 아픈— 주제다. 케틀레의 말대로 '수많은 개인으로 관찰을 확대할 때 […] 인간의 자유로운 선택이 사라진다'면, 법을 어긴 사람들을 처벌하는 일을 어떻게 정당화할 수 있을까? 어쨌든 범죄가 일어날 것이라면, 어떻게 도덕적 규범을 부과하고 선한 행동을 요구함으로써 사회가 개선되기를 바랄 수 있을까?

이들은 쉽게 답할 수 없는 불편한 질문이다. 인간에게 자유의지가 있는 것처럼 느껴지는 것은 분명하지만, 어떻게 확신할 수 있을까? 인간에게 선택의지agency가 있는지 아닌지를 어떻게 테스트할 수 있을까?

분명히, 선택권이 없는 행동들이 있다. 갓난아기는 특히 떨어질 것 같다고 생각할 때, 머리카락, 옷 등 무엇이든 집게처럼 움켜쥔다. 임신 5개월쯤 되면 태아가 주먹 쥐는 연습을 시작할 정도로 타고난 본능이다. 태어난 후에는 본능적으로 젖꼭지를 빤다. 아기에게는 맛있는 젖을 찾아 고개를 돌리는 루팅rooting이라 불리는 반사reflex가 있다. 본능적 반사를 극복하는 것은 어려운 일이고, 태어난 지 일주일 된 아기라면 불가능한 일이다.

이러한 반응은 아기에게만 국한된 것이 아니다. 우리 중 한 사람이 당신의 슬개골 힘줄에 강한 타격을 가하면 무릎 아래쪽 다리가 무의식중에 발길질을 할 것이다. 우리가 당신의 눈 가까이에서 손가락을 튕기거나 손뼉을 치면, 당신은 눈을 깜빡이고 나서 당연히 짜증을 낼 것이다.

모든 동물에는 이러한 본능적 행동이 있다. *고정된 행동 패턴fixed action patterns*이라 불리는, 하지 않을 선택권이 없는 것으로 보이는 행동이다. 물고기의 옆구리를 건드리면 수압의 작은 차이를 감지하고 당신에게서 벗어나기 위하여 C자 모양으로 몸을 구부릴 것이 거의 확실하다. 둥지에서 굴러 나간 알을 발견한 어미 거위는 목과 부리를 사용하여 알을 안전한 둥지로 굴려 온다. 둥지 근처에 알과 비슷한 모양의 물체를 놓아두기만 해도 그런 행동을 하게 할 수 있을 정도로 강력한 행동 패턴이다. 골프공, 문손잡이, 심지어 알보다 훨씬 큰 배구공으로도 가능하다. 어미 거위의 행동은 심지어 알을 구하려 애쓰는 동안에 알을 치워 버릴 수 있을 정도로 그러한 촉발 요인에 고정되어 있다. 그래서 어미 거위는 더 이상 존재하지 않는 알 주변에서 머리와 목을 이용하여 상상 속의 알을 굴리는 독특한 행동 패턴을 계속할 것이다. 거위는 굴려야 한다.

이런 행동은 동물이 의식적으로 통제할 수 없는 행동이다. 자신 또는 아기의 웰빙well-being을 보호하는 역할을 하도록 진화된 행동이다. 그것이 바로 진화의 요점이다. 인간의 선택의지 문제를 잠시 접어 둔다면, 동물의 왕국에서 자유의지의 문제를 바라볼 때 특히 흥미로운 것은 한 종이 다른 종의 선택의지 결핍을 이용하는 진화가 얼마나 자주 일어났는가일 것이다.

그런 진화의 결과는 때로 단순한 모방 행동이다. 지렁이는 두더지 특유의 땅을 파는 소리에 반응하여, 자신의 포식자가 쫓아오지 않을 것이 분명한 지면으로 기어 나온다. 교활한 갈매기는 이런 사실을 알아내고, 발로 땅을 두들겨서 지렁이들이 지면으로 기어 나와 꼼짝없이 맛있는 간식을 제공하도록 하는 기술을 완성했다.

그러나 단순한 속임수를 넘어서는 상호작용도 있다. 선택의지를 강제로 제거하는 것을 포함하는, 상당히 사악해 보이는 상호작용이다. 생존을 위한 자연스러운 충동에 반하는 마법에 걸린 희생자는 기생충의 의지를 실행하라는 명령을 받는다. 우리는 이를 '최면 마인드 컨트롤 좀비화 마법hypnotic mind-control zombification hexes'이라 부를 것이다. 다른 사람들은 아무도 그렇게 부르지 않지만.

최면 마인드 컨트롤 좀비화 마법

위대한 생물학자 E. O. 윌슨wilson은 기생충을 '하나 이하의 단위를 먹이로 삼는 포식자'로 묘사했다. 이들은 다른 동물과 함께 살면서 —그들의 살을 먹거나 내장 속에 알을 낳는— 숙주에게 반드시 치명적이지는 않지만, 해를 끼치는 동물이다. 기생충에는 다양한 종류가 있지만, 자유의지의 문제와 관련하여 특히 흥미로운 것은, 기생충의 소망을 들어 주도록 숙주의 행동을 변화시키는 일이 포함되는 한 가지 유형이다. 그래서 우리는 최면 마인드 컨트롤 좀비화 마법이라는 이름을 제안했다.

예를 들면, 불운한 바퀴벌레를 상대로 사악한 최면 능력을 발휘하도록 진화한 곤충이 있다. 바로 밝은 에메랄드빛 녹색의 아름다운 말벌이다. 이 벌은 인상적일 정도로 창조성이 부족한 명명법에 따라 에메랄드바퀴벌레말벌emerald cockroach wasp로 알려졌다. 희생자보다 훨씬 작은 몸집에도 불구하고, 말벌은 바퀴벌레의 뇌에 직접 침을 쏘아 신경 독소의 자극적인 칵테일 주사를 놓음으로써, 희생자에게 부지불식간에 마법을 건다. 그러고는 바퀴벌레의 더듬이를 물어뜯고 남은 더듬이 그루터기 하나를 잡아서 줄에 묶인 개처럼 바퀴벌레를 둥지로 데려간다. 희생자의 둥지 속 안전한 상태에서 말벌은, 멀쩡하게 살아 있으나 완전히 좀비화된 바퀴벌레의 다리에 부화하는 데 닷새 정도 걸리는 알을 낳는다. 알에서 깬 에메랄드말벌의 유충은 여전히 멀쩡하게 살아 있는 바퀴벌레의 배 속으로 파고든다. 결국에는 슬프게도 죽어 버린 숙주를 풀어 주고 아름다운 성충으로 나타날 때까지 내장을 먹어 치운다.

자연은 암울하다. 그리고 교활하기도 하다. 우리 종은 얼마든지 원하는 대로 그런 것들보다 우월하다고 생각할 수 있지만, 우리도 이렇게 끔찍한 기생충 이야기에서 완전히 자유로운 것은 아니다.

예컨대, **톡소포자충**_Toxoplama gondi_라는 기생충은 고양이의 창자 속에서만 번식할 수 있다. 이는 이 단세포 유기체에, 어떻게 한 고양이의 창자에서 다른 고양이의 창자로 이동할 것인가라는 어려운 문제를 제기한다. 기생충은 세 단계로 이루어진 해결책을 찾아냈다. 첫째로, 톡소플라스마는 배설물에 섞여서 고양이의 몸 밖으로 배출된다. 다음에는 —이 부분은 독자의 상상에 맡기겠다— 그 배설물이 쥐의 몸 안으로 들어간다. 쥐의 몸으로 들어간 기생충은, 고양이가 쥐를 잡아먹을 때 다시 고양이의 몸으로 들어가게 된다. 이 단계에는 기생충의 매우 교활한 속임수가 필요하다. 고양이는 쥐를 좋아하지만, 쥐는 고양이를 좋아하지 않기 때문이다.

다른 최면 마인드 컨트롤 마법

자연은 고통에 전적으로 무관심할 정도로 잔인하지 않고 끝없이 창조적이다. 에메랄드바퀴벌레말벌을 비롯하여 어리둥절한 숙주에게 마법을 거는, 인상적일 정도로 야비한 기생충의 수많은 예가 있다. 다음은 우리가 가장 좋아하는 (가장 끔찍하다고 생각한다는 뜻) 사례다.

펌핑디스코달팽이The pumping disco snail: 당신이 우연히 여러 가지 색깔로 미친 듯이 맥동하는 눈을 가진 호박색 달팽이를 만나더라도, 그 달팽이가 신나는 환각의 시간을 보내고 있는 것은 전혀 아니다. 달팽이의 눈자루eyestalks로 들어가 요동침으로써 먹음직스러운 애벌레처럼 보이는 행동을 하도록 하는 *레우코클로리디움 파라독섬Leucochloridium paradxum*이라는 기생충에 감염된 것이다. 다른 무엇보다도 눈자루로 들어간 기생충은 그늘 밖으로 기어 나와서 배고픈 새들에게 맛있는 먹이의 신호를 보내는 눈을 번쩍이면서 당당하게 앉아 있도록, 어리둥절한 달팽이를 설득하는 독소를 분비한다. 기생충은 새의 배 속에서 번식하고, 배설물에 섞여서 배출된 알은 곧 숙주가 될 (그리고 죽게 될) 다른 달팽이가 먹게 된다.

이렇게 잡아먹히기 위하여 다른 동물의 흉내를 내는 행동은 '공격적 모방aggressive mimicry'으로 알려졌는데, 우리가 생각하기로는 다소 절제된 표현이다.

고르디우스벌레The Gordian worm: 이 고약한 벌레는 약 350종에 이르는데, 대부분 귀뚜라미에 기생한다. 이 벌레는 물에서 번식해야 하지만, 귀뚜라미는 수생 곤충이 아니다. 감염되지 않은 귀뚜라미는 헤엄치기를 피하면서 일생을 보낸다. 그러나 고르디우스벌레는 귀뚜라미의 배 속에서 성장하는 동안에 자신의 숙주가 자연스러운 물 공포증을 떨쳐 버리고 물에 빠져 자살하도록 하는 화학물질을 분비한다. 귀뚜라미는 연못이나 물웅덩이로 뛰어들고, 엉킨 형태의 길이가 12인치(30cm)에 이르는 벌레가 나타난다. 그래서 그리스 신화에 나오는 풀 수 없는 매듭의 이름이 붙여졌다. 고르디우스벌레가 물속에 낳은 알을 먹은 모기의 유충은 이어서 자신이 곧 첫 번째이자 유일한 헤엄을 치도록 마법을 걸게 될 식사를 했음을 전혀 알지 못하는 귀뚜라미에게 먹힌다.

게해커따개비Crab hacker barnacles: 이 따개비의 암컷 유충이 녹색 게를 발견하면 가급적 강모의 밑 부분을 선택하여 게의 몸에 정착한다. 그러고는 뾰족한 촉수를 집어넣어 결국에는 게가 섭취하는 모든 영양 성분을 차지한다. 게는 따개비를 떨어뜨리게 될 털갈이를 멈추고 무엇이든 따개비에게 필요한 것에만 식욕을 느끼는 갑각류 숙주가 된다. 난소가 수축된 암컷 게는 알 낳기를 멈추는 대신, 평생 따개비가 낳은 알의 보모가 된다. 수컷 따개비 유충은 게 보육원으로 파고들어 알을 수정시키는데, 이런 과정은 게가 살아 있는 한 —최장 2년까지— 계속된다. 유충이 수컷 게에 달라붙더라도, 수컷 게를 거세하여 여성화하는 과정을 통하여 거의 같은 결과에 이른다. 이 따개비는 실제로 나란히 보여서는 안 되는 두 단어로 묘사되는 동물의 범주에 꼭 들어맞는다. 거세하는 기생충.

개미마인드컨트롤좀비곰팡이Ant mind-control zombie fungus: 아마존 열대우림 전역의 지상에서 정확히 25cm 높이에는 여전히 멀쩡하게 살아 있지만, 몸과 마음이 *오피오코르디셉스 유니라테랄리스*Ophiocordyceps unilateralis라는 곰팡이의 지배를 받는 개미 종이 있다. 자신의 군락지에서 행복하게 노닐다가 곰팡이에 감염된 개미는 완전히 정신을 잃는다. 증식된 곰팡이는 개미의 근육과 몸속에 네트워크를 형성하여 모든 것의 통제권을 획득한다. 그러면 개미는 집에서 나와 정확하게 25cm 높이까지 식물을 기어오르고, 그곳의 잎사귀 밑에 턱을 고정하게 된다. 곰팡이는 그 높이와 습도에서 번성한다. 개미는 그렇지 않다. 결국, 곰팡이는 개미의 머리에서 자라나는 큰 못 형태를 형성하고 끝부분에 포자낭bulb of spores을 만든다. 며칠 후에는 포자낭이 터지는데, 이 모든 일이 개미 군집의 경로 위에서 일어나므로 곰팡이 포자가 다음에 곧 좀비가 될 개미들에게 살포된다. 동물에게 자유의지가 있는지 아닌지 말하기는 쉽지 않지만, 우리는 개미가 실제로 이런 일을 원하지는 않으리라고 꽤 확신한다.

쥐들은 열린 공간에 있을 때 조심하는 것이 보통이다. 쥐를 큰 방에 집어넣으면 허둥지둥 구석으로 달려갈 것이다. 그 방 어딘가에 고양이 오줌을 뿌려 놓으면 —고양이 오줌에서는 말썽의 냄새가 난다는 것을 아는— 쥐는 조심스럽게 그 장소를 피할 것이다. 그러나 톡소플라스마증toxoplasmosis에 감염된 쥐로 같은 실험을 해 보면 매우 다른 행동이 나타난다. 쥐는 설사방 한가운데 있더라도, 고양이 오줌을 향하여 똑바로 달려갈 것이다. 기생충은 열린 공간에 노출되는 일과 포식자의 냄새에서 오는 자연스러운 두려움을 압도한다. 고양이 오줌의 흡인력이 너무 강해서, 쥐는 실제로 치명적인 적에게 성적 매력을 느낀다. 실험 결과는 쥐의 뇌 속에서 점화되는 신경세포가 섹스를 하기 전에 활성화되는 세포임을 보여 주었다. 우리는 고양이에 가깝게 다가간 쥐가 실제로 고양이와 짝짓기를 시도했는지 알지 못한다. 고양이에게는 다른 계획이 있는 것이 보통이기 때문이다.

하지만 고양이를 좋아하는 사람들은 조심해야 한다. 마음을 바꾸는 톡소플라스마의 힘은 마법에 걸려 성적 흥분상태에 빠진 쥐에게만 국한하지 않는다. 사람도 고양이 똥을 만지거나, 심지어 고양이가 똥을 싼 흙이나 쓰레기와 접촉함으로써 기생충에 감염될 수 있다. 특히 임산부에게는 위험할 수도 있는 감염이지만, 대부분은 독감과 비슷한 경미한 증상이 나타난다. 이 기생충에게 그들의 행동을 바꾸는 힘이 있음에도 불구하고, 대부분 사람은 기생충의 숙주 노릇을 하고 있다는 것조차 알지 못한다. 그러나 기생충의 속임수는 범위가 매우 넓어서 남성은 더 의심이 많고, 질투하고, 무뚝뚝한 행동을 하게 하고, 여성은 더 사교적이고, 마음이 따뜻하고, 파티를 재미있게 하는 사람으로 만든다. 당신이 원하는 대로 어떻게든 해석할 수 있지만, 인간이 톡소플라스마에게는 막다른 골목이라는 것을 지적해야겠다. 이 기생충은 사람의 몸 안에서 번식하지 못하며, 우리가 아무리 마음이 따듯하거나 질투심이 강하더라도, 고양이가 우리의 사체를 먹을 가능성은 매우 낮기 때문이다.

파티 기분을 부추기는 것을 포함하여 인간의 행동을 바꾸는 질병도 있다. 2010년의 한 연구는 특정한 유형의 독감 바이러스에 감염된 사람들이 48시간 이내에 사교성이 높아질 가능성이 크고, 따라서 바이러스에게 다른 사람을 감염시킬 더 많은 기회를 제공할 수 있다는 것을 밝혔다. 유감스럽게도 사람들이 얼마나 파티를 원하게 될지 알기 위하여 고의적으로 독감 바이러스에 감염시키는 것은 기존의 모든 윤리적 지침에 어긋난다. 따라서 연구 대상자들은 백신의 형태로 해가 없는 바이러스가 주입된 후에 추적되었다. 그들은 더 큰 집단에서 훨씬 더 많은 사람과 어울리게 되는 것으로 나타났다. 우리는 이런 효과가 실제로 바이러스 감염에 의한 것인지 —사람들이 백신을 맞은 뒤에 더 사교적인 기분을 느낄 수도 있다— 알지 못하지만, 마찬가지로 우리가 펍pub에 가기를 원하도록 하는 힘이 바이러스에게 있을지도 모른다.

물기biting를 통해 전파되는 기생충인 광견병은 개의 공격성을 높이고 침을 많이 흘리도록 하며, 사람에게도 비슷한 영향을 미칠 수 있다. 심지어 뇌의 종양도 성격 변화와 관련됨이 밝혀졌다(아래 글상자 참조). 우리는 이 책을 읽는 독자 중 그 누구도 이런 것들에 감염되지 않았기를 진심으로 바란다. 그러나 톡소플라스마증과 독감은 매우 흔한 질병이고, 감염된 사람의 상당수가 특별한 증상을 나타내지 않으므로, 바로 이 문장을 보고 있는 여러분 중 누군가는 최근에 자신도 모른 채 병원체에 의하여 약간의 행동 변화가 생긴 사람이 있을 것이다. 심술궂은 질투의 고통이나 노래방에서 '아이 오브 더 타이거Eye of the Tiger'(미국의 록밴드 서바이버의 노래_옮긴이)를 열창하고 싶은 열망이 정말로 당신의 자유의지를 나타내는 것인지, 아니면 자신도 모르는 사이에 너무 작아서 볼 수도 없지만 강력한 기생충 마법의 명령에 따른 행동인지를 알기는 불가능하다.

당신은 자신의 뇌를 얼마나 책임질까?

찰스 휘트먼Charles Whitman은 두통이 시작되기 전까지는 완벽히 보통 사람이었다. 그는 텍사스 대학교에서 기계공학을 공부했고, 가라테karate와 스쿠버 다이빙scuba diving을 좋아했으며, 다섯 달에 걸친 구애 끝에 첫 번째 여자친구와 결혼했다. 신문의 헤드라인에 따르면, '모두가 그를 사랑했다.'

그는 1965년에 24세의 나이로 해병대에서 제대한 뒤에 심각한 두통을 겪기 시작했다. 휘트먼은 '엄청나고 무서운' 두통이라고 말했다. 두통은 그가 이해할 수 없는 압도적인 폭력적 충동을 수반했다. 자신의 사망으로 이어진 해에 그는 적어도 다섯 명의 의사와 정신과 의사를 만났다. 그리고 1966년 7월 31일, 찰스 휘트먼은 자살 유서가 될 편지를 쓰기 위하여 자리에 앉았다.

나에게 이 편지를 쓰도록 강요하는 것이 무엇인지 이해할 수 없다. 요즘에는 나 자신조차 잘 이해하지 못한다. 나는 평균적으로 합리적·지성적인 청년이어야 한다. 그러나 근래에는 (언제 시작되었는지 기억하지 못한다) 수많은 비정상·비합리적 생각의 제물이 되었다. 그런 생각은 끊임없이 반복되고, 유용하고 발전적인 생각을 하는 데 엄청난 정신적 노력이 필요하다. […] 내가 죽은 후에는 부검을 통해서 어떤 신체적 장애가 있는지 확인하기 바란다. 많은 생각 끝에 나는 아내 케이티Katy를 죽이기로 했다. 나는 그녀를 진심으로 사랑하고, 그녀는 남자가 바랄 수 있는 최고의 아내였다. 이렇게 결정한 구체적 이유를 합리적으로 제시할 수는 없다.

휘트먼은 아내와 어머니를 살해한 다음에 그들의 직장에 전화를 걸어, 두 사람이 출근하지 못한다고 말했다. 다음 날 아침에 텍사스 대학교로 가서 탑에 올라간 그는 사냥용 소총을 쏘아 11명을 살해하고 31명을 부상시켰다. 30분 동안의 총격이 이어진 후에, 휘트먼은 경찰이 쏜 총에 맞아 사망했다.

부검을 통하여 휘트먼의 뇌에 있는 거대한 악성 종양이 발견되었다. 그가 마지막 날에 벌인 살인 행위를 이 암과 직접 연결하기는 불가능했지만, 정신과 전문의들은 암의 존재와 그것이 뇌에서 감정을 조절하는 부위에 가한 압력이 그의 행동에 중대한 영향을 미쳤을 것으로 추측했다. 뇌의 손상은 행동을 바꾸는 것으로 알려져 있다. 실제로 2018년의 한 연구는 이전에 정상이었던 환자가 뇌종양이 생기거나 뇌 손상을 당한 뒤에 범죄를 저지른 17건의 사례를 설명했다. 그들의 범죄는 방화, 강간, 그리고 살인을 포함했다.

이러한 뇌 이상의 존재는, 범죄에 대한 사람들의 책임을 면제할 수는 없지만, 흥미로운 의문을 제기한다. 우리의 행동 중 얼마나 많은 부분이 의식적 통제하에 있을까? 생물학적 요인이나 주변 상황 때문에 자신의 행동을 통제할 수 없을 때, 많은 사람이 조증mania이나 정신병의 기간을 견뎌 내야 할 것이다. 설사 뇌 손상이 없더라도, 우리 중에는 자제력이 더 강한 사람들이 있고, 더 충동적이거나 중독과 강박관념에 빠지기 쉬운 사람들도 있다. 아마도 자유의지는 둘 중 하나의 선택이 아니라, 스펙트럼에 더 가까울지도 모른다.

우리가 자신을 통제할 수 있다고 느끼는 것은 분명하다. 당신이 세 개째의 컵케이크를 먹거나 주먹을 꽉 쥐고 자신의 얼굴에 펀치punch를 날리고 싶다면, 자유롭게 그런 선택을 할 수 있다. 그러나 자유의지가 직관적으로 아무리 진짜처럼 보일지라도, 그 외관에 균열이 있다는 사실 또한 의심의 여지가 없다. 우리는 스스로 통제할 수 없는 행동이 있고, 다른 동물의 선택의지를 압도할 수 있는 동물이 있으며, 행동 중에 감염된 병원체나 뇌의 물리적 변화 탓으로 돌릴 수 행동이 있다는 사실을 안다. 적어도 때로는 우리의 선택의지에 의문부호가 붙는다면, 나머지 시간에는 자유의지가 있다는 것을 어떻게 확신할 수 있을까?

1980년대에 많은 찬사를 받은 실험은 그러한 결론을 내린 것으로 보인다. 그러나 —인간의 행동에 관한 연구가 늘 그렇듯이— 실험에서 보고된 혁명적 통찰은 처음에 보였던 것만큼 간단하지 않다는 사실이 밝혀졌다.

빠르게 일찍 생각하기

이 문장을 읽고 당신이 원하는 시간에 집게손가락을 구부려 보라. 완료? 이제 스스로 물어보라. 손가락을 움직인 타이밍이 의식적인 결정처럼 느껴지는가?

1983년, 이렇게 단순해 보이는 질문이 심리학자 벤자민 리벳Benjamin Libet의 자유의지와 의사결정에 관한 고전적 실험의 기초가 되었다. 이 실험은 의식과 자유의지의 과학에 심오한 영향을 미치게 된다.

리벳은 실험 참가자들을 화면 앞에 앉히고 그들이 손가락을 움직이는 의식적인 결정을 내린 순간을 주목하도록 요청했다. 그들에게는 또한 뇌의 활동을 모니터하는 뇌파도 장치가 설치되었다.

놀라울 것도 없는 일이지만, 참가자들은 자신이 손가락을 움직이는 결정을 내린 후에 손가락을 움직였다고 믿었다. 그러나 리벳은 —일관되게— 참가자가 손가락을 움직이려는 의도를 인식하기 0.5초 *전에* 뇌 활동이 대폭 증가하는 것을 보았다. 이에 대한 한 가지 공통적 해석은 사람들의 뇌가 스스로 그렇게 한다는 것을 의식하기도 전에 움직이려는 결정을 내린다는 것이었다. 사건의 순서는 '손가락을 움직이는 결정을 내린다⇒손가락이 움직인다'가 아니라, '뇌가 손가락을 움직일 준비를 한다⇒손가락을 움직이는 결정을 내린다⇒손가락이 움직인다'였다.

매우 곤혹스럽고, 심지어 골치 아프기까지 한 결과였다. 리벳의 연구 결과를 받아들여, 우리의 생각이 선택을 이끄는 것이 아니라 단지 이미 내려진 결정을 보고하는 것이라는 결론을 내린 사람들도 있었다. 더 나아가 다음과 같은 질문을 제기하기도 했다. 우리가 자신의 결정에 대한 능동적 참여자가 아니라면, 애당초 우리에게 자유의지가 있을까? 리벳의 연구는 30년 동안의 집중적인 조사를 촉발했으며, 그 핵심에는 크고 어려운 질문이 있었다. 우리는 좀비처럼 이미 완벽하게 계획된 자동적인 삶의 노예로 살아가는 것일까? 자유의지에 관한 우리의 감각은 단지 환상에 불과할까?

리벳의 연구에 대한 끝없는 분석은 종종, 특히 극적인 해석을 위하여, 실험 자체의 세부사항을 우회하는 결과를 낳았다. 이 세부사항의 많은 부분이 타이밍을 포함한다. 당신이 *언제* 손가락을 움직이기로 했는지를 말하기란 특히 실험에서 기록된 밀리초 척도에서는, 거의 불가능하다. 그런 결정을 내리기로 생각한 시점을 알려면, 실제로 손가락을 움직이는 일에서 주의를 돌려 언제 손가락을 움직이려는 결정을 인식했는지에 집중해야 한다. 지옥 같은 문장이지만(그 점은 사과드린다), 이마저도 우리의 뇌와 행동을 이해하려는 노력의 복잡성의 거죽을 긁는 것에 불과하다.

일부 비평가들은 베렛의 실험으로 드러난 우리 뇌의 준비성 전위readiness potential(탁월한 독일어 이름 *Bereitschaftspotential*로 알려진)가 실제로 뇌 자체가 손가락을 움직일 준비가 되었다는 뜻이 아니라, 아마도 실험의 손가락 동작과 우연히 일치할 수도 있는, 다른 것을 보여 주는 것일지도 모른다는 꽤 설득력 있는 제안을 했다. 원숭이를 대상으로 실험한 연구자들은, 심지어 요구되는 작업이 구체화되기도 전에 준비성 전위가 나타난다는 사실을 알아냈다. 이는 준비성 전위가 손가락을 움직이는 특정한 작업과 관련되기보다는 일반적인 준비 상태임을 시사한다.

현 상황에서 내릴 수 있는 유일하게 확실한 결론은 인간의 뇌, 의사결정, 자유의지에 관한 연구가 대단히 어렵다는 것이다. 이쪽이든 저쪽이든 공통적 합의가 이루어지지 않은 상태다. 뇌와 의식에 관한 실험은 아직 개인적 선택의지나 자율성에 대한 신경학적 근거를 밝히지 못했고, 생물학과 철학 또한 자유의지가 아닌 무언가에 대한 실질적 증거를 보여 주지 못했다.

그러나 우리가 뇌의 복잡한 구조 너머로 더 깊이 파고든다면, 다른 단서들이 발견될 것이다. 어쨌든, 인간은 정상적인 물질로 이루어졌다. 분자, 원자, 양성자, 중성자, 전자, 쿼크quarks, 렙톤leptons을 비롯하여 양자 영역에 있는 잡다한 소립자들. 물리학자들은 여러 세기 동안 가장 타협 불가한 규칙을 설정하고 조립하면서, 우주가 어떻게 움직이는지 알아내려고 노력했다. 인간에게는 위대하게 될 수 있는 역량이 있지만, 또한 우주에 있는 모든 것과 같은 법칙에 묶여 있다. 비록 우리의 감각이 그러한 역학을 볼 수 없을지라도. 여기서 개인적 자유의지에 관한 풀리지 않은 문제가 수학자와 물리학자들이 오랫동안 고심해 온 수수께끼와 연결된다. 자연법칙은 우연을 수용할까, 인간의 선택의지를 수용할까? 아니면 우주가 이미 모든 결정이 미리 정해지고 예측할 수 있는, 트램tram 노선을 따라 달리고 있는 것일까?

악마

피에르 시몽 라플라스Pierre Simon Laplace, 1749~1827는 역사상 가
장 위대한 수학자 중 한 사람이며, 종종 프랑스의 아이작 뉴턴
이라 불린다. 프랑스인들은 아마도 뉴턴을 영국의 라플라스라
부르겠지만. 라플라스의 연구는, 그가 살았던 시대뿐만 아니
라 이후 여러 세기 동안, 공학, 천문학, 그리고 수학에 막대한
영향을 미쳤다. 그는 화학자이자 세무 관리였고 프랑스 대혁
명이 일어난 후에 단두대에서 처형된 앙투안 라부아지에Antoine
Lavoisier(7장 참조)의 친구였다. 두 사람은 열의 속성에 관한 중요
한 연구를 함께 하기도 했다. 라플라스는 자신의 탁월한 지력
으로 행성의 운동을 연구하여 조수tides를 설명하는 공식을 만
들어 냈고, 질량이 너무 커서 빛조차 그 중력의 손아귀에서 탈
출할 수 없는 별에 관한 이론을 생각한 적도 있었다. 이 아이디
어는 너무도 진보적이었고, 당시의 그 누구도 이해할 수 없었
기 때문에 궁극적으로 ―오늘의 우리가 블랙홀이라 부르는―
정확히 같은 현상을 설명하게 되는 천체과학에서 별다른 역할
을 하지 못했다. 놀랍도록 근면한 사고thinking를 통하여 라플라
스는 우주에 우연을 위한 장소가 없다는 결론을 내렸다.

1814년에 그는 우주에 있는 모든 원자의 정확한 위치와 운
동량을 아는, 초지능적·전지적super-intelligent omniscient 존재를 상
상했다. 만약 라플라스가 믿었던 대로 무작위성 같은 것이 존

재하지 않는다면, 우주의 상태 전체가 최근의 과거에 의하여 미리 결정될 것이며, 무엇이든 미래에 다가올 일은 현재 상황의 직접적 결과일 것이었다. 마치 세계와 그 주변의 모든 것이 불변의 수학적 물리법칙에 따라 돌아가는 톱니바퀴에 의하여 똑딱거리면서 앞으로 나아가며 오류의 여지가 없고 아무것도 우연에 맡겨지지 않는 인과관계의 거대한 기계적 시계장치 같을 것이었다. 그는 우주가 선로 위를 달린다고 믿었다.

라플라스는 이 전지한 존재에게 초능력을 부여했다. 그 존재는 모든 것을 예측할 수 있고, 타협이 불가한 근본적 물리법칙에 따르는 모든 결과를 계산할 수 있었다. 우주를 빅뱅으로 되돌리거나 우주의 열사heat-death를 향하여 빨기 감기를 할 수 있었다. 모든 것에 관한 ―언제든 모든 원자, 행성, 인간이 어디에 있는지― 절대적으로 완벽한 지식이 있었다. 당신이 태어난 순간과 사망하는 날짜까지도. 우연성은 의미가 없을 것이었다.

"불확실한 것은 아무것도 없을 것이다."

라플라스는 설명했다.

"그리고 미래는 과거와 마찬가지로 그의 눈앞에 있을 것이다."

그렇게 거대한 보편성의 역학을 처음으로 만들어 낸 사람은 라플라스가 아니었다. 그런 일을 시도했던 대표적인 학자 데모크리토스Democritus ―원자의 개념을 생각해 낸― 는 너무 게

을러 생각하지 않으려는 사람들이 숨는 곳이 우연성이라고 생각했다. 키케로Cicero는 라플라스가 태어나기 거의 2,000년 전인 BCE 44년에 라플라스의 아이디어를 요약했다.

…모든 원인의 상호 연결을 관찰할 수 있는 사람이 있다면, 그 무엇도 그에게서 벗어날 수 없을 것이다. 만물의 원인을 아는 사람이라면 필연적으로 앞으로 일어날 모든 일도 알아야 하기 때문이다. […] 앞으로 일어나는 일은 갑자기 존재하는 것이 아니고, 시간의 경과는 애초에 존재했던 것을 펼칠 뿐 새로운 것을 아무것도 만들어 내지 않는, 밧줄의 풀림과 같을 것이기 때문이다.

그러나 20세기에 라플라스의 악마Laplace's demon(219쪽 글상자 참조)로 알려지게 되는 아이디어를 구체화한 사람은 라플라스였다. 라플라스는 확률 이론의 기반을 닦는 큰 업적을 이루었음에도, 불확실성이란 궁극적으로 지식의 부족과 그에 따라 세계의 참모습을 볼 수 없는 우리의 무능력으로 귀결된다고 생각했다. 그는 "과학이 단지 우리의 허약함과 지식이 그의 악마보다 부족한 것을 만회하기 위하여 우연과 확률의 아이디어를 창안했다."라고 말했다.
"우연성은 단지 인간의 무지를 나타낼 뿐이다."
이는 단지 한가로운 두뇌의 유희brain-noodling가 아니다. 결정론의 문제는 실재reality에 관한 이해에 기본이 될 정도로 중요하고 —이 책의 주제와 마찬가지로— 우주에 대한 극히 제한된 이해는 그 문제에 답할 준비가 매우 부족함을 뜻한다. 바로 그런 인간적 결점에 더하여, 이 문제에는 중요한 철학, 과학, 신학적 함축implications이 있다. 역사적으로 기독교인들은 우주에 있는 모든 원자의 움직임을 아는 완전히 전지한 존재의 개념을 가지고 고심해 왔다. 대개 그 역할은 신의 몫이었다. 그러나 신이 이미 마지막 원자 하나까지 모든 사람의 행동을 계획해 두었다는 것은 인간의 자유의지와 도덕적 책임까지도 환상에 불과함을 의미했다.

공상과학소설에 나오는 라플라스

여러 공상과학소설이 결정론적 우주에서 자유의지의 본질을 탐구했지만, 그중에 우리가 제일 좋아하는 두 작품이 가장 흥미롭다. 커트 보니컷Kurt Vonnegut의 《제5도살장Slaughterhouse-Five》은 놀라울 정도로 산만하면서도 전쟁의 공포와 운명의 본질을 극명하게 보여 주는 도덕성에 관한 이야기다. 주인공인 빌리 필그림Billy Pilgram은 2차 세계대전에서 연합군의 드레스덴 폭격을 경험한 참전용사로, 고향으로 돌아온 뒤에는 때때로 예기치 못하게 '시간에 얽매이지 않는unstuck in time' 상태가 된다. 이는 그가 상당히 무작위적으로 현재라고 생각되는 시간에서 빠져나와

전적으로 다른 시간을 경험한다는 뜻이다. 따라서 독자는 운명과 자유의지에 대한 그의 이해를 재평가하도록 강요받는다. 그는 한가운데 눈이 있는 녹색 손이 화장실 플런저plunger 위에 앉아 있는 것 같은 모습을 한 트랄파마도어인Tralfamadorians이라는 외계 종족의 세계로 끌려간다. 그들은 우리처럼 시간의 화살을 따라가는 대신, 총체적인 시간만을 본다.

내가 트랄파마도어Tralfamadore에서 배운 가장 중요한 사실은 사람이 죽을 때 죽은 것처럼 *보일* 뿐이라는 것이다. 그는 과거 속에 여전히 멀쩡하게 살아 있으므로, 죽은 사람의 장례식에서 사람들이 눈물을 흘리는 것은 매우 어리석은 일이다. 과거, 현재, 미래의 모든 순간은 항상 존재했고, 존재할 것이다. … 시체를 볼 때 트랄파마도어인의 생각은 죽은 사람이 그 특정한 순간에는 바람직하지 않은 상황을 맞았지만, 바로 그 사람의 수많은 다른 순간에는 아무런 문제도 없다는 것이 전부다. 이제 나 자신도, 누군가가 죽었다는 말을 들을 때, 그저 어깨를 으쓱하며 트랄파마도어인이 죽은 사람에 대하여 하는 말을 한다. '그렇게 됐군요.'

2020년에 방영된 TV 시리즈 『데브스Devs』도 매우 명쾌하게 결정론적 우주에서 자유의지의 개념을 다룬다. 실리콘 밸리 거대 기업의 CEO인 공학 천재가 양자 컴퓨팅 문제를 해결하여, 상상을 초월하는 수준으로 컴퓨터의 계산 능력을 증가시킨다. 그는 우주의 역사를 시각화할 수 있도록, 모든 원자의 운동을 모델

화할 수 있는 기계 —*사실상 라플라스의 악마*— 를 만든다. 그
러나 그 기계는 줄거리를 따라가는 재미를 망치지 않도록, 우리
가 밝히지는 않을 이유로 2개월 앞의 미래만을 볼 수 있다. 그런
데 황금 튜브와 빛으로 이루어진 정교한 시스템인 그 컴퓨터는
어쩌다가 해나의 주방에 도착했다……

이 아이디어의 좀 더 부드러운 버전도 있다. 그중 하나는,
신이 과거와 미래의 모든 시나리오에서 무슨 일이 일어났는지
와 일어날지, 그 결과가 어떨지를 알지만, 개입하지 않는다는
생각이다. 마블 코믹스Marble Comic 우주의 스탠 리Stan Lee(미국의
만화가, 영화제작자, 배우_옮긴이)처럼, 신은 항상 존재하고 항상 지
켜본다.* 한편, C. S. 루이스Lewis —나니아Narnia 연대기의 옷장,
마녀, 사자 이야기를 하지 않을 때— 는 기독교의 본질에 관하
여 사려 깊은 글을 썼다. 그는 (다른 사람들) 신이 사건을 예견
하는 것이 아니라 시간 밖에 존재한다고 제안함으로써, 이 난
제에 대한 탈출구를 찾아냈다. 신은 『*제5도살장*』의 트랄파마
도어인과 마찬가지로 동시에 모든 것을 본다. 마지막으로, 신
이 라플라스적 의미로 전지하다면, 자신의 미래 행동도 알아
야 하므로 신 자신도 자유의지를 가질 수 없다는 주장이 있다.

---

* 이는 스탠 리가 신이라는 뜻이다. 우리가 반드시 그런 입장에 반대하는 것은 아니다.
  정면돌파하라, 참된 신자들이여!

따라서 신은 기독교 신학의 핵심을 이루는 개인적 존재가 될 수 없고 '펑' 소리와 함께 논리의 연기 속으로 사라진다.

많은 —*아주* 많은— 사람이 자유의지와 결정론의 철학과 신학에 관한 글을 썼고 그중에는 심지어 —믿거나 말거나— 앞의 문단보다 더 나은 것도 있었다. 라플라스와 그의 *전지적* know-it-all 악마가 초래한 논리적 논쟁과 당혹감은 과학의 영역으로까지 확대되었다. 19세기의 태양이 진 후에도 라플라스의 아이디어는 온전히 살아남았다. 많은 사람이 자신의 자유의지에 대한 생각을 고수했지만, 결정론 —끊어지지 않는 인과관계의 사슬— 은 기저에 있는 무기질inorganic 세계를 지배했다.

결정론자들에게는 절대적 예정predestination의 개념과 상충하는 것으로 보일 수 있는 —표면상 무작위처럼 보이는— 모든 것이, 조금 더 깊이 파고들면 실제로 시계장치 우주의 아이디어에 깔끔하게 들어맞는다. 주사위 굴리기, 동전 던지기, 룰렛 휠roulette wheel 같은 것들은 전혀 무작위하지 않다. 지구를 도는 달의 경로와 마찬가지로, 충분한 데이터와 멋진 방정식만 있으면 예측이 가능하다. 당신이 동전을 튕기거나 주사위를 굴리는 순간, 결과를 예측하려는 노력과 관계없이 그들의 운명이 결정된다. 21세기의 과학자들은 실제로 매번 보장된 결과를 제공하는 주사위 굴리기 로봇과 동전 던지기 기계를 만들었다. 근본적 수준에서는 우연이나 행운을 전혀 찾을 수 없다. 운은 사물의 참모습을 볼 수 없다는 것에 의존한다. 아마 뇌우와 번개처럼, 예측하기가 더 어려워 보이는 것들도 마찬가지였을 것이다. 단지 그 순간에 우리에게 충분한 정보가 없었을 뿐이다.

새로운 밀레니엄이 시작된 후, 휴대전화와 인터넷 활동에 따라 데이터가 폭발적으로 증가하면서, 라플라스의 이론에 대하여 새로운 열정을 갖는 사람들이 생겼다. 그들은 인간이 전적으로 예측 가능하다는 케틀레의 아이디어를 라플라스 이론에 융합했다. 사람들이 무엇을 사고, 무엇을 보고, 심지어 누구와 데이트하기를 원하는지를 예측하는 거대 기업들이 생겨났다. 그리고 예측할 수 있는 것의 범위를 훨씬 더 확대할 수 있다는 주장을 밀고 나간 사람들도 있었다. 지난 10년 동안에 어떤 사람들은 심지어 충분한 데이터만 있다면, 할리우드 영화가 박스오피스box office에서 더 많은 수익을 올리기 위하여 대본에서 어떤 단어들을 바꿔야 할지를 정확하게 예측할 수 있다고 주장했다. 출생 시점에 범죄자가 될 사람을 예측할 수 있다고 말한 사람도 있었고, 더 나아가 적절한 데이터만 있으면 테러 공격이 언제 일어날지를 정확하게 예측할 수 있다고 주장한 사람도 있었다.

우리가 이들 주장에 회의적이라고 말하는 것은 엄청나게 절제된 표현이다. 데이터는 과학자의 생명선이다. 우리에게는 중독자처럼 데이터를 갈망하고 세계를 이해하기 위해서 데이터가 필요하다. 문제는 이렇다. 더 정확한 데이터가 항상 더 나은 예측을 의미하지는 않음을 안다. 이런 사실을 아는 것은 20세기에 발전한, 과거의 그 어느 때보다도 우주의 속성을 깊이 들여다보는 과학의 두 영역 덕분이다. 두 영역 모두 라플라스의 악마를 심하게 훼손하고 시계장치 우주의 톱니바퀴를 산산조각 낸다. 그들은 바로 양자역학과 혼돈chaos이다.

혼돈

혼돈을 보다 명확하게 설명한 사람 중 하나는 세계적으로 유명한 물리학자가 아닌 기네스 펠트로Gwyneth Paltrow다. 1998년의 그저 그런 영화 『슬라이딩 도어즈Sliding Doors』에서 그녀가 연기한 주인공은 뜻하지 않게 직장에서 해고되어 일찍 귀가한다. 거기서 이야기는 두 갈래로 갈라진다. 첫 번째 시나리오에서 그녀는 가까스로 지하철 전동차에 오르면서 멋진 남자와 부딪히고, 다른 여자와 함께 침대에 있는 남자친구를 발견하고 그를 떠나, 앞에서 언급된 멋진 남자와 사랑에 빠진 후에 그가 유부남이라는 사실을 알게 되고, 결국 밴van에 치여 죽는다. 두 번째 시나리오에서는 한 발 늦은 그녀가 닫히는 전동차 문 앞에서 승강장에 남겨진다. 그녀는 남자친구가 바람피우는 장면을 놓치고, 계단에서 굴러 떨어지고, 결국에는 남자친구가 바람피우는 것을 발견한 뒤에 첫 번째 시나리오에 나온 멋진 남자를 만나게 되고, 죽지 않는다. 전동차의 자동문이 닫히는 그 짧은 순간이 엄청나게 다른 결과를 낳는 두 경로를 결정한다. 두 가지 모두 별로라고 생각되지만.

평행한 두 가지 플롯plot에 대한 기네스의 해석이 19세기 후반의 프랑스 철학에서 나오지는 않았을 것으로 꽤 확신하지만, 이런 아이디어의 뿌리는 바로 그곳에 있다. 혼돈 이론 chaos theory의 기초를 다진 사람은 수학자 앙리 푸앵카레Henry Poincaré였다. 그는 경로를 예측하기가 대단히 어려운 —심 끝으로 세운 연필이나 태양과 지구의 중력을 받는 달의 궤적처럼— 물체가 있다는 사실에 주목했다. 완벽하게 대칭적인 연필은 이론상으로는 똑바로 세워 완벽하게 균형을 잡을 수 있다. 그러나 평형상태에서 벗어나는 아주 작은 변화 —미세한 공기의 움직임, 연필심의 작은 결함— 라도, 연필이 한쪽으로 약간 기울고 균형을 잃어 넘어지도록 하기에 충분할 것이다. 당신이 연필에 대하여 아무리 많이 알더라도, 그 미세한 지식의 간극은 연필이 어느 쪽으로 쓰러질지를 예측할 수 없음을 의미한다.

푸앵카레가 제시한 예에서 인과관계는 깨지지 않고 남아 있지만, 더 많은 데이터가 있더라도 미래를 이해하는 데 도움이 되지 않는다. 그는 1908년에 다음과 같이 설명했다.

초기 조건의 작은 차이가 최종 현상의 엄청난 차이를 만들어 내는 일이 일어날 수 있다. 전자의 작은 오차가 후자에서 엄청난 오차를 만들 것이고 예측이 불가능하게 된다.

같은 해에 (다른 영화에서) 오스카 여우주연상을 받게 되는 기네스도 동일한 방식으로 비슷한 생각을 말했다.

"겨우 집에 왔더니 당신이 벌거벗은 여자와 침대에서 뒹구는 꼴을 봤잖아! (I come home and catch you up to your nuts in Lady shagging Godiva!)"

이 아이디어 ―미래가 현재의 미세한 변화에 극도로 민감할 수 있다는 것― 는 1961년에 미국의 기상학자 에드워드 로렌츠Edward Lorenz가 컴퓨터를 이용하여 날씨 모의실험simulation을 시도한 이후에 확고하게 자리를 잡았다. 그는 시간을 절약하기 위하여 이전의 실험에서 출력한 숫자들을 초기 조건으로 삼아서 중간부터 모의실험을 시작하기로 했다. 다시 시작된 날씨 모의실험은 당혹스럽게도, 종료되었던 지점에서 계산을 계속하지 않고 완전히 다른 경로로 벗어났다. 같은 컴퓨터 프로그램을 사용했으므로 두 번째 실행이 첫 번째와 동일한 경로를 따라가야 했지만, 모의실험은 첫 번째 버전과 전혀 비슷하지 않은 또 다른 미래를 향하여 나아갔다. 바로 대기atmosphere에 대한, 그리고 밴에 치여 죽는 일이 절대로 일어나지 않는, 『슬라이딩 도어즈』 같았다.

모의실험 결과를 역추적한 로렌츠는 경로가 갈라진 원인이

된 미묘한 스위치를 발견했다. 컴퓨터는 소수점 아래 여섯 자리까지 계산했지만, 출력된 숫자는 소수점 아래 세 자리까지였다. 푸앵카레의 연필에서 한쪽으로 치우친 심과 비슷했다. 두 숫자 사이의 중요하게 보이지 않는 미미한 차이가 기계 안에서는 눈덩이처럼 커져서 전혀 다른 결과를 만들어 냈고, 날씨의 모의실험 결과를 예상한 것과 전혀 다른 경로로 보냈다.

로렌츠는 이것이 특별한 경우가 아님을 깨달았다. 날씨, 이중 진자double-jointed pendulum, 또는 하늘에 있는 행성의 무리처럼, 소수점 이하 열 자리의 숫자로 계산하는지 아니면 10,000,000자리의 숫자로 계산하는지가 중요하지 않은 시스템들이 있었다. 소수점 아래 11자리, 또는 10,000,001자리의 숫자로 다시 계산을 시작하면 전혀 다른 결과를 얻을 수 있다. 오늘의 미미한 차이에는 내일의 극적이고 예측할 수 없는 결과를 초래하는 힘이 있다. 로렌츠는 '혼돈chaos'이 '현재가 미래를 결정하지만, 근사적 현재는 근사적 미래를 결정하지 않는 경우'라고 설명했다.

혼돈 속 어딘가에는 불편한 결론이 도사리고 있다. 만약에 우주가 기네스의 로맨틱 코미디처럼 펼쳐진다면, 겉보기로는 시계장치처럼 작동하는 것으로 보일지라도, 메커니즘의 아주 미미한 차이 —톱니바퀴의 먼지 얼룩, 스프링의 작은 불균형 — 때문에 사건이 전혀 다른 방향으로 전개될 것이다. 이는 자연의 기본 법칙을 알더라도, 우연 같은 것이 정말로 없더라도,

우주가 인과관계의 사슬일지라도, 모든 것을 말 그대로 극미 수준의 세부까지 측정하고 계산할 수 없는 한 —우주에 있는 모든 원자의 위치, 속도, 운동량을 알지 않는 한— 라플라스의 악마가 죽었음을 의미한다. 그런 수준의 세부적 정보가 없이는 예측이 불가능해진다.

라플라스는 틀렸다. 우연은 단지 인간의 무지를 말하는 완곡한 표현이 아니다. 과학적으로 우주를 이해하는 데 꼭 필요한 요소다. 당신이 가고 있는 경로에 대하여 아무것도 모른다면, 도움이 되는 것은 확률뿐이다. 내일의 일기예보에서 비가 올 가능성을 항상 퍼센트의 확률로 제시하는 것은 그 때문이다. 지구의 대기에 관하여 미래가 어떻게 될 것인지 정확히 아는 일은 영원히 우리의 능력 밖에 있을 것이다.

그렇지만, 혼돈이 예측을 어렵게 한다 하더라도, 우주가 무작위적이라는 의미는 아니다. 시계장치 메커니즘이 스위스제는 아닐지도 모르지만, 우리는 여전히 원인에 결과가 따르는 미래를 향하여 나아간다. 뇌우와 허리케인은 그저 대기 중에서 느닷없이 나타나지 않고, 천체들은 그저 무작위한 방향으로 날아다니지 않는다. 입자들은 우연에 의해서만 나타나고 사라지는 것이 아니다.

다만 정말로 그럴까?

양자 영역

원자는 양성자, 전자, 중성자로 구성된다. 양성자와 중성자는 쿼크quark와 글루온gluon으로 이루어진다. 빛은 광자photons다. 우리는 전자, 광자, 쿼크와 글루온이 기본입자fundamental particles라고 생각한다. 그들은 물질의 레고 블록이며 더 작은 부분으로 쪼갤 수 없다.

특정한 시나리오에서, 이들 기본입자는 때로 예측할 수 없는 거동을 보인다. 약간 성가시게 느껴지는 일이다. 원자 수준 이상의 물질은 상당히 예측 가능하게 행동하기 때문이다. 괴벽스러운 사과 자석apple magnet이었던 뉴턴의 역학은 날아오는 공을 잡고, 다른 행성으로 우주선을 보내고, 별들의 궤적을 과거와 미래의 수천 년까지 계산할 수 있을 정도로 정확하다. 그러나 아원자subatomic 세계로 들어가면, 예컨대 유리판에 광선을 비추는 것처럼 단순한 일을 할 때도 신비로운 일이 일어나기 시작한다. 아인슈타인은 빛이 광자라는 작은 입자의 흐름이라는 것을 보여 주었다. 그러나 유리 —당신의 창문 같은—에 빛을 비추면 일부는 유리를 통과하여 빠져나가고 일부는 반사될 것이다. 유리와 마주친 광자는 —일부는 통과하고 일부는 반사되는— 자신의 경로를 선택하는 것처럼 보인다. 그러나 우리가 아는 한, 광자가 어느 경로를 선택할지는 정말로 무작위한 사건이다.

아원자 세계는 불확실성에 시달리고 있다. 스위스에 있는 대형 강입자 충돌기Large Hadron Collider는 프랑스와 스위스 국경을 넘나들면서 광속에 아주 가까운 속도로 양성자를 충돌시켜 깨부수는 입자가속기다. 두 양성자가 충돌하면 수많은 다른 입자가 나타난다. 그들은 쿼크와 렙톤leptons으로 부서지고, 물리학자들이 거기서 우주의 구조에 관한 단서를 찾으려고 몇 년 동안 고심하게 되는 아름다운 패턴으로 흩뿌려진다. 때로, 과학자들은 이전에 본 적이 없는 입자나 에너지장energy field을 탐지하게 된다. 표준모델Standard Model로 알려진 이론을 안정화하기 위해서 예측된 입자인 힉스 보손Higgs Boson의 이야기다. 즉, 탐지된 모든 아원자 입자가 보여 주는 거동을 설명하려면 힉스 입자가 *존재해야 했다.* 그러나 우리는 2012년이 되어서야 마침내 힉스 입자를 찾아낼 수 있었다. 강입자 충돌기에서 일어나는 충돌의 구성 요소는 매번 동일하고(양성자 두 개), 충돌하는 조건도 마찬가지지만(고속으로 서로 부딪힌다), 어떤 입자들이 나타날 것인지는 오직 우연에 따라서 결정되는 무작위한 결과라는 데는 논쟁의 여지가 없다.

1926년에 독일의 물리학자 베르너 하이젠베르크Werner Heisenberg는 입자의 위치와 운동량을 동시에 아는 것이 불가능하다는 특이한 사실을 발견했다. 예를 들어, 전자가 어디에 있는지 정확히 알아내려면 전자에 빛을 비춰야 한다. 그러면 자체로 에너지의 덩어리, 즉 광자인 빛은 전자의 속도를 예측할 수 없는 방식으로 변화시킨다. 전자의 위치를 더 정확하게 측정하려면 빛의 파장이 더 짧아야 하는데, 그러면 광자가 전자에 가하는 에너지가 더 커지고 결과적으로 속도의 불확실성이 증가하게 된다. 여기서 역대 최고의 물리학 농담이 나온다.

경찰관이 고속도로를 달리는 하이젠베르크의 차를 세운다.
경찰관: 실례합니다, 선생님. 시속 83마일(134km)로 달린 것을 아십니까?
하이젠베르크: 저런. 이제 나는 길을 잃었군.

이 문제를 피할 방법은 없다. 양자 수준에서 세계는 실제로 불확실성으로 *이루어진다*. 이러한 깨달음으로 라플라스의 악마가 들어 있는 관 뚜껑에 더 많은 못이 박혔다. 혼돈은 전체 우주에 있는 모든 원자의 정확한 위치를 알지 않는 한, 미래를 예측할 수 없게 한다. 양자역학에 따르면 이들 원자의 위치를 아는 일은 어떤 유용한 의미로도 불가능하다. 아주 작은 것과 아주 복잡한 것의 본질에는 확률적 특성이 있다.

혼돈과 양자역학을 결합하면 가능한 미래의 완전히 엉킨 거미줄에 이르게 된다. 양자 수준의 미세한 무작위성은 공기 분자를 교란할 수 있고, 혼돈의 손아귀에서 증폭된 교란은 당신이 걸어갔을 길을 가로막고 인생을 바꾸었을 구인광고를 보지 못하게 할 나뭇가지를 날려서 땅에 떨어뜨리는 돌풍을 일으킬 수 있다. 또는 기네스 팰트로의 뇌에서 무작위한 순간에 발사되거나 발사되지 않은 전자가, 발을 헛디뎌서 전동차를 놓치게 하고, 결코 오스카를 타지 못하리라는 걱정으로 그녀의 마음을 채우거나, 아니면 그녀의 삶이 완전히 다른 경로를 취하여 자신의 음부vagina 같은 냄새가 나는 양초를 만들려는 어리석은 생각은 절대로 하지 않도록 할 수도 있다.

불확실성은 다양한 형태를 취한다. 불확실성은 실재가 하는 일과 당신이 거기서 현실적으로 추출할 수 있는 정보 사이의 간극을 메우는 유일한 수단이다. 우주 또한 시계장치처럼 작동하지 않는다. 양자 수준의 핵심에는 진정한 무작위성이 있다. 그렇다고 예측의 종말을 의미하는 것은 아니다. 우리는 여전히 내일 해가 뜰 시간을 정확하게 예측할 수 있고, 날아다닐 것을 확신할 수 있는 비행기를 만들 수 있다. 그러나 —우주를 올바르게 이해했다면— 모든 인과관계의 깔끔한 사슬 속에는 때때로 무작위성의 거품이 있다.

다중 세계

다만, 우리가 우주를 올바르게 이해했다는 것은 꽤 큰 가정이다. 양자적 거동의 기이함이 당혹스러울 정도로 우리의 경험을 넘어서기 때문이다. 양자의 세계는 매우 이상할 수 있지만, 또한 현실의 세계이기도 하다. 나노스케일nano-scale로 확대된 세계에서는 이상이 정상이다.

양자 정보는 한 장소에서 다른 장소로, 그 사이에서 움직이는 것이 없더라도 순간 이동teleport할 수 있다. 두 입자는 말 그대로 수천 광년 떨어져 있어도 서로의 움직임에 반응할 수 있다. 마치 다스 베이더Darth Bader가 자신이 루크 스카이워커Luke Skywalker의 아버지임을 밝혔을 때(40년이나 된 영화지만, 스포일러 spoiler가 될지도 모르겠다), 루크의 쌍둥이 누이 레아Leia도 즉시 알게 되었던 것처럼.

또는 유명한 이중슬릿double-slit 실험이 있다. 전자에는 질량과 음의 전하가 있다. 설명할 수 있는 특성을 가진 물리적 입자로 간주할 수 있다는 뜻이다. 그러나 두 개의 평행하고 동일한 슬릿에 전자빔을 쪼일 때 반대편에 만들어지는 패턴은 전자가 개별적 입자가 아니고 파동임을 시사한다. 마치 전자가 물처럼 두 슬릿을 동시에 통과하는 것 같다.

이 간단한 실험의 결론은 전자가 입자일 수도 파동일 수도, 또는 둘 다일 수도 있다는 것이다. 너무 깊이 생각하면 머릿속에서 빠져나가는 버릇이 있는 아이디어다. 물리학자들은 전자의 모든 가능한 버전이 중첩superposition되어 있다고 설명함으로써 이 문제를 해결한다. 그러한 중첩 상태는 모두 동시에 존재한다. 당신이 사진을 찍으려 시도하기 전까지는 재미있고 그럴듯한 설명이다. 카메라는 전자의 모든 가능한 중첩 상태를 볼 수 없다. 따라서 실제로는 입자나 파동 중 하나가 찍혀야 한다.

전자는 어떻게 사진을 찍히게 되어 단 한 가지 버전으로 변신해야 할 때를 알까? 알 수 없다. 따라서 일부 물리학자는 자신이 보는 것을 유일하게 합리적인 결론으로 간주한다. 그들은 전자가 다른 평행 우주parallel universe의 어딘가에서 모든 가능한 상태로 계속 존재해야 한다고 믿는다. 이 양자역학의 다중 세계Many Worlds 해석이라는 아이디어는 기본적으로, 사진을 찍는 순간 우리의 물리적 세계가 아마도 무한히 많고 계속해서 동시에 존재하는 세계로 분기하며 이어지는 모든 가능한 양자적 사건의 모든 가능한 결과에 따라 추가적으로 분기해 나간다는 생각이다. 이런 분기는 단지 사진을 찍을 때뿐만 아니라 역사의 모든 순간에, 시간을 거슬러서도 존재한다. 현실 세계에 살고 숨 쉬면서 실제로, 정말로 이러한 해석을 믿는 똑똑한 사람들이 있다. 그들은 꼿꼿이 앉아서 커피를 마시면서 정상적인 대화를 나누며, 누구에게든 그들이 실재reality의 한 단면을 파악하고 있다는 인상을 주는 물리학자들이다.

아마도 뒤로 돌아가 3장에 나왔던 4차원 구를 생각하는 것이 이러한 개념을 상상하는 방법이 될 것이다. 4D 구를 자른 조각은 구이고, 구를 자른 조각은 원이다. 다중 세계에서 우주는 실제로 헤아릴 수 없이 많은 상태로 동시에 존재하는 입자들의 무한 차원 보풀fuzz이다. 우리의 현실 —우리가 잠드는 침대, 사랑하는 친구들, 안드로메다은하Ancromeda Galaxy의 서쪽 팔arm같이 우리가 알고 경험하는 실재— 은 단지 그 실재가 4차원 시공간에 투영된 것에 불과하다. 그 무한 차원 공간을 바라보는 각도를 바꾸면 —아마 이 우주와 동일하지만, 이 문장의 마지막 단어 두 개의 순서가 바뀐around switched— 다른 투영을 얻게 된다. 또는 당신이 방금 너무 비싼 유명인의 음부 양초를 산 우주일지도 모른다. 아니면 지구가 치즈로만 덮인 10억 년 전의 세계일 수도 있고, 태양 주위를 도는 암석과 먼지의 덩어리에서 우리의 행성이 절대로 생성되지 않는 더 오랜 과거의 세계일 수도 있다. 다중 세계 이론에 따르면, 우주는 전혀 무작위하지 않다. 일어날 수 있는 일이 모두 일어나기 때문에 우연의 여지가 없다.

이들이 반드시 상상의 세계일 필요는 없다. 다중 세계를 믿는 물리학자들은 모든 가능한 역사와 미래, 우리 자신을 비롯하여 수많은 상상할 수도 없는 것들의 모든 가능한 버전이 우리 앞에 있지만, 그것에 접근할 방법이 없다고 말한다. 그러나 어쩌면, 일부 기독교인이 주장하듯이 시간 밖에 앉아 있는 신이 무한 차원 공간을 손으로 돌리면서 모든 상상할 수 있는 존재의 경로를 동시에 지켜보고 있을지도 모른다. 가능성은 끝이 없다.

운명인가 자유인가?

이 모든 것은 우리에게 무엇을 의미할까? 충분한 데이터가 있다면 우주는 대체로 결정론적이지만, 동시에 결정론적이 아니기도 하다. 우리는 거시-스케일macro-scale의 인과관계 속에서 살아가지만, 나노스케일에서는 매우 다르게 행동하는 것으로 보이는 물질로 이루어졌다. 우리가 양자를 바라볼 때, 결정론적으로 트램 노선을 따라가는 우주는 약간 희미해지고, 사실일 수 없음이 분명하지만surely-that-can't-be-real 아무도 그렇지 않다는 것을 보일 수 없는no-one-can-show-that-it-isn't 이론이 가능한 우주가 나타난다.

그렇다면 생물학적 존재는 어떨까? 그들도 우주처럼 때때로 우연이 첨가되는 인과관계를 따를까? 동물은 단지, 주변 환경의 신호에 융통성 없이 반응하는, 마음이 없는 자동 장치에 불과할까? 이 순간이 —다른 우주가 아니고 이 우주에서— 모든 변수가 같은 조건으로 재생된다면, 동물의 다음 움직임이 매번 동일할까?

사람을 대상으로 이를 테스트하는 것은, 불가능하지는 않더라도, 대단히 어렵다. 인간은 다른 선택을 할지를 확인하기 위하여 주어진 시나리오를 되감아 재생하기에는 너무도 복잡하고 혼란스러운 변수가 많은 존재다. 그렇지만, 실험실 조건에서 시나리오를 재생하기가 조금 더 쉬운 동물에서도 매번 같은 결과가 나오지는 않는다. 놀라운 일은 아닐 것이다. 완벽하게 예측 가능한 행동은, 특히 잡아먹히기를 원하지 않을 때, 안전한 전략이 아니다. 이 장의 서두에서 우리는 무언가가 자신을 향해 다가오고 있음을 가리키는 수압의 차이를 감지할 때 독특한 C 모양으로 몸을 구부리는 물고기를 언급했다. 이런 행동은 이용당할 수 있는 예측 가능성이다. *에르페톤 텐타쿨라툼Erpeton tentaculatum*이라는 촉수 뱀tentacled snake은, 무언가에 접촉했다고 생각한 물고기가 반사적으로 몸을 구부려서 감지된 위협에서 벗어나려 하기에 충분할 정도로 주변의 물을 교란하는 방법을 진화시켰다. 뱀의 턱은 물고기가 있는 곳이 아니라 고정된 행동 반응이 시작되면 움직일 곳을 겨냥한다.

그러나 진정한 생존의 달인 바퀴벌레는 예측 가능성을 피하는 방식으로 진화했다. 바퀴벌레의 뒤쪽으로 튀어나온 부속물 두 개는 기압의 작은 변화에 극도로 민감하다. 몰래 다가가기를 시도해 보면, 바퀴벌레는 틀림없이 뛰어 달아날 것이다. 그러나 물고기와는 달리, 바퀴벌레가 도주를 위하여 선택하는 방향은 무작위로 보인다. 어디로 달아날지 예측할 수 없다는 것은 교활한 포식자로부터 안전을 확보하는 데 도움이 된다.

초파리fruit fly가 실험생물학자들의 사랑을 받는 곤충인 이유를 여기서 설명하기에는 너무 많다. 그러나 종종 간과되는 한 가지 이유는 우리가 초파리를 막대기에 붙여도 처벌받지 않는다는 것이다. 초파리는 곤충의 생존과 관련하여 예상할 수 있는, 다양하고 복잡한 행동을 보인다. 먹이 찾기, 짝짓기 상대의 선택…… 음, 실제로 그 정도가 전부다.

그들은 짝짓기 상대를 선택하거나 먹이를 어디서 찾을지를 추정하는 일과 관련된 결정을 내리지만, 비교적 단순한 파리의 마음을 생각하면, 유전적으로 암호화된 프로그램에 따라 주변 환경의 신호에 반응하면서 꽤 잘 정의된 트램 노선을 따라 달린다고 가정하더라도 지나친 과장이 아니다. 결과: 파리의 먹기/짝짓기 = 행복한 파리.

그렇지만 초파리 역시 예측 불가능성을 보여 준다. 지난 몇 년 동안 끈에 묶인 —즉, 막대기에 붙인— 초파리를 이용하여 수행된 실험은 자유로운 선택에 관한 신경학적 근거를 찾는 사람들을 감질나게 했다. 2007년에 한 과학자 팀이 그랬던 것처럼, 끈에 묶인 초파리가 흰색 드럼drum 안에서 날도록 하면, 초파리의 감각을 박탈하는 환경을 만들 수 있다. 시각 또는 기압 신호가 없는 상태에서 파리는 자신이 어디에 있는지 또는 어디로 가고 있는지를 감지할 수 없지만, 학교에서 흔히 볼 수 있는 연극 무대처럼 풍경을 움직임으로써, 파리에게 날고 있다고 설득할 수 있다. 파리의 머리에는, 몸체의 비틀림과 날개의 각도를 알아낼 수 있는, 토크 미터torque meter가 부착되어 파리가 어디로 가고 있다고 생각하는지를 결정한다. 그런 환경에서는 파리가 어떻게 날지를 예측하기가 불가능하다. 파리의 움직임은 균일하게 무작위uniformly random하지도 않다. 초파리가 지그재그로 움직이려는 시도가 마치 방향을 선택하려고 동전을 던지는 것과 같다면, 시간이 지난 뒤에는 어느 쪽으로든 움직이는 가능성이 동일하게 될 것이다. 그러나 초파리는 한동안 주변 지역을 탐색하다가 때때로 어딘가 새로운 곳을 향하는 것처럼 큰 도약을 하는, 두 가지 작은 움직임을 교대로 반복하는 것으로 보인다. 여기서 우리는 '선택'이라는 단어의 사용을 꺼린다. 초파리가 실제로, '지난번에는 저쪽으로 갔었지, 젠장. 오늘은 이쪽으로 갈 거야. 그러면, 여담이지만, 나를 막대기에 붙여 놓은 과학자들을 정말로 혼란스럽게 하겠지'라고 생각하는지를 알지 못하기 때문이다.

그러나 바퀴벌레가 예측할 수 없는 방향으로 달아남을 아는 것처럼, 파리의 행동을 예측할 수 없음을 알 수 있다. 일부 과학자는 이러한 예측할 수 없는 초보적 행동 —선택이라 할 수는 없지만, 환경에 대하여 프로그램된 반응도 아닌— 이 자유의지의 생물학적 기초, 즉 생명체를 대본script의 속박에서 풀어주는 분자신경학적 맥거핀McGuffin(영화 등의 줄거리에서 중요하지 않은 것을 중요한 것처럼 위장해서 관객의 주의를 끄는 일종의 트릭_옮긴이)이 될 수 있다고 주장했다. 이런 행동이, 우리가 살아가면서 느끼는, 다음에 무슨 일을 할지에 대하여 항상 선택의 여지가 있다는, 느낌의 가장 단순한 버전일까?

그렇게 확신할 수 없다. 어쩌면 파리의 행동이 실제로는 분자 수준의 동전 던지기인 겉보기 무작위성에 의하여 결정될지도 모른다. 초기 효과를 강화하기 위하여 약간의 혼돈 마법을 추가하면, 신경학적 경로의 작은 변동이 증폭되어 결국에는 예측할 수 없는 결과를 낳는다. 진실은 우리가 알지 못한다는 것이다. 프로그램된 행동과 선택에 기초한 행동을 어떻게 구별할까? 그리고 더 나아가, 당신에게 자유의지가 있으면서도 여전히 예측 가능할 수 있고, 당신의 결정이 무작위성에 기초하면서도 여전히 진정으로 자유롭지 않을 수 있다.

자유의지가 무엇이든, 또는 무엇이 아니든 그 기저에는 우리의 신경회로에서 일어나는 분자적 메커니즘이 있다. 아마도 그 메커니즘이 용서받을 만한 환상, 즉, 통제력 너머의 보이지 않은 나노끈에 매달린 꼭두각시가 아니고 운전석에 앉아 있다는 것을 확신하기 위하여, 스스로 하는 거짓말을 만들어 낼 것이다. 어쩌면 자유의지가 실제로 존재하고, 우리가 운명을 완벽하게 통제할 수 있을지도 모른다. 아니면 자유의지가 존재하고 우리가 운전석에 앉아 있지만, 기생충, 무작위성, 혼돈과 함께하는 주행에서 항상 운전대를 잡는 것은 아닐 수도 있다.

아마도 상관없는 일일 것이다. 어떤 사람들은 우리가 자유의지를 믿고, 따라서 우리의 결정이 그러한 믿음에 근거하므로, 틀렸다는 것을 알게 되더라도 정확히 아무것도 달라지지 않을 것이라고 주장한다. 케틀러가 그랬듯이, 다른 사람들은 놀라울 정도의 정확성으로 살인을 비롯한 범죄 —또는 오늘날 해마다 아기를 낳기로 선택하는 여성, 비행기 추락사고, 자살,

또는 금요일 저녁에 A&E(미국의 코미디. 드라마, 다큐멘터리, 라이브 전문 채널_옮긴이)를 시청하는 사람의 수— 를 예측할 수 있는 우리의 능력을 고려할 때, 이런 요소를 염두에 두고 사회를 구성해야 한다고 생각한다.

결국 우리에게는 무지의 대안으로 우연과 확률에 관한 라플라스의 아이디어에 기대는 것 말고는 선택의 여지가 거의 없다. 이는 마치 각자가 아침마다 일어날 때, 그날 살인자가 되거나, 자동차 사고를 일으키거나, 벼락을 맞을 낮은 가능성이 있는 것과 같다. 또는 그런 가능성이 없을지도 모른다. 어느 쪽이든, 우리가 살아가는 세계를 그런 가능성이 있는 세계와 구별할 수는 없다.

이 질문에 답하겠다고 약속하지는 않았지만, 우리로서는 항상 물어볼 운명이었다. 우리는 당신이 자신에게 자유의지가 있다고 믿는 것을 안다. 우리도 그렇다. 그러나 무엇을 믿는지와 무엇이 진실인지는 종종 매우 다른 문제이다.

THE MAGIC ORCHID

7
장

마법의 난초

세계의 종말은 반드시 올 것이다. 다행히도, 가까운 미래에 그런 일이 일어날 가능성은 매우 낮으므로 진정하기 바란다. 그러나 세계의 종말에 관해서는 이미 수많은 종말론적 예측이 있다. 그런 예측은 역사를 통하여 모든 문화권에서 나타났으며, 모두 한 가지 공통점이 있다. 그중에 정확히 단 하나도 실현되지 않았다는 것이다.

일반적으로 종말론을 주장하는 광신자들은 초심판적super-judgey ―누가 못됐고 누가 착한지를 결정하는 산타클로스와 비슷하지만, 당신의 양말 속 석탄 조각보다 다소 가혹한 결과를 초래하는― 경향이 있다. 흔히, 대규모의 끔찍한 폭력이 일어나고 세계가 멸망하지만, 운이 좋으면 당신의 영혼이 완벽하고 궁극적인 천국의 열반nirvana 속에 보존될 것이라는 이야기다. (아니면 영원히 불타오르는 지옥으로 보내질 수도 있다. 이쪽 아니면 저쪽이다.) 끝.

과거에는 최고의 물리학자들조차도 모든 것의 종말을 예언하려 시도했는데, 그들 역시 틀렸다(그러지 않았다면 우리가 여기에 있지 않을 것이다). 아이작 뉴턴 자신도 성서에 숨겨진 메시지를 찾기 위해 많은 시간을 보냈고, 적어도 2060년까지는 종말의 날 시계가 멈추지 않으리라는 결론을 내렸다. 다음은 뉴턴의 설명이다.

내가 이 말을 하는 것은 종말의 시간이 언제가 될지를 주장하려 함이 아니고, 빈번하게 종말의 시간을 예측하고 틀릴 때마다 신성한 예언의 신용을 떨어뜨리는 공상가들의 경솔한 추측을 멈추기 위함이다.

여기서 뉴턴의 천재성이 다시 한번 입증된다. 종말론 집단을 만들려면, 종말의 날을 현재로부터 몇 년 이내로 설정하지 말라. 종말이 실현되지 않더라도 이미 당신이 죽은 후의 일일 것임을 확실히 하라.

유감스럽게도, 단순한 인간 중에는 이러한 교훈을 잘 배우지 못한 사람들이 있다. 2012년의 21개국 16,262명의 성인을 대상으로 한 입소스_{Ipsos}(프랑스 파리에 본부를 둔 다국적 시장조사 및 컨설팅 기업_옮긴이) 설문조사에 따르면, 일곱 명 중 한 명이 자신의 생전에 세계의 종말이 올 것으로 생각한다. 이는 마치 그들이 자신의 삶 너머를 전혀 볼 수 없는 것과 같다.

그러나 사람들이 틀렸을 때 무슨 일이 일어나는지를 탐구하는, 놀랍도록 실용적인 방법이 있다. 세계의 종말이 오는 특정한 날짜를 설정한 사이비 종교 집단을 찾아내고, 아무 일 없이 종말의 날이 지나갔을 때 그들이 어떻게 반응하는지를 보면 된다. 이런 일은 과거 수십 년 동안 여러 차례 일어났고, 그때마다 심리학자들은 종말이 임박했음을 진정으로 믿었다가 종말이 실현되지 않았음을 알게 된 사이비 종교집단의 신도들을 인터뷰할 수 있었다. 그들이 발견한 사실은 우리 모두에게 적용된다. 인간은 자신의 확고한 신념을 방어하는 솜씨가 그 신념이 엄청나게 잘못된 것으로 판명되었을 때조차도 대단히 훌륭하다는 것이다.

세상이 끝난 후

이 특별한 현상에 대한 최초의 연구는 미네소타대의 심리학자들이 쓴 《예언이 끝났을 때When Prophesy Fails》라는 책에 기록되었다. 레온 페스팅거Leon Festinger, 헨리 리켄Henry Ricken, 스탠리 샥터Stanley Schachter는 현장 연구를 매우 중시했음이 분명한 세 명의 전문가였다.

1956년에 그들은 사이비 종교에 가입했다. 시커스The Seekers는 시카고의 가정주부 도로시 마틴Dorothy Martin이 창설한 종교 집단이었다. 그녀는, 나중에 우주 외계인을 숭배하는 종교 사이언톨로지Scientology를 창설하게 되는 공상과학소설 작가 L. 론 허버드Ron Hubbard와 함께 초기 다이어네틱스Dianetics 운동에 관여했다. 도로시는 무아지경에 빠진 참여자들이 다른 누군가 (또는 다른 장소나 다른 것)를 '통해서 오는' 것으로 보이는 단어들을 휘갈겨 쓰는 자동 글쓰기 실험을 수행했다. 세부사항은 확실치 않다. 그녀는 (완전한 가공의) 클라리온Clarion 행성의 외계인으로부터 자신이 예수의 마지막 화신embodiment임을 알려 주는 메시지를 받았다고 말했다. 이는 분명히 공상과학소설과 기독교에서 파생한 일종의 퓨전fusion 종교임이 분명했다. 그녀는 또한 지구를 멸망시킬 대홍수가 올 테지만, 종말의 날에 비행접시를 탄 외계인이 도착하여 자신과 추종자들을 구원할 것이라는 소식도 받았다. 이런 일은 정확하게 1956년 12월 21일 자정에 일어날 것이고, 그 몇 시간 후에는 대홍수가 뒤따를 것이었다.

시계가 12월 21일 자정을 향하고 있을 때 페스팅거, 리켄, 샥터는, 구원받는 집단에 속하기 위하여 대다수가 직업과 재산을 포기하고 가족과의 관계를 단절한 도로시의 신도들과 함께 앉아 있었다. 사이비 집단에 대한 언론의 조롱은 시커스 신자들의 권위에 대한 불신과 자신들이 외계인으로부터 비밀 정보를 받은 특권을 누리고 있다는 믿음에 기름을 부었다. 그들은 거기 앉아서 진실의 순간을 기다리고 있었다. 우주선 탑승을 기대하면서 옷과 몸에 있는 모든 금속성 물체 —지퍼, 장신구, 심지어 브래지어의 철사까지— 를 제거했다.

시계가 자정을 알리는 종을 쳤다.

아무 일도 일어나지 않았다. 휴거rapture도 비행접시도 없었다. 시커스 신도들은 계속 기다렸지만 아무 일도 일어나지 않았다. 종말이 아니었다. 평범한 토요일 새벽이었다. 오전 4시에 도로시 마틴이 울기 시작했다.

그다음에 무슨 일이 일어날 것인가? 심리학자들은 참가자들이 이런 터무니없는 광경을 떠나고 자신들의 정보가 잘못되었음을 인정할 것으로 생각했다.

그러나 아니었다. 그들은 모두 더욱 강경해졌다. 시커스 신도들은 예언을 재검토했고, 놀랍게도 도로시 마틴은 45분 뒤에 자동 글쓰기를 통하여 새로운 메시지를 받았다.

「밤새도록 앉아 있는 작은 집단이 너무 많은 빛을 전파한 나머지 신이 세계를 멸망에서 구원했다.」

크게 기뻐하라! 그들은 단지 살아남았을 뿐만 아니라, 홀로 지구를 종말론적 홍수에서 구해 냈다. 바로 다음 날 그들은 이전에 외면했던 언론의 홍보를 요청했고 자신들의 신념을 자축했다.

여기에는 두 가지 설명이 가능하다. 도로시 마틴이 내내 옳았거나, 아니면 —조금 더 가능성이 큰— 옳지 않았다는 것이다. 요점은 시커스 신도들이 클라리온의 외계인이 나타나지 않았다 해서 그 모든 것을 포기하기에는 너무 깊이, 그리고 멀리 갔다는 것이다. 심리학자들은 그들이 진실이라 믿었던 모든 것을 버리기에는 잃을 것이 너무 많았다는 결론을 내렸다. 따라서 그들의 믿음은 보존되었을 뿐만 아니라 강화되었다. 무너진 예측에 대한 시커스 신도들의 완전한 헌신은 사회적으로 검증되었고, 더 많은 사람이 알게 될수록 더욱더 진실이 되어야 함이 분명했다.

다른 종말론 집단도, 비슷한 비종말후post-(non)-apocalyptic 합리화와 함께, 매우 유사한 패턴을 따랐다. 2011년에 해롤드 캠핑Harold Camping이라는 미국 기독교 라디오의 유명한 진행자는 자신이 예측한 휴거 날짜 5월 21일이 틀렸음에도 살아남았다. 추종자들은 휴거가 일어나지 않은 이유에 대하여 온갖 종류의 설명을 시도했다. 첫째로, 예수가 죽음에서 부활한 시간처럼 사흘 뒤에 휴거가 일어날 것이다. 사흘이 지나가도 아무 일도 일어나지 않았다. 어쩌면 사흘이 아니고, 또 다른 거룩한 숫자인 7일이었을지도 모른다. 아니면 아마도 노아의 홍수처럼 40일일 수도 있다. 그 모든 날짜가 지나갔지만, 휴거나 홍수는 없었다.

그래서 새로운 설명이 나왔다. 그것은 자신들의 의지를 시험하는 신의 경고였다. 그 날짜가 지나가고 모든 사람의 조롱을 받을 때도 오직 참된 신자만이 충실하게 남을 것이라는.

1년 뒤에 톰 바틀렛Tom Bartlett이라는 저널리스트가 캠핑의 추종자 여러 명을 인터뷰했다. 그중에는 자신이 사이비 종교적 행동에 연루되었음을 인정한 사람도 있었다. 다른 사람들은 자신이 단순히 실수를 저질렀거나 오도되었다는 것을 인정하지 않으면서 실제로 일어난 일을 합리화하기 위하여, 온라인과 인터뷰의 많은 기록이 남아 있는 자신의 과거 발언을 편집했다.

그런 신념과 사후 합리화를 조롱하기는 쉽다. 당시에 많은 사람이 그렇게 했다. 그러나 캠핑 공동체의 다른 사람들은 추종자의 다수가 잘못 인도된 취약한 사람들이고, 그들의 왜곡된 믿음이 인간 조건의 한 측면을 반영하며, 경멸이나 조롱보다는 연민 어린 공감이 더 나은 대응임을 깨달았다.

"미친 소리를 믿기 위해서 미치광이가 되어야 하는 것은 아니다."

모든 것의 끝

궁극적으로 우주는 열역학 제2법칙에 굴복할 때 끝날 것이다. 모든 고립계closed system는 평형상태, 즉 자유에너지free energy가 모두 소진된 상태를 지향한다. 뜨거운 차 한 잔은 실온으로 식어 버리고, 공은 언덕에서 굴러 내려가 멈춘다. 이런 일이 일어날 때 시스템의 엔트로피entropy가 증가하는데, 타협할 수 없는 제2법칙은 엔트로피가 항상 증가할 뿐이라고 말한다. 전체 우주를 고립계로 본다면, 언젠가는 더 이상의 자유에너지가 없고 모든 곳에서 엔트로피가 최대치에 도달하며 전체 우주의 온도가 절대영도가 되어 완벽하고 최종적인 평형상태의 우주가 될 것이다.

다행히도 우리 중 누구도 그런 일을 목격하지는 못할 것이다. 우주의 열사heat death는, 유쾌하게 알려진 대로, 대략 10^{100}년 후에 (현재 우주의 나이가 약 1.3×10^9년이므로, 아직 한참 남았다) 일어날 것으로 예상된다. 그러나 지구는 그보다 훨씬 전에 종말론적 악몽에 직면하게 된다.

미래는 밝다. 사실, 약간 지나치게 밝다. 태양은 서서히 뜨거워지면서 팽창한다. 우리를 향하여 다가온다는 뜻이다. 아마도 10억 년 정도의 시간이 지나면 —우리가 그전에 이미 지구상에서 자신을 쓸어버리지 않았다고 가정하고— 너무 뜨거워져서 모든 식물과 대부분 동물이 살아남을 수 없게 된다. 그 후에는 바닷물이 증발할 것이다. 그 시점에서 우리와 지구상의 모든 생명체가 정말로 망하게 된다. 지금으로부터 약 30억 년 후에는 지구의 표면 온도가 대략 섭씨 150도에 달할 것이다. 그러나 진짜 튀겨짐fry-up은, 우리가 그토록 사랑하고 모든 생명체의 필수적 공급자인 태양이 궁극적 종말을 알리게 될, 50억~70억 년 후에 일어나게 된다. 모든 연료(수소)를 소진하고, 생성된 이래로 계속된 핵융합 반응의 부산물인 헬륨까지 모두 태워 버린 태양은 밀도가 너무 크고 무거워진다. 그래서 우리의 별은 자체의 중력에 따라 붕괴한 후에, 가열과 팽창을 통하여 지금보다 3,000

배 더 밝은 적색거성red giant이 될 것이다. 가장자리가 지금의 지구 궤도 너머 20,000,000마일(32,000,000km)에 이르게 된다. 뜨겁고 붉은 핵 화염이 우리의 창백한 푸른 점을 에워싸게 될 것이다. 끝.

이런 현상 ―도저히 사실일 수 없다는 증거가 압도적임에도 불구하고 특정한 아이디어에 집착하는 것― 은 *신념편향 belief perseverance*으로 알려졌다. 음모이론에서 공통적으로 볼 수 있는 현상이다. 음모이론에 투자한 사람들에게는 실제로 그런 믿음을 고수하는 데 심오한 정서적, 그리고 때로는 금전적 매몰 비용까지 있어서 믿음을 철회하는 선택에 상당한 부담으로 작용하기 때문이다. 음모이론을 믿기 쉬운 사람들은 대부분 권위를 신뢰하지 않고, 시커스 신도들과 마찬가지로 자신이 금지되었거나 비밀에 부쳐진 지식에 접근할 수 있다고 믿는다. 이러한 신념을 포기하는 데는 엄청난 심리적 비용이 요구되기 때문에, 돌아서기보다는 고수하는 편이 더 쉬울 수 있다.

아마도 이들 중 일부는 비정상적인 사람들이고, 애초에 사이비 종교에 가입하거나 믿기 힘든 예언을 믿도록 하는 심리적 취약성이 있을 수도 있다. 그러나 이러한 행동 패턴은 종말론자들에게만 국한된 것이 아니고 모든 사람에게서 볼 수 있다.

1980년대에 연구자들은 의심하지 않는 실험 참가자 집단에서 신념편향을 촉발할 수 있는지를 알아보는 실험에 착수했다. 그들은 자발적 참가자들에게 계산 문제 일곱 개 —'252×1.2는 얼마인가?' 같은 간단한 문제— 를 제시한 후에 각자에게 계산기를 주어 자신의 답을 확인하도록 했다. 참가자들은 알지 못했지만, 계산기들은 틀린 답을 내도록 조작되었다. 계산기는 첫 번째 문제에서 정확한 답보다 10% 큰 값을 보여 주었고, 이어지는 문제에서 점점 더 오류가 커져서, 일곱 번째 문제에서는 50% 틀린 답을 내놓았다.

참가자 중 일부는 계산기에 문제가 있음을 즉시 알아차렸다. 계산기가 내놓는 답에 어리둥절했지만, 계산기에 문제가 있는지 묻기 전에 한동안 계산을 계속한 사람들도 있었다. 그러나 1/3 정도의 참가자는 뭔가가 잘못되었는지를 묻지 않고 일곱 문제 모두를 계산했다. 그들이 방금 일어난 일에 대한 질문을 받았을 때 전형적인 대답은 다음과 같았다.

"뭔가 이상해 보이기는 하지만, 계산기가 그렇다고 하면 아마도 맞는 답일 것이다."

그렇지만 우리가 가장 좋아하는 신념편향의 예는 아마도 19명의 과학자를 대상으로 꽤 비열한 속임수를 쓴 실험일 것이다. 현명한 사람들조차도 마음이 만들어 내는 속임수에 넘어가는 것 같다. 새로운 고등학교 수학 교과서의 평가를 돕는 일이라고 들은 과학자들은 실제로 다음과 같이 진행된 실험에 자신도 모르게 참여하게 되었다. 우선 그들은 원통 한 개와 그

부피를 계산하는 특이한 (그러나 정확한) 공식을 받았다. 조금 더 안심할 수 있도록, 그들은 원통에 물을 채워서 계산 결과를 확인할 수 있었다. 그리고 진짜 실험이 시작되었다. 각 원통은 구와 바뀌었고, 과학자들은 그 구가 실제보다 50% 크다고 말하는 완전 엉터리 공식을 받았다. 다시 구에 물을 채워서 계산 결과를 확인하게 되자, 모든 참가자가 즉시 문제가 있음을 알게 되었다. 이들이 유명 대학의 교수나 연구원이었음을 기억하라. 모두가 과학 분야의 박사학위 소지자였다. 그렇지만 그들은 공식에 의문을 제기하기보다는, 실험 결과가 공식에서 도출된 숫자와 맞지 않는 이유에 대하여 놀라울 정도로 정교한 설명을 찾아냈다.

의심과 불편한 느낌과 임시변통적 설명이 있었지만, 19명의 참가자 중 18명은 여전히 눈앞에 있는 반박할 수 없는 증거에 기초하여 자신의 믿음을 수정하기보다는, 부정확한 공식에 대한 믿음을 고수했다.

신념편향은 당혹스러운 현상으로 보일 수도 있지만, 논쟁이나 믿음에 대한 정서적 투자는 매우 강력하다. 우리의 마음에는 그러한 투자를 쉽사리 포기하지 못하는 성향이 있다. 재계의 거물이며 억만장자인 워렌 버핏Warren Buffet은 이런 성향을 멋지게 설명했다.

"인간이 가장 잘하는 일은 모든 새로운 정보를 이전에 자신이 내린 결론이 그대로 유지되도록 해석하는 것이다."

하지만 우리는 직관과 상충하는 새로운 정보를 해석할 때
만 서투른 것이 아니다. 애당초 어떤 새로운 정보가 중요한지
를 결정할 때도 서투를 수밖에 없다. 이런 현상은 확증편향
confirmation bias으로 알려졌다.

러더퍼드와 프라이의 확증편향

애덤은 말한다: 나는 마음의 힘만으로 할리우드 배우를 죽일
수 있다고 확신하게 되었다. 내가 어떤 영화에 관하여 이야기하
거나, 그저 보기만 해도, 며칠 안에 출연 배우 중 한 사람이 죽
을 것이다. 나는 2008년에 『브로크백 마운틴Brokeback Mountain』
DVD를 구입했다. 바로 다음 날, 주연 배우 중 한 사람인 히스 레
저Heath Ledger가 사망했다는 기사를 읽었다. 같은 해, 나는 한 친
구와 클래식 영화 『조스Jaws』에 관한 토론을 벌였다. 24시간 뒤
에는 주연 배우인 로이 샤이더Roy Scheider가 사망했다. 2016년에
『스타워즈: 깨어난 포스Star Wars: The Force Awakens』를 보고 난 며
칠 뒤에는, 나의 진정한 첫사랑이었던 레아Leia 공주/장군을 연
기한 배우 캐리 피셔Carry Fisher가 포스Force와 함께하게 되었다.

이 얼마나 끔찍한 짐이 되는 능력인가! 큰 힘에는 큰 책임이
따른다. 따라서 나는 끊임없이 자신을 억제해야 하며, 다시는 케
이트 블란쳇Cate Blanchett을 언급하면 안 된다.

이는 분명히 —그리고 다행스럽게— 사실이 아니고, 단지 특

이한 확증편향에 불과하다. 진실은 ―해나가 증언하듯이― 내가 엄청난 영화광이라는 것이다. 나는 항상 대부분 사람이 듣지 않는 동안에도, 영화에 관하여 이야기하고 인용한다. 주로 『조스』 이야기를 많이 한다. 정말로 완벽에 가까운 영화이기 때문이다. 이 책에는 여기저기에 해나가 알아채지 못한 영화에 관한 인용이 흩어져 있다. 나 자신의 즐거움을 위하여 집어넣은 것들이다. 사실은 단지 내가 어떤 배우를 언급했는데, 다음 날 그 배우가 죽지 않은 경우를 모두 기억하지 못하는 것뿐이다. 그런 일은 매일같이 일어나기 때문에. 내가 기억하는 것은 오직 충격적인 우연의 일치뿐이다.

내가 매일같이 정확하게 오전 11시 38분에 시계를 보는 것 같다는 사실은 설명하기가 더 어렵다. 어쩌면 점심 식사를 생각하고 있지만, 점심을 먹기에는 조금 이른 시간이기 때문일지도 모른다. 나는 다른 시간을 볼 때도 항상 같은 시간인지를 확인하면서, 이 문제를 해결하려 애썼다. 그러나 다른 시간을 볼 때는 항상 같은 시간이 아니었다. 이제 나는 이 숫자가 모종의 우주적 방식으로 나에게 무언가를 말해 준다고 확신한다. 1138이라는 숫자가 여러 『스타워즈』 영화에 나오기 때문에 (정확한 감방 번호, 레아의 헬멧에 붙은 라벨, 드로이드의 ID, 기타 등등) 더욱 기묘하다. 포스가 나와 함께한다고 생각할 수밖에 없다. 언제나.

해나는 말한다: 우리 집 주방에는 내 모든 능력의 비밀스러운

원천인 ―절대적으로 확신한다― 난초가 있다.

얼마나 터무니없는 소리인지는 안다. 나는 과학적으로 생각해야 한다는 것을 안다. 다른 무엇보다 논리와 합리성을 중요시해야 한다는 것을 알지만, 이 마법의 난초 화분을 생각할 때는, 나 자신도 어쩔 수 없다. 불가능한 일임을 알아도 나는 여전히 (어느 정도는) 일이 매우 잘 풀릴 때만 이 난초가 꽃을 피운다고 믿는다.

내가 박사학위 구두심사를 받던 날 남편이 행운의 선물로 이 난초 화분을 사 주었다. 꽃이 피어 있는 상태였다. 나는 심사를 통과했다. 내가 사랑의 수학에 관한 TED 강연을 한 2014년에도 꽃이 피었다. 대학에서 승진했던 2015년과, 『러더퍼드와 프라이의 궁금한 이야기The Curious Cases of Rutherford & Fry』를 의뢰받은 2016년에도 역시 꽃이 피었다. 우연이라고? 우연이 아니다.

이 난초가 친구 삼을 수 있도록 같은 창턱에 올려놓아 같은 양의 햇빛과 물을 받았던 난초를 포함하여, 내가 기르던 모든 다른 식물을 결국 죽이고 말았다는 말을 덧붙여야겠다. 그들 모두가 죽었지만, 이 난초만은 거의 10년 동안 튼튼하게 살아 있다.

물론 내 인생에는 우여곡절이 있었고 마법의 난초는 때로 명백한 고통의 징후를 보여 주면서, 그러한 개인적 사건들을 추적했다. 실수로 지나치게 열정적인 향초의 불길에 그을리게 한 적도 있었다. 그때도 내가 힘을 기울였던 큰 프로젝트가 불발로 끝났다. 물을 너무 많이 주어 잎사귀가 노랗게 변한 적도 여러 번이었다. 마법 난초가 죽어 가는 것처럼 보일 때면 언제나 이성적인 마음이 창문 밖으로 사라진 나는 난초의 구조를 서두른다. 난초의 생명이 꺼져 가도록 놓아두는 것은 틀림없이 내 경력의 끝을 의미하게 될 것을 알기에.

우리는 자신이 무엇을 좋아하는지 알고, 아는 것을 좋아한다

누군가를 생각하고 있는데 바로 그 사람에게서 전화가 오는 기이한 경험을 한 적이 있다면, 당신은 확증편향에 관한 모든 것을 안다고 할 수 있다. 그런 경험은 기적처럼 보이지만, 사실은 이상한 일이 아니다. 당신의 뇌는 누군가를 생각하고 있는데 그들에게서 전화가 오지 않거나 생각하지 않는데 전화가 오는 수많은 경우를 무시하면서 당신을 속인다. 그런 걸 왜 기억하겠는가? 그저 평범한 일인데. 그러나 우연의 일치가 발생할 때, 우리의 뇌는 마법적인 일이 일어났다고 말해 준다. 확증편향의 영향을 받지 않는 사람은 아무도 없다. 확증편향은 본능적이고, 256쪽의 글상자가 보여 주듯이 이 책의 저자들을 포함하여 그 누구도 맞서기가 거의 불가능하다.

확증편향은 우리 인간을 이용당하기 쉬운 존재로 만드는 마음속의 낙하문trapdoor이고, 그 결과는 불운한 영화배우나 신비로운 볼록워츠bollockworts*에 국한되지 않는다.

오늘날의 기술 시대에 우리는 확증편향을 통한 조작에 그 어느 때보다도 취약하다. 당신이 이미 시청한 동영상에 근거하여, 같은 동영상을 클릭한 사람들의 시청 습관을 분석함으로써 새로운 동영상을 추천하는 유튜브YouTube 알고리듬을 생각해 보라. 당신이 완전히 무작위로 선택된 동영상보다 사람들이 좋아하는 동영상을 즐길 가능성이 크다는 알고리듬의 예측은 타당한 가정으로 판명된다. 문제는 그런 알고리듬이 시청자를 확증편향의 오디세이odyssey로 몰아넣는 결과를 낳을 수 있다는 우려가 존재한다는 것이다. 당신이 미국의 시골을 방문하여 주제넘게 농장 노동자들을 조사하는 외계인에 관한 동영상을 보았다면 지구가 평평하다거나 백신이 자폐증을 유발한다는 등의, 터무니없는 음모이론에도 관심을 가질 가능성이 크다. 머지않아, 당신에게는 미국의 학교에서 일어난 총기 난사 사건이 가짜 뉴스이고, 세계무역센터에 대한 9/11 테러 공격을 저지른 범인이 미국 정부라고 말하는 사람들의 동영상이 추천될 것이다. 그런 음모이론을 믿는 사람들은 어쨌든 정부를 불신하고, 정치적 성향이 우익일 가능성이 크다. 2016년의 미국 대통령 선거운동 기간에, 악성의 반 힐러리 클린턴 동

---

* 몇몇 난초의 중세 영어 이름. '난초(orchid)' 자체는 '고환(testicle)'을 의미한다. 이 아름다운 식물의 뿌리가 고환과 다소 비슷하기 때문이다. 학자로서, 우리 두 사람은 교육 서비스 차원에서 이 중요한 정보를 공공 영역으로 돌려주기를 간절히 바란다.

영상이 반 도널드 트럼프 동영상보다 여섯 배 더 많이 시청되었다.

이런 알고리듬의 기반이 되는 비즈니스 모델은 정치적으로 중립이다. 사이트를 '끈적끈적sticky'하게 만드는 콘텐츠를 게시한다는 의미다. 사람들이 더 오래 머물면서 광고를 보게 하여 더 많은 수익을 올린다는 뜻이다. 따라서 알고리듬은 사람들이 더 오래 지켜보고, 시청한 후에는 댓글을 남기게 되는 동영상을 선호하는데, 그런 동영상은 종종 선정적 주제를 다룬다. 이는 또한, 당신의 시청 습관에 어떤 유형이든 정치적 편견이 있다면 —솔직히 말해서, 그러지 않기는 거의 불가능하다 — 그런 정치적 견해를 반복하는 동영상만을 접하게 되는 것이 아니라 훨씬 더 과장된 버전을 추천받게 된다는 것을 의미한다. 그리고 우려되는 점은 이것이 사람들을 기존 사고방식의 더 깊은 곳으로 밀어 넣는 결과를 낳을 수 있다는 것이다.

페이스북도 기본적으로 비슷하여, 당신이 보고 '좋아요'를 누르는 것들이 당신의 뉴스 피드news feed 선박을 특정한 방향으로 조종할 것이다. 이는 실제로는 좋아하지 않는 것들에 '좋아요'를 누르고 뉴스 피드에 무슨 일이 생기는지를 살핌으로써 실험해 볼 수 있다. (페이스북을 정말로 소중하게 여긴다면 그런 실험은 하지 말기 바란다. 당신이 좋아하지 않는 장소로 데려간 후에 그곳에 남겨둘 수도 있기 때문이다.) 2014년에 저널리스트 매트 호넌Mat Honan은 48시간 동안 자신의 페이스북 피드에서 말 그대로 모든 것에 '좋아요'를 누르고 무슨 일이 일어나는지 살펴보았다. '좋아요'를 누른 뉴스 중에는 가자 지구Gaza strip에 관한 기사도 있었다. 하룻밤 사이에, 그의 뉴스 피드는 점점 더 양극화되기 시작하여, 곧 더 많은 우익 및 반이민 콘텐츠와 더욱 좌익적인 사이트를 보여 주었다. 가끔 '페니스penis처럼 생긴 구름'이나 '하는 일을 멈추고 제이 Z Jay Z(미국의 래퍼_옮긴이)를 꼭 닮은 이 아기를 보세요' 같은 것도 보여 주면서.

트위터에서 우리는 정치적 신념과 이해관계를 공유하는 사람들을 팔로우follow하는 경향이 있다. 물론 자신의 선호도를 반영하는 신문을 읽고 TV를 시청하면서, 항상 그렇게 해 왔다. 그러나 오늘날의 기술은 그런 성향을 훨씬 더 효율적으로 강화한다. 온라인 소셜미디어를 통하여, 비슷한 견해에 더 많이 노출됨으로써 이미 가지고 있었던 견해가 더욱 굳건해지는, 확증편향의 반향실echo chamber에서 자신을 배양한다.

유튜브의 토끼 구멍rabbit holes과 트위터의 필터 거품filter bubbles은 우리의 심리적 편견을 이용하고 악화시키는 시스템이 구축될 때 생겨나는 오늘날의 기이한 결과다. 그러나 인간 직관의 특이한 실패에서 생겨난 산업은 이뿐만이 아니다. 직관의 결함을 활용하는 훨씬 더 기이한 사례들이 있다.

초자연적 활동

심령술사psychic는 사람들의 마음속을 들여다보게 해 주는 인간의 기본적 약점인 확증편향에 의존한다. 심령술의 첫 단계는 대화하고 있는 상대방에 대하여 몇 가지 합리적인 추측을 하는 것이다. 그 사람이 당신 앞에 앉아 있다면, 나이를 추정할 수 있고, 소득, 사회적 배경(억양과 옷차림 등에 기초하여), 결혼 여부(결혼반지를 끼고 있는가?) 등, 충분한 시간을 들이면 누구든지 볼 수 있는 수많은 사실을 추론할 수 있다.

그리고 나서 심령술사는 평범하고 일반적인 질문을 던지거나 개인적 반응을 일으킬 가능성이 있는 제안을 함으로써 고객의 문제가 무엇인지에 관하여 몇 가지 추론을 할 수 있다. 사람들은 종종 문제가 있을 때, 특히 질병이나 죽음이 자신이나 가족에게 영향을 미쳤을 때, 심령술사를 찾아간다. 그러한 행동은 또한 자발적이다. 이는 그들이 협조적일 가능성이 크고, 자신이 처한 상황과 맞출 수 있는 메시지를 듣고 싶어 하며, 그렇게 할 수 없는 메시지는 기꺼이 걸러낼 것을 의미한다. 이런 시나리오에서는 과녁에서 벗어난 진술을 무시하고 듣고 싶었던 것을 확인시켜 주는 이야기에만 달려듦으로써, 우리 모두가 작업의 절반을 담당한다. 심령술사 앞에 앉아 있는 당신이 50대라면, 부모 중 한 분이 최근에 사망했을 가능성이 충분하다. 따라서 심령술사는 다음과 같은 일반적인 질문을 할 수 있다.

"최근에 사별을 겪었나요? 혹시 부모님 중 한 분이?"

부모가 아니라면 다음으로 가능성이 큰 사람은 친구다.

능숙한 심령술사라면 훨씬 더 멀리까지 갈 수도 있다. 영국 통계청에는 1904년 이후로 10년마다 아이들에게 붙여지는 이름의 빈도를 조사한 데이터가 있다. 1930년대와 1940년대의 영국 소년들에게 가장 인기 있었던 이름은 존John, 데이비드David, 그리고 윌리엄William이었다. 심령술사가 사용하는 트릭 중 하나는 고객이 생각하는 사람의 이름을 추측하는 것이다. 50대 고객의 부모는 70대나 80대일 가능성이 크다. 따라서 다시 한번 합리적인 추측이 가능하다. "부친의 이름이 Z나 X로 시작했나요?"는 멍청한 질문일 것이다. 자카리아Zachariah나 크세노폰Xenophon은 상위 100위 안에 든 적이 없는 이름이기 때문이다. 그러나 'J나 D가 느껴집니다'라고 말한다면, 통계적으로 위험을 회피하는 추측이라 할 수 있다.

"당신의 삶에서 J로 시작하는 이름을 가진 특별한 사람이 있고, 그 사람에 관한 특별한 이야기를 하고 싶은가요?"

심령술사를 찾아간 사람들은 종종, 탐색을 위한 모호한 질문과 친척의 이름에 관한 추측을 기억하지 못하고, 바로 맞혔다는 것만을 기억한다.

우리는 지금 당장이라도 비슷한 일을 할 수 있다. 편집자에게 독자들이 어떤 사람인지에 관한 데이터를 요청했기 때문이다. 과학책을 사는 사람의 60% 정도는 남성이다. 그들은 평균적인 일반 독자보다 젊은 경향이 있다. 이 책과 비슷한 책의 약 1/4은 13~24세 사이의 사람들이 구입한다. 과학을 좋아하는 사람들은 또한 1년에 열 권 정도 책을 사는 열성적인 독서가일 가능성이 크다. 그들은 평균보다 훨씬 더 매력적이고 잘생긴 사람들이기도 하다. 우리의 이전 책을 누가 좋아하는지에 관해서도 대략적인 정보가 있다. 애덤의 독자가 해나의 독자보다 조금 더 나이가 든 경향이 있지만. 따라서 당신이 다음 범주 중 하나 이상 해당할 가능성이 크다. 당신은 과학과 수학에 관심이 있어서 부모님 중 한 분이 크리스마스 선물로 (10월에 출간된 이 책이 재미있고 교육적인 유용한 선물이 될 수 있으므로, *부모님들은 참고하시기 바란다*) 사 준 책을 읽고 있는 10대일 수도 있다. 우리는 10대인 당신에 관하여 몇 가지를 더 가정할 수 있다. 당신은 또래 친구들과 자신의 외모에 관심이 많다. 소녀나 소년, 또는 둘 다에 관심이 있지만, 당신의 관심은 보답을 받지 못하고, 솔직히 말해서, 섹스는 당혹스러운 지뢰밭이다. 숙제가 너무 많다는 것은 틀림없는 사실이고, 소셜미디어나 게임을 하느라 밤늦게까지 깨어 있는 편이다. 당신의 선생님 중 몇 명은 멍청이다. 성적을 얻으려면 엄청난 노력을 기울이고 시험을 걱정해야 한다. 그리고 부모님은 항상 뭔가에 대해 잔소리를 한다.

아니면 당신이 10대 자녀를 둔 부모일지도 모른다. 그렇다면 아마도 딸이나 아들의 성적, 그들이 너무 늦게까지 나돌아다니는 것, 소셜미디어에 빠지는 것, 그리고 나쁜 소년이나 소녀와 어울리는 것을 우려할 것이다. 당신의 체중과 충분한 운동을 하지 못하는 것에 대해서도 걱정할 것이다. 알코올 섭취에 대해서도 약간 걱정하지만, 그에 대하여 무슨 행동을 취할 정도는 아니고, 솔직히 말해서, 섹스는 당혹스러운 지뢰밭이다. 몸 전체가 예전보다 조금 더 아프고, 항상 피곤하다. 당신이 40대이거나 그보다 나이가 들었다면, 부모님 중 한 분이 아프거나 이미 사망했을 가능성이 크고, 이 또한 다가오는 자신의 죽음에 대한 두려움에 도움이 되지 않는다. 당신은 『더 크라운*The Crown*』(영국 여왕 엘리자베스 2세의 생애를 다룬 넷플릭스 드라마_옮긴이)을 즐겨 시청하면서도 약간 당혹스러움을 느끼지만, 역대 최고의 TV 쇼라고 생각하는 『플리백*Fleabag*』을 좋아하는 것에 대해서는 그렇게 생각하지 않는다. 세상에, 당신은 주말의 늦잠을 놓친다.

또는 당신이 20대이고 스스로 이 책을 샀을 수도 있다. 그렇다면 늦잠을 즐겨라. 시계가 가고 있다.

우리의 자연스러운 심리적 편견에 편승한 속임수를 쓰기는 어렵지 않다. 그것이 사실이어야 한다고 직관이 외치고 있다. 그러나 직관은 우리를 배반한다. 우리는 동의하지 않는 것은 무시하고, 이미 마음속에 있는 생각을 강화하는 것에 집중하는 경향이 있다. 우리 말을 믿지 않는다고? 다음 테스트를 해보라.

우리는 모두 호구일까?

다음을 읽고 자신에게 얼마나 적용되는 진술인지 생각해 보라. (해당하는 항목의 동그라미에 표시하면 된다.)

당신은 다른 사람들이 좋아하고
칭찬해 주기를 간절히 바란다.   ◯

당신에게는 자신에게 비판적인 성향이 있다.   ◯

외면으로는 규율과 자제력이 있어 보이지만,
내면으로는 걱정이 많고 불안정한 성향이 있다.   ◯

독립적으로 생각하는 자신에 대해 자부심을 느끼고, 충분한
증거가 없이는 다른 사람의 진술을 받아들이지 않는다.   ◯

다른 사람에게 자신의 속마음을 너무 솔직하게
드러내는 것이 현명하지 않은 일임을 안다.   ◯

때로는 외향적이고, 상냥하고, 사교적이지만, 다른 때는
내성적이고, 조심스럽고, 말을 많이 하지 않는다.   ◯

당신의 열망 중에는 상당히 비현실적인 것도 있다.　　　○

때로는 자신이 올바른 결정을 내렸거나
올바른 일을 했는지 진지하게 의심한다.　　　○

어땠는가? 이들 중 어느 항목이든, 또는 전부가 당신을 정
확하게 설명한다고 느끼더라도 조바심내지 말라. 위안이 되는
이야기가 있다.

1948년에 미국의 심리학자 버트럼 포러Bertram Forer는 자신
의 학생들에게 무료 성격 상담을 제안했다. 그는 39명의 학생
에게 취미, 장래 희망과 포부, 개인적 관심사를 묻는 관심 진단
은행Diagnostic Interest Bank라는 양식을 작성하도록 했다. 테스트
는 학생들의 성격, 걱정, 기질의 양상을 드러내도록 설계되었
다. 일주일 뒤에 그는 학생 각자에게 개별적으로 그들이 작성
한 양식에 기초한, 학생의 이름이 명시된 개인적 평가서를 주
었다. 그는 학생들에게 테스트의 검증을 위하여 평가서를 읽
고 평가 결과가 얼마나 정확하다고 생각하는지에 따른 점수
(0부터 5까지의 척도로, 0은 '전혀 그렇지 않다poor'이고 5는 '매우 그렇다
perfect')를 매기도록 요청했다. 각 개인 평가서에는 13개 문항이
있었으며, 위에 제시한 목록은 포러의 원래 평가서에서 직접
인용한 샘플이다.

점수를 집계한 그는 학생들이 부여한 점수의 평균이 4.3임

을 알았다. 거의 대부분 학생이 자신의 성격 특성에 대한 포러의 평가가 놀라울 정도로 정확하다고 생각했다. 최고의 심리학자가 수행한 실험에서 달리 어떤 결과를 예상할 수 있을까?

그러나 마치 마법처럼 진실이 드러났다.

강의실에서 포러는 한 학생에게 자신의 개인적 진술 중 한 항목을 읽도록 하고, 나머지 학생들에게 그들의 진술도 비슷하면 손을 들라고 했다. 모든 학생의 손이 올라갔다. 다음 항목, 그다음, 그다음 항목에도 같은 일이 되풀이되었고, 모든 학생이 속았음을 알아차린 강의실은 웃음바다가 되었다. 포러는 자신의 실험 방법과 결과를 설명한 '개인 검증의 오류The Fallacy of Personal Validation'라는 논문에서 발했다.

「데이터는 집단이 *속았다*는 것을 분명하게 보여 준다.」

평가서는 모두 동일했다. 학생 각자는 이들 문장을 읽고 자신의 성격 특성에 적용된다고 생각했지만, 실제로는 단어 하나까지 모두 같은 문장이었다. 더욱 고약하게도, 포러는 나중에 그토록 통찰력 있고 학생 각자에게 ―그리고 아마 당신에게도― 개인적이라 느껴진 문장 모두가 거리의 가판대에서 산 점성술 잡지에서 있는 그대로 가져온 문장임을 밝혔다.

버트럼 포러는 우리의 마음이 작동하는 방식의 근본적인 약점을 발견했다. 연약하고 복잡한 인간의 정신은 이미 생각하는 바를 확인해 주는 사실을 찾으려 하고, 선입견에 반하는 사실은 무시하려는 성향이 있다. 문항의 밋밋함blandness은 학생

대부분이 매우 통찰력 있고 자신에게 개인적으로 깊이 관련된다고 생각하는 것을 막기에 충분하지 못했다. 실제로, 그들 문항은 단지 대부분이 경험하는 정상적인 인간의 감정일 뿐이다. 다른 사람들이 좋아해 주기를 바라지 않는 사람이 있을까? 많은 사람이 때로는 대담하고 외형적이고 때로는 그저 혼자 있고 싶다고 느낀다. 무언가에 대하여 불안정하지 않은 사람이 누가 있을까?

이런 유형의 문구는, '1분마다 한 명씩 호구sucker가 태어난다'는 말로 유명한 (실제로 그런 말을 한 것은 아니지만: 아래 글상자 참조) 서커스 기획자 P. T. 바넘Barnum의 이름을 따서, 바넘 진술 Barnum Statements로 알려지게 되었다. 바넘 진술은 점성술을 비롯하여 초자연적이라 주장되는 다른 모든 현상의 기초다.

가장 위대한 쇼맨

독자는 꽤 훌륭한 뮤지컬 영화 『위대한 쇼맨The Greatest Showman』에서 휴 잭맨Hugh Jackman의 연기를 통하여 묘사된 P. T. 바넘을 알고 있을 것이다. 1810년에 태어난 바넘은 정말로 위대한 쇼맨인 동시에 위대한 엉터리 약장사이자 사기꾼이었지만, 우리가 아는 한, 느닷없이 노래와 춤을 선보일 인물은 아니었다. 바넘의 장기는 가짜 속임수를 자신의 다양한 서커스 및 박물관과 함께 세계적인 과학의 경이로 홍보하여 엄청난 현금을 긁어모으는 일이었다. 하지만 그는 '호구sucker'가 언급된 유명한 말을 한 적이 없다.

이야기는 1869년에 뉴욕주 북부 카디프Cardiff의 한 농장에서 발굴 작업을 하던 고고학자들로 시작된다. 그들은 키가 10피트(3m)나 되는 남자의 석화된petrified 시신을 발굴하고, 고대 아메리카 원주민의 화석이라고 생각했다. 발굴된 시신이 석화된 거인이 아니라 고고학자들에게 정확한 발굴 지점을 제안한, 농장주의 사촌 조지 헐George Hull이 1년 전에 묻어 놓은 조각상(어떻게 보더라도 별로 훌륭하지 못한)이라는 사실을 알지 못했다. 이 놀라운 발견의 뉴스는 빠르게 전파되었다. 교회 지도자들은, 성서가 실제로 거인*을 언급한다는 점을 지적하면서, 경건하게 발견 소식을 검증했고 사람들은 무덤에 있는 카디프 거인을 보려고 돈을 내고 조용한 참배를 위한 줄을 섰다. 그러나 그런 엉터리 비밀을 지키기는 —또는 10피트 조각상을 주문하여 농장에 파묻은 흔적을 덮기는— 쉽지 않았다. 따라서 헐은 재빨리 행동하여, 발굴된 조각상을 데이비드 하넘David Hannum이라는 사업가

---

* 창세기 6장 1~4절과 민수기 13장 33절은, 오랜 세월에 걸친 다양한 번역을 통하여 추락한 천사, 또는 하늘이나 신의 아들딸, 그리고 종종 거인으로 해석되는 네피림(Nephilim)을 언급한다. 성서의 지리학적 범위가 중동 지역을 멀리 넘어서지 않음을 생각하면 이 예상치 못한 거인이 뉴욕주 북부에서 무엇을 하고 있었는지 확실치 않지만, 그것이 17세기와 18세기에 거인을 발견한 사람들을 막지는 못했다. 살렘의 마녀재판에도 깊이 관여했던 코튼 매더(Cotton Mather)라는 청교도는 1705년에 뉴욕주 올버니(Albany)에서 발견된 화석화된 뼈가 노아의 홍수로 사망한 네피림 거인의 뼈라고 믿었다. 사실은 선사시대 매머드(mammoth)의 뼈였다.

가 이끄는 실업계 신디케이트_syndicate에 23,000달러의 거금을 받고 팔아넘겼다. 하넘의 신디케이트는 거인과 함께 뉴욕주 전역을 도는 순회공연에 나섰다.

여기서 P. T. 바넘이 등장한다! 대규모 사기의 기회를 놓친 적이 없는 그는 하넘에게 카디프 거인을 50,000달러에 사겠다고 제안했다. 하넘은 거절했다. 그래서 바넘은 어떻게 했을까? 자신의 거인을 하나 만들었다. 그는 하넘의 쇼에 잠입시킨 부하가 몰래 측정한 조각상의 치수로 소형의 밀랍_wax 모델을 만들었다. 바넘은 이 모델을 이용하여 조각상의 복제품을 만들어 뉴욕에 있는 박물관에 전시하고, 그것이 진품이라 믿었던 더 잘 속는 고객들의 돈을 긁어모았다. 자신의 사기가 사기당했다는 소식을 듣고, 불후의 명언을 남긴 사람은 데이비드 하넘이었다. "1분마다 한 명씩 호구가 태어난다."

당시에는 자연의 경이가 큰 인기를 얻었고, 바넘은 이미 '바넘의 과학 및 음악 대극장_Barnum's Grand Scientific and Music Theater'이라는 공연으로 큰 성공을 거두어 엄청난 돈을 벌고 있었다. 공연의 스타 중에는 바넘이 열한 살 먹은 꼬마 소년으로 소개한 담배를 피우는 네 살배기 남자아이도 있었다. 그리고 유명한 피지 인어_Feejee Mermaid가 있었다.

마음속으로 인어의 이미지를 떠올려 보라. 아마 조개껍데기 브래지어를 착용하고 우아한 물고기 꼬리를 가진 아름다운 긴 머리 처녀가 생각날 것이다. 아니면 디즈니 애니메이션 영화

『인어공주*The Little Mermaid*』에 나오는 적금발의 아리엘Ariel?

아니다. 절대로, 완전, 아니다. 그 이미지를 죽은 어린 원숭이의 상반신과 중간 크기 물고기의 하반신을 꿰매어 붙이고 말린 물체로 대체해 보라. 그것이 바로 바넘이 돈을 받고 호구들에게 보여 준 인어였다. 피지 해안에서 잡혔다고 했지만, 영국 선원을 속여 넘긴 교활한 피지인이 꿰매 붙였을 가능성이 큰, 끔찍하게 뒤틀린 원숭이-물고기.

피지 인어

주의사항 한 가지. 피지 인어로 일반 대중을 속이기는 쉬웠지만, 과학자들도 때로는 지나치게 회의적일 수 있다. 1799년에 오스트레일리아의 오리너구리platypus가 처음으로 런던의 과학자들에게 보내졌을 때는 먼 곳에서 온 기이한 동물이 큰 인기를 끈 시절이었다. 과학자들은 털가죽, 오리 같은 주둥이, 유독한 가시가 있는 이 기이한 포유동물이 가짜라고 생각했다. 결국 진화는 심지어 사기꾼보다도 더 터무니없다는 사실이 밝혀졌다.

파일 서랍 열기

모든 사람은 확증편향에 취약하다. 그 결과는 점성술이나 심령술사처럼 사소한 것일 수도 있고, 민주주의를 훼손하는 것처럼 심각할 수도 있다. 물론, 과학은 이 모든 것 위에 있어야 한다. 이러한 기초적인 인간적 오류를 바로잡아, 인식하는 방식이 아닌 사물의 참모습을 볼 수 있도록 하는 것이 바로 과학의 요점이다.

우리는 이 책에서 우리가 인간임을 경축하는 대대적인 팡파르fanfare를 울렸다. 모든 심리적 편견에도 불구하고, 우리는 이러한 매우 정상적인 인간적 오류를 우회하는 수단을 제공하는 과학을 발명했다. 그러나 연구도 사람에 의해서 이루어진다. 아무리 노력을 기울여도, 내재한 성향의 족쇄를 떨쳐 내는 일은 쉽지 않다. 그리고 그 모든 숭고한 열망에도 불구하고, 과학에도 핵심에 이르기까지 심리적 편견이 만연해 있다.

최근 몇 년 동안, 과학의 표준이 확증편향을 비롯한 인간적 결함에 의하여 끊임없이 어려움을 겪고 있음을 깨닫기 시작했다. 그 영향이 너무 심각한 나머지 과학이 이러한 인간적 오류의 희생물이 될 때 발생하는 사건과 문제의 전체 범주에 새로운 이름을 붙였다. 보통은 파일 서랍 문제File Drawer Problem로 알려지게 된 이슈issues다.

지루함을 무시하고

인간의 약점 중에는 확증편향 외에도 새로운 것에 지나치게 매혹되는 성향이 있다. 우리는 정교하게 조정된 변화 탐지기 change detectors다. 기존의 지식을 뒤집기를 좋아하고 새로운 것을 익숙한 것의 우위에 둔다는 뜻이다. 이런 성향은 *네오필리아*neophilia ―새로운 것에 대한 사랑― 와 *테오리아*theorrhea ― 새로운 이론에 대한 열광― 로 불린다. 때로 우리는 실험을 설계하면서 새롭고 흥미로운 것을 찾고, 흥미진진한 새로운 이론을 열광적으로 추구하며, 그 과정에서 그들의 빛나는 새로움에 반하는 증거를 무시한다.

이런 문제는 과학이 동시에 같은 오류에 빠질 때 나타난다. 지루하지만 신뢰할 수 있는 데이터를 만들어 내는 실험들은 어떻게 될까? 섹시한 결과를 반증하거나, 영향력이 큰 중요한 발견이 모두가 생각했던 것보다 중요하지 않다는 것을 보여 주는 실험은? 그렇게 재미는 없지만 가치가 있는 실험이 과학의 스포트라이트를 받지 못한다면, 아마도 논문으로 발표할 정도로 흥미롭지 못한 것으로 여겨져서, 무시되고 다시는 볼 수 없는 운명으로 연구자의 파일 보관함 속으로 들어가고 말 것이다. 과학은 얼마나 많은 것을 놓치고 있을까? NASA의 과학자 제프리 스카글Jeffrey Scargle이 2000년에 파일 서랍 문제를 이야기하기 시작하도록 자극한 것은 바로 이런 우려에서였다.

편향: 당신의 뇌는 열심히 당신을 속인다

확증편향은 아마도 가장 잘 이해되는 인지편향cognitive bias일 것이다. 그러나 확증편향 외에도 일부는 사소하고 일부는 심오한, 100가지 이상의 인지편향이 식별되었다. 다음 중 당신 자신이나 아는 사람에게서 관찰한 적이 있다고 생각되는 편향을 확인해 보라. (솔직하게!)

현재편향*Present bias*: 즉각적인 이득을 능가하는 장기적 이득을 선택하지 못하는 성향. 오늘 150달러 또는 1개월 뒤에 180달러를 준다는 제안을 받은 실험에서 사람들은 적은 금액을 선택하는 경향이 있다. 별로 현명한 선택은 아니다.   ○

이케아*IKEA* **효과**: 사람들은 스스로 조립한 가구에 더 높은 가치를 부여하는 성향이 있다.   ○

신념편향: 반대의 증거가 압도적임에도 불구하고 계속해서 마법에 걸린 난초나 하루 중 마법의 시간 같은 특정한 것을 믿는다.   ○

의견 양극화*opinion polarization*: 당신의 견해에 반하는 증거가 제시되더라도, 원래의 견해를 더욱 굳건하게 믿는 쪽을 선택한다.   ◯

편승 효과*bandwagon effect*: 이미 다른 사람들이 믿기 때문에
무언가를 믿는 성향.   ◯

효과적 발견법*effective heuristic*: 문신이나 몸무게 같은 피상적
특징으로 사람들의 업무 적합성을 평가하는 것. 연구에 따르면,
사람들은 몸무게와 무관한 직업에 대해서도 과체중인 사람의
능력을 과소평가하고 적정 체중인 사람의 능력을 과대평가하는
성향이 있다.   ◯

앵커링*anchoring*: 의사결정 과정에서 한 가지 정보, 보통 처음
에 얻은 정보에 의존하고 후속되는 입력을 무시하는 성향.   ◯

도박사의 오류: '동전의 앞면이 연속으로 네 번 나왔으니까,
다음번에는 뒷면이 나올 가능성이 크다.' 그렇지 않다.   ◯

손실 회피*loss aversion*: 사람들은 무언가를 잃는 일을 피하기를
같은 것을 얻기보다 선호한다. 5파운드를 할인받는 것과 5파운
드의 추가 요금을 내지 않는 것 중 어느 쪽이 당신의 기분에 더
큰 영향을 미치는가?   ◯

쇠퇴론declinism: 과거에는 모든 것이 더 나았고, 모든 것이 기본적으로 점점 더 나빠진다. 이는 과거에도 현재도 사실이 아니다. 과거에는 거의 모든 것이 오늘보다 형편없었다. 그리고 여러분은 이미 대부분 죽었을 것이다. ○

더닝 크루거 효과Dunning-Kruger effect: 비전문가들이 특정한 주제에 관한 자신의 능력이나 지식을 자신 있게 과대평가하는 성향. 당신이 여성으로서 트위터를 사용해 본 적이 있다면 이런 편향을 알고 있을 것이다. ○

압운의 이성적 설득 효과rhyme-as-reason effect: 운율이 있는 진술이 더 사실처럼 인식된다. 사과 마케팅 위원회가 생각해 냈음이 분명한, '하루에 사과 한 알이면 의사가 필요 없다 An apple a day keep the doctor away' 같은 진술. 사실은 그렇지 않다. 또는 장갑이 결정적 증거물이었던 O. J. 심슨Simpson 살인사건 재판의 '장갑이 맞지 않는다면, 무죄를 선고해야 한다If it doesn't fit, you must acquit' 같은 진술. ○

편향 맹점bias blind spot: 일종의 메타 편향meta-bias이다. 자신의 편향은 찾아내지 못하면서, 타인의 편향은 완벽하게 잘 식별하는 성향을 말한다. 우리에게 이런 편향이 전혀 없음은 확실하다. 그러나 당신에게는 분명히 있다. ○

우리는 여기서 쟁점을 쌓고 있다. 따분한 것을 무시하고 새로움을 추구하는 일에는 스릴thrill이 있다. 그리고 확증편향도 있다. 과학자라고 다르지 않다. 그들은 결론의 타당성을 검증하기보다 결론을 뒷받침하는 데이터를 찾고 있을까?

개미 연구 분야에서 한 가지 사례를 볼 수 있다. 개미의 세계에서 같은 둥지의 동료끼리는 다른 군집에 속한 개미에 대해서 보다 덜 폭력적이라고 가정된다. 다른 부족에서 온 침입자는 종종 환영받지 못하기 때문에 일리가 있는 가정이다. 개미의 공격성을 평가하는 일은 쉽지 않고, 그들의 행동에 관한 판단 ―대결할 때 뒷다리로 일어서고 상대의 턱뼈를 씹는 방법 같은― 이 포함되는데, 이러한 판단에는 사람의 오류 가능성이 따른다. 2013년에 발표된 논문은 서식처 동료들의 공격성에 관한 79건의 연구를 조사했다. 단지 실험자들의 관찰에 편향이 개입되었는지를 알아보기 위해서였다. 이는 실제로, '그들이 관찰하고 있는 개미들이 같은 둥지의 동료인지 아니면 다른 군집에서 온 개미들과 섞인 집단인지를 알았는가?'를 의미한다. 논문의 저자들은, 연구자들이 어떤 개미가 어떤 개미인지를 알 때 공격성을 보고할 가능성이 개미들의 정체를 모를 때보다 훨씬 컸다는 것을 알아냈다.

의료계에서 이중맹검 테스트double-blind testing는 표준적 관행이다. 이는 실험자와 피실험자 모두 누가 진짜 약을 받았고 누가 효과가 전혀 없는 위약placebo을 받았는지를 모른다는 뜻이다. 이렇게 하면 의사와 환자 모두 테스트 결과에 영향을 미칠 수 없다. 이런 방식은 과학에서 절대적인 표준이 되어야 하지만, 놀랍게도 맹검 방식이 될 수 있었음에도 그러지 않았던 실험들을 보여 주는 수많은 연구가 있다. 개미의 공격성 연구의 전체 역사에서 개미들의 정체가 과학자들에게 가려진 실험은 1/3 미만이었다.

물론, 개미의 공격성을 평가하는 일이 역사상 가장 중요한 실험에 속하는 것으로 생각되지는 않을 수 있다. 그러나 과학의 모든 분야에서, 우리에게 내재한 편향을 인정하고 그에 맞서는 견제와 균형을 구축하는 데 실패함으로써 결과를 크게 왜곡한, 똑같은 현상의 수많은 사례가 있는 것이 사실이다.

맹목적 목 자르기 장치

그나저나 맹검 테스트는 새로운 현상이 아니다. 아마도 최초로 기록된 맹검 테스트는, 프란츠 메스머Franz Mesmer라는 사기꾼 —'mesmerizing(최면을 걸다)'처럼 이름이 동사가 된 몇 안 되는 사람 중 하나— 의 주장을 검증하기 위하여, 프랑스의 루이 16세가 실시했을 것이다. 메스머는 보이지 않는 특별한 형태의 자기magnetism, 즉 우리 주변의 모든 생명체가 만들어 내는 에너지장energy field이 우리를 관통하고 은하계를 하나로 묶고 있으며,* 때로 자석의 자극을 받는 일종의 생명 액체vital fluid로 이러한 에너지장을 끌어낼 수 있다고 믿었다. 루이 16세는 위대한 화학자 앙투안 라부아지에와, 혁명적인 목 자르기 장치chopper를 발명하여 이름이 동사가 된 또 하나의 프랑스인 조제프 기요탱Goseph Guillotin이 포함된 권위 있는 과학자 패널panel을 소집했다.** 패널은 메스머 추종자들의 눈을 가리고 메스머가 말한 신비로운 생명 액체가 들어 있는 용기를 식별하도록 하여 그들의 주장을 검증했다. 그들은 식별에 실패했다.

이 모든 것의 결론은 과학이 편향되었다는 것이다. 과학은 극적인 결과, 새로운 결과를 발표하고 비슷한 발견을 확인하거나 강화하는 방향으로 편향되었다. 크고 긍정적인 진술 쪽으로 편향되었다.

이런 큰 진술을 시도해 보라. 일어서서 양발을 넓게 벌리고 턱을 내민 다음에 원더우먼Wonder Woman처럼 엉덩이에 양손을 올려 보라. 단호하고 강력한 자신감이 느껴지는가?

아니면 약간 바보 같은 느낌? 당신의 반응은 아마도 역대

---

*   그렇다. 영화에서 인용한 말이다.
** 아이러니하게도 프랑스 혁명이 한창이던 1794년에 라부아지에는 기요탱이 발명한 장치의 날카로운 칼날로 목숨을 잃었다.

7장. 마법의 난초 **281**

세 번째로 있는 TED 강연을 보았는지에 따라 달라질 것이다.*
2012년에 심리학자 에이미 커디Amy Cuddy는 몇 년 전에 동료인
다나 카니Dana Carney와 공동으로 발표한 과학 논문에 기초하여
'파워 포즈power posing'에 관한 TED 강연을 했다. 엄청난 인기를
얻은 —지금까지 6,100만 명이 넘는 사람이 시청했다— 강연
에서 커디는 원더우먼 포즈가 스트레스 수준과 자신감에 미치
는 효과를 설명했다. 강력하고 설득력 있는 이야기였다. 그렇
지만 한 가지 사소한 문제가 있다. 그녀의 이야기는 사실이 아
니다.

수많은 사람이 시도했지만, 커디와 카니의 연구 결과가 재
현된 적은 한 번도 없었다. 2015년에 카니는 연구에 결함이 있
었고 주장된 효과가 사실이 아님을 인정하는 성명을 발표했
다. 그렇지만 커디는 학계 밖에서 계속해서 비슷한 개념을 홍
보했다. 이 아이디어는 여전히 살아 있고, 더 자신감 있게 보이
려고 파워 포즈를 취하는 정치인들에게 인기가 있다 (대부분은
그저 불편한 바지를 입었거나 혹은 심하지 않은 구루병 증상이 있는 것처럼
보이지만).

이는 흥미롭고 중요한 과학적 발견이 대대적으로 뉴스거리
가 된 후에 사실이 아닌 것으로 밝혀지는 수백 건의 사례 중 하
나일 뿐이다. 오늘날 '재현성 위기replication crisis'라 불리는 현상

---

* 하지만 여섯 번째로 인기 있는 2015년도 TED 강연만큼 훌륭한 강연은 아니다. 당신은
  반드시 그 강연을 찾아봐야 한다.

이다. 심리학이 특히 이 문제에 취약하지만, 과학의 모든 분야가 어느 정도는 재현성 위기에 따른 어려움을 겪고 있다. 유명한 저자들이 권위 있는 저널에 발표하여 널리 알려진 중요한 발견에 통계적 약점이 있거나 때로는 그저 틀린 것으로 밝혀진다. 과학을 설계하고 실행하고 논의하고 발표하는 것은 사람이기 때문이다. 다른 사람의 실험을 반복하는 일은 대담하고 새로운 무언가를 하는 것보다 훨씬 덜 흥미롭다. 시간과 비용이 많이 들고, 올바른 결과를 얻더라도 기존의 올바른 결과를 확인하는 것에 그치기 때문이다. 그리고 틀린 결과가 나온다면, 엄청난 명성과 정서적·금전적 투자가 위험에 처하게 된다.

그러나 결과를 재현하는 일은 절대로 움직일 수 없는 과학적 과정의 주춧돌이다. 당신이 얻은 결과는 다른 사람들에 의하여 독립적으로 *검증되어야 한다.* 17세기에 왕립협회Royal Society를 창립한 사람들은 이런 사실을 알았다. 그들이 '과학 혁명'의 핵심으로 알려지게 되는 최초의 국가적 과학 단체를 설립하면서 좌우명motto으로 채택한 라틴어 문구는 *Nullius in verba* —대략 '그 누구의 말도 믿지 말라'로 번역되는— 였다. 이는 진정한 과학적 방법은 데이터와 결과를 공유하여 반복적으로 검증될 수 있게 하고, 단지 중요한 인물이 말했다는 이유로 무언가가 사실이라는 주장을 받아들이기를 거부하는 자세에 의존한다는 의미라고 생각한다. 물론 현실적으로 모든 실험을 스스로 처음부터 다시 해 볼 수는 없다. 우리가 어깨를 밟고 올라선 사람들이 정직하고 훌륭한 일을 했으며, 그들의 작업이 검열을 통과했다는 추정에 의존해야 한다. 바로 그런 이유로, 오늘날의 과학적 방법은 견제와 균형에 의존한다.

그러나 견제와 균형이 항상 효과가 있는 것은 아니다. 재현성 위기는 실재하고 인지적 편향이 연료를 공급한다. 이는 때로는 단순히 사실이 아닌 것을 과학적 사실인 것처럼 만들어내고 전파한다는 뜻이다.

때로 과학의 강점이 자기 수정력self-correcting이라고 자랑한다. 사실이지만, 반드시 '*우리가 수정할 때*'라는 중요한 단서가 붙어야 한다. 그러한 수정은 마법처럼 이루어지지 않고, 과학은 인간적 결함에서 벗어나지 못한다. 과학은 사람이 하는 일이고, 사람의 마음은 진실을 전혀 추구하지 않는 기본적 설정들에 시달리고 있기 때문이다. 그렇지만 우리에게는 그러한 편향을 —우리가 인식하는 한— 탐지하고 수정하는 능력이 있다. 따라서 당신을 속이려는 사람들을 단단히 조심하라. 그리고 당신의 뇌 또한 당신을 속이려 한다는 것에 대해서도 경계를 늦추지 말아야 한다.

내 개가
나를 사랑할까?

이곳에

허영심이 없는 아름다움,

오만함이 없는 강함,

포악함이 없는 용기,

악덕을 제외한 인간의 모든 미덕을 소유했던 이가 묻혀 있다.

19세기 초의 유명한 시인이며, 노름꾼이자 걷잡을 수 없는 성도착자sexual deviant였던 바이런 경Lord Byron은 이 아름다운 묘비명으로 가장 사랑했던 친구에게 경의를 표한다. 이 문구는 그가 유일하게 복잡하지 않은 관계를 유지했던 동료이며 마지막 날 마지막 시간까지 품에 안고 간호했던 친구의 죽음을 말한다. 바이런은 남자, 여자, 가족, 그리고 케임브리지대 학생 기숙사에서 키웠던 길들인 곰(289쪽 글상자 참조)과 인습에 얽매이지 않는 관계를 유지했다. 하지만 그는 정말로, 미치도록 깊이, 자신의 개를 사랑했다. 실제로 이 묘비명은 광견병으로 죽

은 뉴펀들랜드Newfoundland종의 사랑하던 반려견 보슨Boatswain
을 위한 것이다.

바이런이 보슨을 사랑했다는 것은 매우 분명한 사실이고,
독자를 위한 이 책의 두 안내자 역시 개를 사랑하는 사람들이
다. 휘핏whippet(그레이하운드 비슷하고 흔히 경주용으로 쓰이는 견종_옮
긴이)종의 제시Jesse는 최근에 러더퍼드 가족에 합류했고, 코카
푸cockapoo(코커스패니얼과 푸들의 잡종_옮긴이)종인 몰리Molly는 프
라이 가족의 오래된 구성원이다. 우리를 비롯하여 많은 사람
이 반려견을 깊이 사랑한다는 데는 이론의 여지가 없다.

사랑 —애완동물이나 다른 사람, 또는 무생물을 향한— 이
무엇인지는 한 세기가 넘도록 수많은 과학적 탐구의 주제가
되어 왔다. 철학자, 음악가, 작가, 그리고 멋쟁이 시인들은 훨
씬 더 오랫동안 타자를 사랑하는 감정이 어떤 것인지를 숙고
했다. 그러나 우리는 이 장에서 더 어려운 문제를 다룬다. 우리
가 개를 사랑하는지가 아니라 그들도 우리를 사랑하는가라는
질문에 답하려 한다.

모든 개 주인이 그렇듯이, 우리가 애견에게 가장 자주 하는
질문은 "산책하러 갈래?", "배고프니?" 그리고 "누가 착한 아이
지?"다. 대답은 항상 "네.", "네.", 그리고 "나인가요?"다. 더 복잡
한 질문은 다소 어렵다. 개들도 기쁨, 슬픔, 또는 의심을 느낄
까? 보슨은 허영심과 오만함이 없이 무한한 용기만을 보여 주
었을까? 고양이는 행동이 암시하는 것처럼 오만한 동물일까?

여우는 밤에 살해당하는 아기처럼 울부짖을 때 즐거운 시간을 보내고 있는 것일까? 무엇을 상상하든 간에, 동물의 감정을 연구하는 과학에는 근본적 장애물이 있다. 그들이 실제로 자신의 느낌을 우리에게 말해 줄 수 없다는 단순한 사실이다.

바이런의 과학적 유산

바이런 경은 사랑하는 개를 동반하지 못하게 한 트리니티 칼리지의 규칙에 항의하여 곰을 길렀다. 엄밀히 말해서 숙소 및 애완동물에 관한 케임브리지대 학칙에는 곰이 명시되지 않았기 때문에 꾀를 부린 그는 자신이 육식성의 학부생 곰과 함께 사는 것을 금지할 수 없다고 주장했다. 전형적으로 바이런다운 이야기다. 그는 연인 중 한 사람조차도, '알고 지내기에 위험하고 나쁜 남자'라고 묘사했을 정도로 방탕한 사람이었다. 그의 짧은 생애에는, 잘못된 내기, 특이한 성적 일탈, 모험, 소문, 강박관념 등 멜로드라마melodrama와 특권의 풍요로운 삶을 보여 주는 이야기가 가득하다.

도덕성이 의심스러운 멋쟁이 남자를 우상화하는 역사가들은 동의하지 않겠지만, 우리는 바이런의 가장 위대한 유산이 ―전혀 그 자신의 것이 아니고― 둘 다 과학에 관련된다고 확신한다.

첫째, 그의 딸 에이다 러브레이스Ada Lovelace는, 컴퓨터가 실제로 만들어지기 불과 한 세기 전에 세계 최초로 컴퓨터 프로그램을 작성한 재원으로 널리 알려졌다. 그녀는 여러 해 동안, 분석 엔진Analytical Engine을 만들기 위한 계획을 세우고 있었던, 활기찬 괴짜 발명가 찰스 배비지Charles Babbage(영화 『치티 치티 뱅 뱅 Chitty Chitty Bang Bang』의 등장인물 카락타쿠스 포츠Caractus Potts를 상상하면 비슷할 것이다)와 긴밀하게 협업했다. 그들의 손에는 크기가 대성당만 하고 증기력으로 구동되며 완벽한 기능을 갖춘 빅토리아 시대 컴퓨터의 설계가 있었다. 두 사람이 정부의 예산 지원을 받을 수만 있었다면, 그 컴퓨터는 실제로 작동했을 것이다. 전신선으로 연결된 거대한 컴퓨터가 템스강변에 설치되어 석탄을 먹어 치우면서 펀치카드punch card를 뱉어 내는 광경을 상상해 보라. 몇 사람의 서명만 있었으면 세계가 실제로 빅토리아 정보시대Victorian information age를 맞을 수 있었다.

배비지와 러브레이스 모두 자신들의 컴퓨터가 실현되기를 간절히 원했지만, 컴퓨터를 거대한 계산기 정도로 생각한 찰스와 달리, 에이다만이 자신들의 발명의 진정한 중요성을 파악했다. 그녀는 컴퓨터의 능력이 단순한 수학 기계를 훨씬 넘어섬을 알았고, 그녀의 아이디어는 100년 후 앨런 튜링Alan Turing에게 직접적 영향을 미치게 된다. 특히 유명한 메모에서 그녀는 말했다. 「우리는 베틀이 꽃과 잎사귀 무늬를 짜내는 것과 마찬가지로 분석 엔진이 대수적 패턴을 짜낸다고 말할 수 있다.」

에이다는 컴퓨터가 언젠가는 미술과 음악을 창조하는 이들을 돕게 될 것을 알았다. 그녀는 150년 전에 이미 스포티파이Spotify(스웨덴의 음악 스트리밍 및 미디어 서비스_옮긴이)와 포토샵 Photoshop의 출현을 예측했다.

바이런의 두 번째 위대한 유산은 1816년에 제네바의 여름 별 장에서 메리 셸리Mary Shelley라는 18세 소녀에게 유령 이야기 를 써 보도록 부추기면서 시작된다. 그녀의 일기에 따르면, 덧 문 사이로 달빛이 쏟아져 들어오는 떠들썩한 몇 밤을 지낸 후 에 (이는 2011년에 고고 천문학을 통하여 사실로 입증되었다. 6월 16일에 제 네바의 달빛은 실제로 유난히 밝았다), 셸리는 괴물의 창조에 관한 이 야기를 꾸며내게 된다. 처형된 범죄자들의 신체 부위를 이용하 여 만들어진 그것은, 최근에 발견된 갈바니즘galvanism에 의하여 즉 전기가 죽은 사람의 근육에 경련을 일으킴으로써 생명력을 얻는 괴물의 이야기였다. 이 이야기는 1818년에 《프랑켄슈타인 Frankenstein》으로 출간되었는데 아마도 거의 틀림없이 최초의 —그리고 가장 중요한 작품 중 하나임에 틀림없는— 공상과학 소설일 것이다. 우리가 생각하기로, 셸리는 약간의 바이런적 멜 로드라마도 싫어하지 않았던 것 같다. 그녀는 묘지에서 미래의 남편인 퍼시 비시 셸리Percy Bysshe Shelley에게 순결을 잃었고, 남 편의 심장이 타고 남은 재를 그의 시가 적힌 종이와 실크 스카프 silk scarf에 싸서 보관했다. 우리의 생각으로는 상당히 기이한 행 동이다.

일반적으로 과학에서, 인간을 대상으로 하는 연구는 골치아프므로 동물로 눈을 돌리게 된다. 여기서 우리의 입장은 그와 반대다. 인간은 언어라는 중요한 이점을 가진 거대한 감정의 꾸러미이고, 내면 상태가 지난 수천 년 동안 문학과 과학의 주제가 되어 왔기 때문이다. 우리는 서로 간에 슬픔, 분노, 행복, 지루함의 감정을 말할 수 있다. 예술이나 언어(또는 몸짓)를 이용하여 마음과 영혼 속에 있는 것을 표현할 수 있다. 문화는 그런 방식으로 자신을 표현함으로써 느낌을 다른 사람들이 이해할 수 있다는 데 달려 있다. 지난 수 세기 동안에 과학도 우리의 감정이 어떻게 신체에서 스스로 드러나는지를 이해하려는 노력의 밴드웨건bandwagon에 뛰어올랐다. 그러나 여기서조차도, 감정의 정의 —느낌과 관련된 신경 시스템의 생물학적 내부 상태— 는 이상할 정도로 구체적이지 못하다. 지금쯤이면 분명한 정의가 내려졌을 것으로 생각될 수도 있지만, 여전히 의견의 불일치와 논쟁으로 가득한 주제다. 현시점에서 사람이든 동물이든 감정의 정의에 관한 과학적 합의는 존재하지 않는다. 따라서 우리는 당신이 용기, 우려, 흥분을 느끼고 불안, 두려움, 좌절감을 느끼지 않기를 바라지만, 이 장이 끝날 때까지 그렇게 되지 않으리라고 보장할 수는 없다.

다윈의 프랑스 친구가
노인의 얼굴을 감전시킨 실험

1872년에 찰스 다윈은 승승장구하고 있었다. 지난 13년 동안에 그는 인류 역사상 가장 중요한 작품 중 두 권을 출간했고, 이제 《인간과 동물의 감정 표현*The Expression of th Emotions in Man and Animals*》이라는 세 번째 블록버스터blockbuster를 발표하게 된 것이었다. 이 책은 베스트셀러였다. 독자들은 동물의 (우리를 포함하여) 내부적 감정 상태와 그것이 밖으로 드러나는 얼굴과 신체적 표현에 어떻게 연결될 수 있는지를 이해하려는 다윈의 시도에 매료되었다. 얼굴 붉힘에 관해서만 한 장 전체가 할애되었다. 울음에 관한 장도 있었다. 그는 '즐거움에 겨워서 껑충껑충 뛰어다닐' 때면 '우스꽝스러운 방식으로 꼬리를 치켜 올리는' 암소에 관해서 말했다. 출산 과정이 순조롭지 못해서 땀에 젖은 하마와 참을성이 없는 말에 관한 이야기도 있었다. 그리고 다윈이 매우, 대단히 주의 깊게 원숭이들의 얼굴을 살펴본 이야기가 길게 소개되었다.

런던 동물원 방문을 설명하는 주목할 만한 단락에서, 다윈은 원숭이에게 민물거북을 보여 주고 놀란 원숭이의 눈썹이 치켜 올라가는 것을 관찰한다. 그는 옷을 입힌 작은 인형을 도가머리원숭이crested markaque에게 보여 주고, 눈을 크게 뜨고 장난감을 뚫어지게 쳐다보는 원숭이의 모습을 두려움으로 해석한다. 다윈은 이런 것들이, 영장류가 경험하는 인간과 비슷한 감정이라고 주장한다.

경력의 초창기였던 1838년에, 다윈은 제니Jenny라는 오랑우탄과 한동안 시간을 보내면서 그녀의 행동이 어린아이와 매우 비슷하다는 것을 알게 되었다. 사육사가 사과를 주지 않자, 제니는 버릇없는 아이처럼 벌렁 드러누워 발길질하면서 울어 댔다. 두세 차례 성화를 부린 끝에 골이 잔뜩 난 것으로 보이는 그녀에게 사육사가 말했다.

"제니야, 그만 울고 착하게 굴면 사과를 줄게."

그녀는 이 모든 말을 알아듣는 것이 분명했다. 아이들이 그렇듯이 울음을 그치는 데 엄청난 노력이 필요했지만, 결국 성공하고 사과를 받았다.

유인원의 표현과 반응은 종종 거울에 비친 우리 자신의 모습처럼 보이지만, 다윈은 오랑우탄의 찌푸린 얼굴을 본 적이 없음에 주목한다. 생각해 보니 우리도 본 적이 없다.

원숭이가 성질을 부리는 모든 이야기에도 불구하고, 다윈의 책은 주로 그 모든 것이 인간에게 무슨 의미인지에 관심을 둔다. 그는 동물의 표현을 연구함으로써 한 가지 아이디어를 검증하고 있다. 진화가 동물이 자신의 내면 상태를 다른 동물들에게 전달하는 수단으로 감정을 우연히 발견했다는 것과, 느낌을 외부로 표현함으로써 우리의 얼굴과 몸이 가장 깊은 곳에 있는 감정과 우리의 영혼에까지 접근하는 수단을 제공한다는 것이다.

그리고 다윈은 이 모든 것이 인간의 감정에 관한 원리에서 무엇을 의미하는지를 주의 깊게 고려하고, 더 나아가 사람의 얼굴이 어떤 종류의 감정을 표현할 수 있는지를 결정하려 했다. 그는 분노나 혐오감을 표현하기 위하여 독특한 표정을 짓는 배우들의 사진과 행복이나 조롱을 나타내는 아기와 아이들의 얼굴 사진을 조사했다.

다윈은 또한 그런 표정들을 만들어 내는 근육 조직을 설명하기 위하여, 뒤셴 근위축증Duchenne muscular distrophy이라는 무서운 질병에 이름을 빌려준 것으로 가장 널리 알려진, 기욤 뱅자맹 아르망 뒤셴 드 불로뉴Gurllaume-Benjamin-Amand Duchenne de Boulogne라는 프랑스 과학자의 도움을 요청했다. 뒤셴은 다윈과 마찬가지로 인간의 다양한 표정에 따른 여러 안면 근육의 뒤틀림에 매료되었으며, 생각해 낼 수 있는 가장 적극적·창의적인 과학적 방법을 이용하여 시험해 보기로 했다. 몇 마디 농담을 통하여 웃음을 자극하는 방법은 아니었다. 민물거북을 보여 주는 방법도 아니었다. 뒤셴은 노인의 얼굴을 감전시킴으로써 이상적인 얼굴 표현을 조사해 보기로 결정했다.

뒤셴의 설명에 따르면, 피실험자는 절대적으로 추하지는 않은 평범한 용모이고, 마른 얼굴에 치아가 없는 노인이었다. 일반적으로 피실험자에 대하여 그런 식으로 설명하는 것은 올바른 행동이 아니지만, 1860년대에는 그랬다. 하지만, 최소한 피실험자의 동의를 얻기는 했다. 그래서 뒤센은 다양한 표정과 관련된 근육을 식별하기 위하여 노인의 얼굴에 전기가 통하는 금속 탐침 두 개를 설치했다. 모두 42개인 사람의 안면 근육은 다양한 결합을 통해서 눈짓, 윙크, 찡그림, 미소, 웃음 등의 표정을 만들어 낸다. 뒤센은 근육이 수축할 때 피부에 생기는 주름을 조사하고, 안면의 일그러짐에 대한 정확한 카탈로그를 만들었다. 잠시 지나가는 표정들은 몇 년 전에 발명된 사진술을 이용하여 기록되었다. 사진을 보면 그 무명의 치아 없는 남자는 별로 즐거운 시간을 보내는 것 같지 않다. 그러나 뒤센은 매우 즐거워 보인다.

이들 사진은 배우와 아이들의 사진과 함께, 아마도 최초로 책에 수록된 사진일 것이다. 또한 인간의 감정에 관한 다윈의 이론에 근거를 제공하는 중요한 역할을 했다. 수십 장의 사진을 살펴본 다윈은 몇몇 감정이 모든 생물체에 공통적이며, 각자가 동일한 움직임으로 동일한 마음 상태를 표현한다는 결론을 내렸다. 분노를 나타내는 강렬한 찡그림이 있다. 맹목적인 기쁨의 춤이 있다. 눈을 크게 뜬 공포의 표정도 있다. 다윈은 복잡한 인간의 감정을 모두가 느낄 수 있는 분노, 두려움, 놀람, 혐오, 행복과 슬픔의 여섯 가지 보편적 감정으로 요약했다.

2004년 장애인 올림픽 기간에 미국의 심리학자 데이비드 마츠모토David Matsumoto와 밥 윌링햄Bob Willingham은 유도 경기장에서 일어나는 일을 주의 깊게 관찰함으로써 감정의 과학을 연구하는 새로운 방법을 찾아냈다. 금메달 또는 동메달 결정전이 벌어지는 동안에 고속카메라가 선수들의 얼굴에 떠오른 표정을 기록했다. 승자의 붉어진 볼에는 기쁨의 표정이 번졌고 패자의 얼굴에는 슬픔이나 수치의 표정이 나타났지만, 마츠모토가 주목한 것은 중요한 두 선수 그룹, 즉 볼 수 있는 선수와 선천적으로 앞을 보지 못하는 선수에게 나타나는 표현의 차이였다.

승리의 순간에 유도 챔피언들은 볼 수 있는 선수든 살아오면서 시력을 잃은 선수든 아니면 맹인으로 태어나 다른 사람의 얼굴을 본 적이 없는 선수든 관계없이, 얼굴 표정이 동일했다. 다른 사람의 얼굴에서 행복을 관찰한 적이 없는 선수도 있었지만 전반적으로 승리한 선수의 사진은 대관골근zygomaticus major(입 가장자리와 광대뼈를 연결하는 근육)의 수축에 따른 귀에 걸리도록 활짝 웃는 미소를 보여 주었다. 그리고 그들의 안륜근 orbicularis oculi(안구를 둘러싼 근육)이 뺨을 잡아당겨서, 진정한 기쁨을 표현하는 반쯤 감은 눈을 만들어 냈다.

이는 감정이 인간의 특성에서 태고부터 타고난 부분이라는, 다윈의 위대한 아이디어가 스포츠 분야에서 입증된 사례다. 유도 선수만 놓고 보면 우리의 감정은 보편적이고 얼굴이 감정의 열쇠를 쥐고 있다.

이는 또한 20세기 심리학의 거인 중 한 사람인 폴 에크먼 Paul Ekman의 이론이기도 하다. 1960년대 이래로 에크먼은 다윈의 아이디어를 공식화하고 보편적인 인간 감정의 핵심적 개념을 과학화하는 일에 매진했다. 아마도 가장 영향력이 컸던 실험에서 그는 얼굴을 찌푸리거나 활짝 웃는 표정, 또는 놀라서 눈을 크게 뜨는 표정, 아니면 고통으로 움찔하는 배우들의 표정 사진을 찍어서 전 세계 사람들에게 보여 주었다. 그중에는 서구 문화권의 사람과 접촉한 적이 거의 없었던 파푸아뉴기니의 원주민 부족도 있었다. 에크먼은 모든 사람이 미소를 행복의 표현으로 이해하고, 두려운 표정 역시 사는 곳과 관계없이 모두가 이해할 수 있음을 보고했다. 파푸아뉴기니인도 표정의 배후에 있는 감정을 확실하게 식별할 수 있었다. 에크먼은 안면 근육이 기본적 감정 상태를 반영하여 변형한다는, 생물학의 그랜드 마스터grand master 찰스 다윈이 제시한 것과 같은 결론을 내렸다.

이것은 올바르다고 느껴지는 감정의 이론이다. 직관적으로 정확하게 보인다. 아이들은 행복하거나, 슬프거나, 화난 얼굴의 미소와 찌푸림을 인식하기를 배운다. 21세기를 사는 우리는 각각의 감정에 이모티콘emoji을 부여했다. 소셜미디어 사이트들이 감성 스티커와 우리가 상호작용할 수 있는 버튼을 만들자, 이모티콘이 소통을 위한 줄임말이 되었다. 픽사Pixar의 영화『인사이드 아웃Inside Out』은 보편적 감정(놀랍게도 놀라움은 제외하고)이 우리 마음의 독특한 특성이라는 생각에 기초한다. 이러한 다윈적 아이디어는 우리의 문화 속에 고착되었다. 감정을 범주화할 수 있고 표정에서 그러한 범주를 읽어 낼 수 있다는 생각이 보편적으로 받아들여진다.

다만 이러한 이론에는 한 가지 문제가 있다. 이 이론은 사실이 아니다.

😐 내 포-포-포-포커페이스를 읽을 수 없다

이러한 고전적 감정관view of emotions에는 몇 가지 문제가 있지만, 가장 분명한 것부터 시작해 보자. 당신의 얼굴이 항상 진실을 말하는 것은 아니다. 얼굴 표정을 통제하는 것이 내면의 감정을 숨기는 방법이라는 것을 알기 위하여 수도사나 무표정한 포커 챔피언이 될 필요는 없다. 이런 사실이 명백해야 한다고 생각되는 이유는 일상적으로 우리의 삶을 기쁨, 슬픔, 스릴, 웃음, 그리고 공포로 채우면서 느낌과 표현의 분리에 전적으로 의존하며 문화를 지배하는 수십억 달러 가치의 산업이 존재하기 때문이다. 쇼 비즈니스라 불리는 산업이다. 배우들은, 자신이 실제로 느끼지 않는 감정을 전달하기 위하여 가장하는 대가로 돈을 받는다. 영화 『샤이닝The Shining』에서 잭 토렌스Jack Torrance가 겁에 질려 비명을 지르는 아내 웬디Wendy를 살해하려고 도끼를 휘둘러 욕실 문에 구멍을 낼 때, 잭 니콜슨Jack Nicholson은 오래전에 사라진 아메리카 원주민의 영혼에서 오는 분노로 가득 찬 상태가 아니었다. 셸리 듀발Shelley Duvall은 실제로 생명의 위협을 느낀 것이 아니었고, 그 장면의 촬영이 끝난 뒤에는 두 사람 모두 웃음을 터뜨렸다. 다스 베이더Darth Bader가 사실은 자신의 아빠라는 사실을 알게 된 루크 스카이워커Luke Skywalker가 눈물에 젖어 일그러진 얼굴로 처절하게 '노오오오오오!NOOOOOO!'라고 외치는 장면은, 베이더가 실제로는 굵직하면서도 상당히 높은 톤의 서부 지역 억양을 구사하는 데이비드 프로스David Prowse라는 배우이자 보디빌더body builder라는 사실을 알더라도, 강렬함이 덜하지 않다.* 그리고 『해리가 샐리를 만났을 때When Harry Met Sally』에서 남자가 여자를 만족시켰다고 아무리 자신하더라도 다른 사람의 진정한 내면을 알수 없다는 것을 증명하기 위하여 카페에서 큰 소리로 가짜 오르가슴orgasm을 흉내 내는 샐리를 연기한 멕 라이언Meg Ryan이 정말로 짜릿한 오르가슴을 느낀 것은 아니라고 확신한다.

대단히 아이러니하게도 이렇게 감정의 카드로 지은 집 전체가 다윈과 에크먼 모두 인간의 기본적 감정 상태를 테스트하기 위하여 *배우들을 이용했다*는 사실에 기초한다. 다윈의 감정 책에 있는 많은 사진처럼 파푸아뉴기니 사람들이 본 사진들은 자신의 내면적 감정 상태를 전혀 반영하지 않고, 보여야하는 표정의 기준을 결정한 과학자들의 지시를 받아 가장된 표정을 짓는 사람들을 보여 주었다.

그렇지만, 이런 기준에 관해서 당신은 정말로 행복, 슬픔, 또는 혐오감을 특정한 방식으로 나타내야 한다는 생각에 동의하는가? 좋아하는 영화와 배우들을 생각해 보라. 루피타 뇽오 Lupita Nyong'o(케냐, 멕시코 이중 국적의 배우_옮긴이), 메릴 스트립Meryl

---

* 데이비드 프로스는 다스 베이더 복장 속의 남자였으며, 촬영 현장에서 대사도 말했다. 제임스 얼 존스(James Earl Jones)가 연기한 베이더의 감미로운 목소리는 편집 과정에서 더빙된 것이다. 촬영 당시에 프로스는 실제로 이렇게 말했다. '오비 완(Obi Wan)이 너의 아버지다.' 출연자와 제작진에게까지 비밀을 유지하려 했기 때문이었다. 이 각주에서 우리가 이 놀라운 장면의 비밀을 폭로했음을 알겠다. 그런데 당신이 아직도 『제국의 역습(The Empire Strikes Back)』을 보지 않았다면, 지난 40년 동안 대체 뭘 하고 있었는가?

Streep, 알 파치노Al Pacino, 덴젤 워싱턴Denzel Washington, 헬레나 본햄 카터Helena Bonham Carter를 비롯한 위대한 배우들이 감정적 순간의 복잡성을 전달하는 능력이 놀라울 정도로 뛰어난 것은 우리가 즉시 기본적·핵심적 감정으로 인식할 수 있는 방식으로 얼굴을 찌푸리지 않기 때문이다. 화났을 때 얼굴을 찌푸리는 배우가 마지막으로 오스카상을 탄 것이 언제였던가? 슬플 때 뿌루퉁해지는 배우는? 로저 무어Roger Moore는, 인기를 얻었음에도 불구하고, 대체로 서투른 배우로 알려졌다. 그의 감정 범위에는 눈썹을 치키는 것 말고는 다른 표정이 별로 없었기 때문이다. 『카사블랑카Casablanca』에서 릭Rick이 일자Ilas에게 나치와 맞서는 싸움을 위하여 자신들의 깊은 사랑을 포기하고 비행기를 타라고 말할 때, 잉그리드 버그만Ingrid Bergman은 이모티콘처럼 입을 '오ooh' 모양으로 만들고 눈을 크게 뜨지 않았다. 형편없는 배우만이 그런 식으로 연기할 것이기 때문이다. 아니면 광대거나. 그리고 광대가 나오는 『카사블랑카』는 존재해서는 안 되는 영화다.

😲 놀랐지!

그렇지만 우리는 여전히 느낌을 이모티콘으로 표현하는 것 같은 얼굴 표정에 집착한다. 놀랐을 때는 눈썹을 치키고, 눈을 크게 뜨고, 입을 '오ooh' 모양으로 만들거나, 정말로 충격적일 때는 입을 딱 벌린다. 누구든지 우리가 놀랐을 때 무슨 표정을 짓는지를 안다. 과학이 군이 이를 테스트할 필요가 있을까?

음, 그것이 정확한 사실이 아니기 때문이다. 우리는 그렇게 널리 수용되는 개념이 사실이 아니라는 것이 당신에게 약간의 놀라움으로 다가오기를 바란다. 지금 놀란 표정을 짓고 있는가? 우리는 아닐 것으로 생각한다. 놀라운 상황에서 대다수 사람은 전혀 틀에 박힌 놀란 표정을 짓지 않기 때문이다.

2011년에 독일에서 충격적인 실험이 수행되었다. 심리학자 아킴 쉬츠볼Achim Schützwohl과 라이너 라이젠자인Rainer Reisenzein은 사람들을 정말로 깜짝 놀라게 하는 상황에서 그들의 얼굴을 관찰하기로 했다. 실험의 내용을 모르는 피실험자들은 조명이 어두운 방으로 안내되어 방음 헤드폰을 받고 4분 동안 프란츠 카프카Franz Kafka의 오디오북을 들으라는 지시를 받았다. 《법 앞에서Before the Law》라는, 몇 년 동안 안으로 들여보내 달라고 문지기를 설득하다가 실패하고 결국 죽게 되는 남자의 이야기다. 우리는 이해하지 못하는 우화다.

피실험자들은 밖에서 실험이 끝나기를 기다리고 있는 진행자에게 지시받은 대로 오디오북을 듣고 나서 그 이야기에 대한 질문을 받을 것을 예상하면서 (기억 테스트를 하는 실험으로 되어 있었다) 방을 나섰다. 그러나 그 4분 동안에 문밖에 있었던 쉬츠볼과 라이젠자인은 서둘러 낯선 사람이 앉아 있는 빨간 의자

외에는 아무런 가구도 없고 조명이 밝은 초록색 방을 새로 꾸몄다. 예상하지 못한 피실험자들이 문을 열었을 때, 그들은 자신이 들어왔던 복도 대신에 이상한 사람이 15초 동안 자신을 내려다보고 있는 완전히 다른 공간과 마주치게 되었다.

나중에 모든 피실험자는 이 황당한 순간이 정말로 극도로 놀라웠다고 말했다. 그들은 또한 자신의 놀라움이 얼굴에 나타났다고 생각했다. 하지만 그들의 모습은 동영상으로 촬영되었고, 실제 표정이 에크먼의 이론에 따라 분류되었다. 복도를 통해서 방에 들어갔다가 나올 때는 이상한 방에서 이상한 사람을 마주치는 것은 꽤 이상한 일이지만, 고전적인 놀란 얼굴과 조금이라도 비슷한 표정을 지은 사람은 피실험자의 1/5에 불과했다. 그 방은 낯선 상황에서 그런 표정을 짓도록 하는 진화적 이유로 추정되는 요소를 끌어내기 위하여 특별히 설계되었다. 어두움에서 밝은 빛으로의, 갑작스럽고 예상치 못한 전환은 위협이 될 수도 있으므로 새로운 정보가 뇌로 충분히 주입될 수 있게 눈을 크게 뜨도록 할 것이다. 그러나 아니었다. 심지어 피실험자들이 낯선 사람 대신에 예상하지 못한 친구를 복도에서 만났을 때도 놀란 표정을 지은 사람의 수는 1/4로 늘어나는 데 그쳤다. 피실험자의 대다수는 그런 표정을 짓지 않았다.

마츠모토와 윌링햄이 올림픽 유도 경기장에서 수행한 연구에서도 비슷한 결과가 나왔다. 볼 수 있는 선수와 선천적 맹인 선수의 자발적 표현 사이에 통계적인 차이가 없었던 것은 사실이지만, 모든 사람이 같은 표정을 지었다는 의미는 아니다. 뺨을 끌어 올리고 눈을 반쯤 감게 하는 근육의 수축이 선수들의 시력과 관계없이 일어나기는 했지만, 정상 시력의 선수 67명 중 37명과 선천적 맹인 선수 17명 중 7명에서만 그런 표정이 나타났다. 정상 시력 그룹의 절반 미만이 입을 벌렸고(맹인 그룹에서는 절반이 조금 넘었다), 입술을 잡아당겨 미소를 짓게 한 근육은 67명의 정상 시력 선수 중 30명과 선천적 맹인 선수 17명 중 10명에서만 작동했다.

얼굴 표정의 산업화

보편적이고 구분할 수 있는 인간의 얼굴 표정에 관한 에크먼의 아이디어에 의문을 제기하는 연구자가 늘어나고 있음에도 불구하고, 감정인식은 머신 러닝machine learning 분야의 뜨거운 토픽이 되었다.

오늘날에는 얼굴 표정을 포착하고 분류할 수 있는 머신 비전machine vision을 이용하여, 디즈니 영화를 개봉하기 전에 영화가 유발하는 감정적 반응을 테스트한다. 관객의 얼굴을 촬영하는 카메라가 설치된 극장에서 영화를 상영하고, 관객의 반응에서 포착된 이미지를 알고리듬이 분석하여 모든 적절한 장면에서 관객이 웃고, 울고, 주의를 기울이는지 확인하는 방법이다. 바르셀로나의 한 코미디 클럽은 비슷한 아이디어로 입장료를 받는 대신에 하루 저녁에 24유로를 상한선으로 정하고 관객이 웃을 때마다 30센트씩을 받기로 했다.

단지 디즈니 영화의 부실한 속편(『겨울왕국 2Frozen 2』 같은)이나 비싼 코미디 티켓에 걸릴 위험은 거의 없지만, 에크먼의 감정적 분류를 인공지능의 자동화된 권위와 함께 사용할 때는 해로운 결과가 따른다. 이제 공항에서는 승객들을 향한 카메라가 죄책감과 의심스러움의 틀에 박힌 징후를 나타내는 모든 사람을 감시한다. 홍콩에 기반을 두고, 학교에 기술을 판매하는 신생기업 start-up도 있다. 그들은 학생들이 교실에서 수업에 주의를 기울이는지를 감시할 수 있다고 주장한다. 전 세계적으로 몇몇 병원에서는 이들 알고리듬이 만성 질환 환자의 '진정한' 통증 수준과 투약 필요성을 결정하기 위하여 배치되기 시작했다.

그리고 전반적으로 이런 기술에 사용되는 알고리듬은 감정을 표현하는 배우들의 표정 이미지에 기초한다. 어떤 감정이 어떻게 보여야 하는지에 대하여 과학자들이 합의한 정의에 따라 다양한 안면 근육의 조합을 수축하거나 이완하도록 지시받는 배우들이다. 그러나 우리는 대체로 실제 얼굴에서는 이런 틀에 박힌 표정을 찾을 수 없음을 안다. 2019년에 발표된, 1,000명 이상의 학생을 대상으로 수행된 조사연구는 에크먼 표정을 짓는 경우가 20~30%에 불과함을 밝혔다. 아무리 멋진 기술이라도, 과학은 사람의 표정에서 감정을 추론하는 데 신뢰할 만한 도움을 주지 못한다.

사람들이 행복할 때 웃지 않는다는 말은 아니다. 웃을 때도 있다. 아마도 자주. 그러나 미소가 행복과 같다(또는 행복이 미소와 같다)는 법칙을 선언하려 하면 문제가 생길 것이다. 에크먼 등이 옹호하는 틀에 박힌 표정이 바로 그런 법칙이다. 그런 것은 모든 사람에게 적용되는 법칙이 아니다. 누군가가 놀라거나 혐오감을 느끼거나 행복할 때 항상 놀라움이나 혐오감이나 행복을 나타내는 표정을 지을 것으로 기대하는 것은 날개가 있어서 날 수 있는 모든 동물을 새라고 정의하려는 것과 비슷하다. 더 깊이 생각하여 도도새, 타조, 박쥐, 꿀벌을 기억하고, 생물계가 당신이 생각했던 것보다 훨씬 더 복잡함을 깨닫기 전까지는 그럴듯한 정의다.

그렇다면 이것이 보편적인 감정의 이론에서 의미하는 바는 무엇일까? 배우들의 얼굴 사진에서 그토록 능숙하게 감정을 식별한 파푸아뉴기니 부족에게서 찾아낸 에크먼의 유명한 발견은 어떻게 될까?

21세기에 카를로스 크리벨리Carlos Crivelli와 세르지오 하릴로Sergio Jarillo라는 연구원은 다른 파푸아뉴기니인과도 상대적으로 고립되어 어업과 원예업에 종사하는 트로브리안드Trobriander 부족과 어울렸다. 크리벨리와 하릴로는 그들의 언어인 킬리

빌라Kilivila를 배우고 트로브리안드식 이름을 사용했다. 크리벨리는 '켈라카시Kelakasi', 하릴로는 '토노그와Tonogwa'가 되었다. 2016년에 트로브리안드 부족에게 에크먼의 사진들을 보여 주는 실험을 되풀이한 그들은 완전히 다른 결과를 얻었다. 전반적으로 사진을 본 사람들의 반응이 에크먼의 예측과 일치한 경우는 1/4에도 미치지 못했다. 이는 트로브리안드 부족이 이른바 기본적 감정과 연관시키는 얼굴 표정을 인식하지 못했다는 의미였다. 행복의 감정은 에크먼의 초기 결과와 꽤 잘 (그러나 완벽하지는 않게) 일치했다. 다른 감정에 대해서는 변화가 훨씬 더 심했다. 트로브리안드 부족은 서구인이 대부분 공포와 연관시키는 얼굴 —눈을 크게 뜨고, 입을 벌린 채로 헐떡이는— 을 '분노'로 해석했다.

크리벨리와 하릴로가 부족의 언어인 킬리빌라를 사용했다는 사실은 앞선 연구 결과를 반박하는 데 매우 중요한 역할을 했다. 에크먼의 원래 연구에 참여한 통역은 피실험자들에게 영향을 미칠 수도 있는, 사진과 관련하여 가능한 감정의 목록을 제시했다. 즉, 의도하지 않은 상태에서 그렇지 않았다면 나오지 않았을 대답을 유도했다. 피실험자가 남자의 사진을 어리둥절하게 바라볼 때, 통역이 사진에 대한 약간의 배경 스토리를 들려주었던 것이다.

"이 남자의 아이가 방금 죽었습니다. 이 사람은 어떤 표정을 짓고 있을까요?"

관련된 이야기를 들었을 때 감정을 판단하기가 더 쉬운 것은 트로브리안드 부족만이 아니다. 할리우드도 오래전부터 가장 중요한 것은 (아래 글상자 참조) 사람의 얼굴 이미지를 둘러싼 맥락이라는 사실을 알고 있었다. 페이스북의 이모티콘도 마찬가지다. 신경과학자 리사 펠드먼 바렛Lisa Feldman Barret은 사람들이 감정을 나타내는 단어를 모아 놓은 목록에서 선택할 때 더 쉽게 이모티콘을 식별할 수 있다는 것을 발견했다. 힌트prompt가 없을 때 사람들은 '행복'과 '놀람'을 식별할 수 있었지만, 다른 감정은 그저 추측하는 데 그쳤다.

파푸아뉴기니로 돌아가서, 모든 사진에 대한 가장 일반적인 반응은 핵심적 감정의 확실한 식별이 아니고 '모르겠다'였다. 여러 해 동안 상당히 의심스러운 과학 실험의 대상이 된 트로브리안드 부족은 어쩌면 그들 모든 연구원이 자신들을 그냥 내버려 두기를 원했을지도 모른다.

서스펜스의 거장 히치콕

알프레드 히치콕Alfred Hitchcock은, 널리 그리고 정확하게, 역사상 가장 위대한 영화감독의 한 사람이자 우리의 감정을 조종하는 거장master으로 여겨진다. 그는 서스펜스suspense, 음악, 드라마, 그리고 공포의 힘을 이용하여 노골적으로 자신의 의도를 드러내는 데 거침이 없었다. 『싸이코Psycho』, 『북북서로 진로를

돌려라North by Northwest』, 『*현기증Vertigo*』이 장르를 불문하고 최고의 영화가 된 것은, 특히 서스펜스 장면에서 우리의 감정을 조종하는 그의 능력에 힘입은 바가 크다.

"공포는 꽝 소리가 날 때가 아니라 그 소리를 예상하는 데에 서만 느껴진다."

최고의 영화는 감정을 조종하는 기계이고, 히치콕은 그 힘을 이해했다. 1964년의 단편영화(말쑥하게 옷을 차려입고 담배를 피우는 면접관이 등장한다. 그때는 1960년대였다)에서 그는 얼굴 표정의 해석 이 어떻게 맥락에 좌우되는지를 설명했다.

그는 뚱뚱하고 아래턱이 처지고 근엄한 표정인 자신의 모습을 보여 준 다음에 잔디밭에서 놀고 있는 엄마와 아기의 모습을 보여 주고, 다시 미소를 짓는 자신의 얼굴을 보여 주었다. "자, 이 남자는 어떤 캐릭터인가? 그는 친절한 남자다."

그러고는 똑같은 자신의 모습을 다시 보여 주지만, 중간에는 엄마와 아기 대신에 비키니 수영복을 입은 젊은 여성을 보여 준다.

"이제는 어떤가?"

히치는 말한다.

"더러운 늙은이다."

이 짧고 간단한 영화는 우리의 얼굴 표정이 얼마나 맥락에 의 존할 수 있는지를 명확하게 보여 준다. 오직 그가 보고 있는 대 상에 대한 우리의 인식에 기초하여 히치가 친절한 남자에서 더러운 늙은이로 바뀐다. 이 영화는 힌트를 줌으로써 관객을 조종하기가 얼마나 쉬운지를 보여 준다. 이는 에크먼의 실험에서도 일어날 수 있는 일이었고, 실제로 일어났다.

말해 두고 넘어갈 것은, 히치콕이 실제로 더러운 늙은이였다는 사실이다. 슬프게도, 스크린에서 우리의 감정을 조종하는 그의 능력은 주연 여배우들에 대한 악명 높은 집착 및 끔찍한 학대와 쌍벽을 이루었다. 그들 중에는 히치콕이 앙심을 품고 경력을 망쳐 버린 여배우도 있었다.

감정의 범위

우리의 내면 상태는 외부적 표현과 일치하지 않는다. 변화하는 표정은 무언가를 보여 준다. 자신을 표현하려고 42개의 근육(인간은 다른 어떤 동물보다도 안면 근육이 많다)을 당기고 비틀어서, 모두가 알아보고 해석할 수 있는 표정을 만들어 낸다. 작은 근육 하나의 미묘한 차이가 침대로 오라는 눈과 기진맥진해서 자러 가야겠다는 눈의 차이를 만들 수 있다. 사람의 감정이 반드시 얼굴에 나타나지 않는 경우가 종종 있지만, 그 역 또한 사실이다. 겉으로 드러나는 표현을 해독하는 것이 내면에서 무슨 일이 일어나고 있는지를 파악할 수 있음을 의미하지는 않는다.

그러나 우리의 복잡한 감정의 소용돌이가 간단한 여섯 가지 범주로 정리될 수 있다는 다윈의 견해를 반박하는, 두 번째의 더 심오한 문제가 있다. 이는 얼굴이 감정을 나타내는 창문이라는 단순한 —그리고 틀렸음이 밝혀진— 개념을 넘어서서, 내면 상태의 단순성(또는 다른 것)과 관련된다. 우리가 어떻게 느끼는지를 묘사하려고 사용하는 말들에서 분명해지는 문제다.

언어는 감정의 뉘앙스nuance를 배반한다. 우리의 느낌을 표현하는 데 필요한 세련된 능력, 지각할 수 없는 차이와 미묘함을 발가벗긴다. 영어는 감정을 억제하는 것으로 정평이 나 있다. 물론 영어를 사용하는 사람들이 느끼지 못한다거나, 윗입술이 뻣뻣하다는 등을 의미하는 것은 아니다. 그러나 영어에는 애당초 표현하는 단어가 없는 수많은 감정 상태가 있다. 잘 알려진 예로는, 타인의 불행에서 즐거움을 느낀다는 의미의 독일어 *샤덴프로이데*Schadenfreude와 완벽하지만 몇 초 늦게 생각해 낸 재치 있는 말에 대한 좌절감을 뜻하는 프랑스어 *에스프리 드 레스칼리에*l'esprit de l'escalier가 있다. 우리가 좋아하는 몇몇 표현을 소개한다.

Iktsuarpok (이누이트어) - 반복적으로 창밖을 내다보면서 도착할 사람을 기다리는 설렘을 나타낸다.

Natsukashii (일본어) - 오래전에 사라진 행복과 그 행복이 돌아

오지 않을 것이라는 슬픔의 달콤 쌉싸름한 느낌.

Saudade (포르투갈어) - 부재하는 물건이나 사람을 향한 사랑에 관한 향수를 불러일으키는 깊은 감정 상태나 심원하고 우울한 갈망.

Desbundar (포르투갈어) - 억누를 수 없는 기쁨의 표현을 억제하는. 기본적으로 아무도 보지 않는다면 춤이라도 출 것 같지만, …와 혼동하지 말아야 할.

Mbuki-mvuki (반투어) - 옷을 벗어 던지고 거리낌 없이 춤추기. …로 이어질 수 있는.

Pena-ajena (멕시코 스페인어) - 다른 사람의 굴욕을 목격할 때의 당혹스럽고 민망한 느낌.

Gigil (필리핀어) - 참을 수 없을 정도로 귀여운 것을 껴안거나 쥐어짜고 싶은 갈망.

Feieraabend (독일어) - 일과를 끝냈을 때의 파티 분위기.

Ei viitsi (에스토니아어) - 모든 것이, 심지어 소파에서 일어나는

것조차 귀찮다.

Yugen (일본어) - 우주의 신비를 발견했을 때의 경외감과 감탄.
종종 간단하게 '아이고dude'로 표현된다.

이런 멋진 말들이 얼마든지 더 있지만, 모두 인간의 언어가
감정을 설명하기 위하여 진화했다는 것을 보여 준다. 특정한
문화와 상황에 따라 학습되는 말들이다. 그렇지만 우리는 독
자 여러분이 이들 감정을, 묘사하는 단어를 모르더라도 인식
할 것을 의심하지 않는다. 인간은 놀랍고, 당혹스럽고, 좌절감
을 느낄 정도로 복잡한 존재다. 인간의 감정 상태는 과학이 최
선의 노력을 기울이더라도 잘 정의된 상자에 깔끔하게 분류되
기를 거부한다.

이것이 감정의 분류에 관한 다윈의 견해가 부적절한 이유에
대하여 우리가 제시할 수 있는 최선의 설명이다. 감정을 몇 가
지 핵심적 범주로 줄이는 것은 우리가 공감하는 방식이 아니
다. 기본적 감정 상태를 정의하려는 시도는 행복, 분노, 슬픔,
두려움 그리고 놀람이 더 이상 줄일 수 없는 감정이 아니고, 보
편적이지 않고, 결코 단순하지도 않다는 사실을 반영하지 않
는다. 이들은 느낌의 레고Lego 블록이 아니고, 감정의 아원자
입자도 아니다. 행복은 긍정적 감정 상태의 광범위한 집합이
다. 당신은 누군가가 재미있는 농담을 했기 때문에, 방금 내기

에서 이겼기 때문에, 친구나 가족이 인생의 목표life goal를 달성했기 때문에, 또는 실제로 골goal을 넣어서, 아니면 화학요법으로 암이 완치되었기 때문에 행복할 수 있다. 그런 행복은 모두 같지 않고 비중이나 개인적 중요성이 다르지만, 그 모두에 대략 행복이라는 라벨label을 붙인다. 누군가가 '기분이 어때?'라고 묻는다면, 사회적으로 수용되고 간결한 포괄적 대답은 '행복해'이기 때문이다. 당신이 똑같은 방식으로 행복하거나 두려워하는 것이 두 번 일어나는 일은 결코 없을 것이다. 페널티 킥을 실축하는 두려움이 암 진단을 받는 두려움과 같을까? 물론 그렇지 않지만, 당신은 '두려워'라는 말로 두 상황 모두를 설명할 수 있다. 보통 복잡한 내면적 감정 상태를 맥락과 관련짓지 않고, 언어를 통한 지름길을 사용하기를 배운다.

감정을 이해하려는 노력을 지배했던 과학은 그런 사실을 잊은 것 같다. 다윈은 단지 여섯 가지의 기본적 감정이 있다고 제안함으로써 공을 굴리기 시작했고 다른 사람들, 특히 에크먼이 다윈의 공을 집어 들고 달리고 또 달렸다. 그런 과정 —20세기의 감정 연구에서 많은 부분을 지배했던— 에서 모두는, 감정이 매우 복잡하고 언어가 필요에 따라 복잡한 감정을 단순화한다는 출발점을 놓쳤다.

우리는 모두 과학적으로나 감정적으로 피클pickle에 빠져 있다(곤경에 처했다는 뜻_옮긴이). 당신은 혼란과 복잡성과 좌절감을 포함하는 감정에 대한 지름길을 사용하기를 배웠기 때문에 이 말이 무슨 뜻인지 안다. 피클은 맛있기도 하고.

다른 동물들

이 책에서 처음은 아니지만, 인간에 관한 연구는 약간의 좌절감을 느끼는 것 이상으로 어려운 일로 판명되었다. 언어로 인간의 내부 상태를 표현하려는 열망에도 불구하고, 인간의 감정에 대한 과학은 여전히 다소 혼란스러운 상태다. 그러나 원래 질문은 우리가 아니라 우리의 개와 그들이 사랑을 느끼는가에 관한 질문이었다.

동물이 기본적 감정 반응을 느낀다는 데는 의심의 여지가 거의 없다. 겉으로 드러나는 표현을 통하여 타자의 가장 깊은 내면의 감정을 정확하게 판단하지는 못할지라도 동물들이 예컨대, 두려움으로 불리는 감정을 표현한다는 것을 확신할 수 있다. 많은 동물은 위험에 처했을 때, 아마도 임전 태세를 갖추기 위하여 시야를 최대화하려고, 눈을 크게 뜰 것이다. 당신이 돌처럼 차가운 심장을 가진 사람이 아니라면, 고양이가 가르랑거리거나 개가 꼬리를 흔드는 것이 명백한 기쁨의 증거라고 생각할 것이며 그들은 즐거움이라고 합리적으로 가정할 수 있는 방식으로 눈을 가늘게 뜰 것이다. 다윈의 감정 책에서, 그는 아기 오랑우탄이 간지럼을 탈 때 킥킥대고, 침팬지가 행복할 때 짖는 것을 말한다. 다윈은 그들의 얼굴에서 기쁨과 애정을 구별할 수 없었지만, 눈이 '더 밝게 빛나는' 것을 관찰했다. 그는 뒤셴(노인의 얼굴 실험을 한 사람)의 집에서 키우는 길이 아주 잘 든 원숭이가 맛있는 먹이를 받았을 때, 사람의 안면 근육이 미소를 만들어 내는 것처럼 입꼬리가 올라가곤 하는 것에 주목한다.

그렇다면 다른 동물이 경험하는, 인간과 비슷한 더 복잡한 감정은 어떨까? 동물도 화를 낼까? 그들이 분노와 비슷하게 보이는 폭력의 위협을 표현하는 것은 분명하지만, 여기서 우리는 다시 한번 감정이 설명되는 방식이 매우 인간 중심적이라는 문제에 직면한다. 개, 늑대, 그리고 침팬지는 위협할 때 이를 드러내고 심지어 광포한 공격을 가할 때도 있지만, 그런 행동이 분노의 발작인지 통제된 계산적 행동인지를 알기는 불가능하다.

코끼리와 일부 유인원이 가까운 가족 구성원의 죽음을 슬퍼한다는 몇몇 일화적 증거가 있다. 슬픔과 애도를 닮은 방식으로 모두가 사체 옆에 머무는 것으로 알려졌다. 2008년에 죽은 새끼를 안고 있는 사진이 신문에 실림으로써 유명해진, 독일 문스터Munster 동물원에 있는 열한 살 난 고릴라 가나Gana의 가슴 아픈 이야기가 가장 주목할 만하다.

그러나 겉으로 드러나는 동물의 감정 표현에 관한 기준점을 찾는 일은 어려울 수 있다. 사람처럼 복잡한 안면 근육을 가진 동물은 없다. 돌고래, 특히 병코돌고래bottlenose는 영구적으로 치켜 올라간 입과 크게 뜬 눈을 가지고 있어서, 잔인하고 포악한 바다의 왕자임에도 불구하고 항상 유쾌하게 미소를 짓는 것처럼 보인다.* 돌고래는 표정을 바꿀 수 있는 안면 근육이 없으므로 멍청하게 즐거운 듯한 표정 말고는 아무런 감정도 전달할 수 없다.

몇몇 후회도 있었네

(프랭크 시나트라의 노래 '마이 웨이'의 가사_옮긴이)

그러나 가끔은 동물이 더 복잡한 감정을 느낄 수 있는지를 테스트하는 타당한 방법이 있다. 다른 다람쥐들이 지켜보는 가운데 도토리를 떨어뜨린 다람쥐는 당혹감을 느낄까? 우리는 알 수 없다. 순진하고 부드러운 아기 사슴을 호수 밑바닥으로 끌어들인 악어는 죄책감을 느낄까? 그것도 알 수 없다. 조금 더 기다렸다면 좋아하는 먹이를 먹을 수 있었던 쥐는 덜 맛있는 먹이를 선택한 것을 후회할까? 그 답은 절대적으로 예스yes다.

---

* 언짢게 들리는 이야기지만, 병코돌고래는 새끼를 물고 두들겨 패서 죽일 수 있다. 10대의 수컷 돌고래들은 갱을 만들어 어린 암컷을 납치하고, 물어뜯고, 꼬리를 휘두르고, 죽임으로써 도망치지 못하게 한다. 플리퍼(Flipper, 영화 「돌고래 플리퍼」에 나오는 돌고래의 이름_옮긴이)는 해명할 것이 많다.

당신이 실험실 쥐에 관해서 알아야 할 것이 몇 가지 있다. 첫째는, 먹이로 분류되지 않는 것을 포함하여 각종 쓰레기까지 먹어 치우는 것으로 알려졌지만, 쥐에게도 선호하는 특정한 취향이 있다는 것이다. 쥐를 이용한 실험에서 표준적으로 사용되는 먹이는 바나나, 체리, 초콜릿을 비롯하여 다양한 맛이 나는 알갱이다. 바나나 맛을 좋아하는 쥐가 있고, 체리 맛을 좋아하는 쥐도 있다. 쥐들은 *그렇게 까다롭지* 않아서 어느 것이든 즐겨 먹겠지만, 선택이 가능할 때는 확실한 선호도를 보여 준다. 둘째로 주목할 것은 쥐들이 지능적이어서, 빨리 배우고 훈련하기 쉽다는 사실이다. 먹이의 약속은 쥐가 당신의 실험에 도움이 되는 행동을 하도록 하는 중요한 인센티브incentive다. 먹이라는 보상을 얻거나 미로에서 길을 찾기 위하여 손잡이를 누르도록 쥐를 훈련할 수 있다.

미네소타대의 심리학자 애덤 스테이너Adam Steiner와 데이비드 레디쉬David Redish는 쥐들을 위한 작은 푸드코트food court를 만드는 방법으로 쥐의 매우 구체적이고 복잡한 감정을 테스트하는 실험을 개척했다. 로우 레스토랑Restaurant Row이라 불리는 이 푸드코트는 기본적으로 마주 보는 코너에서 네 가지 먹이를 선택할 수 있는 8각형 모양의 구역이다. 햄버거 가게, 피자 가게, 스시 바sushi bar, 피시 앤드 칩fish and chip 가게가 있는 공항이나 쇼핑몰 식당가를 상상하면 된다. 바쁠 때는 아무거나 먹겠지만, 당신이 완전 좋아하는 것은 햄버거다.

오늘은 햄버거 가게의 줄이 길다. 그러나 스시와 피자는 기다릴 필요 없이 먹을 수 있게 준비되어 있다. 그래서 시간을 절약하려고 피자 가게로 간 당신은 페퍼로니 피자 한 조각을 선택한다. 그런데 피자를 먹으면서 햄버거 가게의 줄이 사라졌음을 발견한다. 하지만 때는 너무 늦었다. 이미 두 입이나 피자를 먹었고 돌이킬 수 없다. 다음번에는 더 인내심을 가져야겠다고 다짐한다.

지금 당신의 기분은 어떤가? 답은 아마도 후회일 것이다. 후회는 단순한 실망을 넘어서는, 명백하게 부정적인 감정이다. 다음에는 더 잘하겠다는 암묵적 약속이 더해진 자기반성적self-reflective 실망이다.

'조금만 참았으면, 끝내주는 햄버거를 먹을 수 있었는데.'

이것이 바로 로우 레스토랑에서 쥐들을 대상으로 수행된 실험이었다. 그들은 특정한 맛 —예컨대 체리 맛— 을 선호하는 쥐들을 선택하여 특정한 먹이가 나오는 시간과 삐 소리가 나는 신호를 연관시키도록 훈련했다. 로우 레스토랑으로 들어간 쥐들은 먹이가 제공되는 장소에서 나는 소리를 듣고 기다릴 것인지 다음 장소로 갈 것인지를 결정할 수 있지만, 한 장소를 떠나면 그곳에서 제공되는 특정한 맛의 먹이는 취소된다. 쥐들은 기다리기를 좋아하지 않지만, 특정한 먹이(맛있는 체리 조각 같은)에 대해서는 다른 먹이보다 더 오래 기다릴 준비가 되어 있었다. 과학자들은 때로는 쥐들이 가장 좋아하는 먹이를 너무 오래 기다려야 해서 두 번째나 세 번째로 좋아하는 먹이로 옮겨 가지만, 거기서도 만족스럽지 못하게 기다려야 한다는 것을 깨닫도록 실험을 설계했다.

비열하게 들리지만, 이렇게 쥐들을 약간 불행하게 만든 것은 동물의 감정을 연구하는 완벽한 방법이었다. 여기서 당신은 쥐가 어떻게 후회를 경험하고 ―매우 합리적으로― 과학자들이 어떻게 실망과 후회의 차이를 알 수 있는지가 궁금할 것이다. 쥐는 표정이 다양하지 못해서 아쉬움이나 허망함을 보이지 않고, 실험이 끝난 후에 인터뷰를 통하여 유용한 정보를 얻을 수도 없다. 그러나 그들은 두 가지 상황에서 무언가 다르게 ―그리고 구별되게― 행동한다. 후회할 때는 한동안 고개를 돌려, 기다리기만 했다면 먹을 수 있었을 먹이를 바라본다. 기다리는 시간이 평소보다 길어짐에 따라 자리를 옮긴 합리적인 결정에 대하여 단순히 실망할 때는 돌아보지 않는다. 그리고 더욱 중요하게, 그들은 조급함의 결과로부터 배운다. 다음 라운드에서 쥐들은 선호하는 체리를 먹으려고 기다린다. 전번의 도박이 성과를 거두지 못했기 때문에 더욱 조심스럽게 플레이한다.

이것이 후회의 기능이다. 실수로부터 배우는 것. 후회는 표현하기가 매우 복잡한 감정이다. 가능한 최선의 결과를 얻을 확률을 계산해야 하고, 그 계산이 빗나갔음을 인식해야 한다. 이미 일어난 일을 분석하고, 다음번에 다르게 행동하면 어떤 일이 일어날지를 예측해야 한다.

우리는 또한 뇌 스캔brain-scanning의 시대에 살고 있는데, 이는 인간에게만 국한되지 않는다. 스테이너와 레디쉬는 로우 레스토랑을 둘러보는 쥐들의 두개골 내부를 들여다보고, 사람이 후회를 나타낼 때 활성화됨을 이미 알고 있는 뇌 영역의 활동을 기록했다. 그들은 쥐의 안와전두피질orbitofrontal cortex에서, 서로 다른 맛과 레스토랑에 대하여 특정한 세포들이 활성화되는 것을 보았고, 각각의 구체적인 시나리오에 대한 신경 활동을 파악할 수 있었다. 후회의 시나리오가 펼쳐질 때는, 쥐들이 지나친 레스토랑을 나타내는 세포에 스파크가 일어나는 것이 보였다. 쥐들의 뇌는 잘못된 결정을 내린 순간의 기억으로 불타오르고 있었다. 체리를 좋아하는 쥐들은 자리를 옮겨 바나나를 먹으면서도 여전히 체리를 생각하고 있었다.

우리는 앞에서 경고한 것과 같은 방식의 환원적reductive 설명을 하고 있다는 사실을 잘 알고 있다. 후회는 엄청나게 복잡한 감정이고, 쥐들이 실제로 무엇을 느끼는지를 확신할 수 없다. 그들 중 누구도, 잃어버린 체리를 한탄할 때, 프랭크 시나트라Frank Sinatra의 노래를 부르지는 않기 때문이다. 그러나 쥐를 놀리는 매우 영리하고 약간 비열하면서도 별난 이 실험은, 적어도 한 가지 동물에게 인간의 감정에 견줄 만한 적어도 한 가지의 복잡한 감정이 있음을 보여 준다.

이것이 사랑일까?

모든 감정 중에 가장 위대한 것은 사랑이다. 적어도 사도 바울Paul이 고린도Corihth 사람들에게 보낸 편지는 결혼식의 96.4%에서 반복되는 대로* 그렇게 말한다. 지난 몇천 년 동안, 거의 모든 작가, 작곡가, 음악가가 사랑을 정의하려 시도했다. 1980년대의 푸들 머리poodle-haired 록 밴드 화이트스네이크Whitesnake는 〈이것이 사랑일까?Is this love?〉라고 물었고, 1990년대에 반짝 인기를 얻었다가 잊힌 해더웨이Haddaway의 히트곡은 질문의 범위를 〈사랑이란 무엇일까?What is love?〉로 확장했지만, 모두가 포괄적인 대답은 시도조차 하지 않았다. 돌리 파튼Dolly Parton과 휘트니 휴스턴Whitney Houston은 불특정한 사람을 영원히 사랑할 것이라고 선언했지만, 시간의 절대적 횡포에 맞서려는 계획의 세부 메커니즘을 밝히지 않았다. 엄청나게 혼란스러운 공상과

---

* 우리가 지어 낸 통계지만, 확실히 그렇게 느껴진다. 반복할 필요가 있을지 모르겠으나, 전체 인용문은 '사랑은 오래 참고, 사랑은 온유하며. 사랑은 시기하지 아니하며 자랑하지 아니하며 교만하지 아니하며 무례히 행하지 아니하며 자기의 유익을 구하지 아니하며 성내지 아니하며'로 시작하여 비슷하게 계속된다. 물론, 이 모호하지만 강력한 감정을 정의하는 데 유용할 뿐만 아니라, 매우 사랑스러운 말이다. 그러나 이전의 킹 제임스(King James) 버전 성서에는 사랑이라는 말이 한 번도 언급되지 않는다. 대신에 자선(charity)을 이야기한다. '그중에 제일은 자선이라.' 결혼식에서는 그런 말을 들을 수 없다. 바울의 편지에는 자주 인용되는 다음 구절도 있다. '내가 어렸을 때는 말하는 것이 어린아이와 같고 깨닫는 것이 어린아이와 같고 생각하는 것이 어린아이와 같다가 장성한 사람이 되어서는 어린아이의 일을 버렸노라.' 아마도 여기까지 책을 읽은 독자에게는 매우 분명하겠지만, 우리 두 사람 모두 그렇게 되는 데는 성공하지 못했다.

학영화 『인터스텔라Interstellar』에서 앤 해서웨이Anne Hathaway가
연기한 캐릭터도 사랑이라는 주제를 말한다.

"우리가 시간과 공간의 차원을 초월하여 인지할 수 있는 것
은 사랑이다. 아마도 우리는 이해할 수 없더라도 믿어야 할 것
이다."

그러나 그녀는 자신의 말을 구체적으로 설명하지 않았으므
로, 우리는 이를 '동료 검토가 필요함in need of peer review'이라는
제목이 붙은 파일로 분류해야 한다.

위키피디아는 이 문제를 어떻게 설명하는지 살펴보자.

사랑은 가장 숭고한 미덕이나 좋은 습관에서부터 사람 사이의
가장 심오한 애정과 가장 단순한 즐거움까지, 강하고 긍정적인
감정과 정신 상태의 범위를 아우른다.

그런데도 사람들은 로맨스가 죽었다고 말한다. 감정을 표현
하는 인간의 언어와 마찬가지로, 사랑의 의미는 부정확할 뿐
만 아니라 맥락에 의존한다. 이 책의 저자는 모두 피자를 깊이
사랑하고, 책을 쓰는 동안 많은 피자를 소비했다. 그러나 우리
는 그런 사랑이 친구나 부모를 향한 감정과 같은 것이 아님을
확신한다. 숨결에서 심장의 두근거림이 느껴지는 아이들에 대
한 사랑이나, —솔직히 말해서 독자가 신경 쓸 일은 아니지만

— 우리의 배우자에 대한 사랑과도 같지 않다.

fMRI 뇌 스캔은 로맨틱한 감정을 느끼는 사람의 사진을 볼 때, 모두가 즐거움과 관련되는 편도체amygdala, 해마hippocampus, 전전두엽피질prefrontal cortex을 포함하여, 뇌의 특정 영역이 눈에 띄게 활성화된다는 것을 보여 준다. 그러나 이들 영역은 또한 섹스 중이나 먹을 때 또는 약물을 사용할 때도 활성화된다. 실제로, 다양한 자극에 대하여 어떻게 느끼는지를 과학적으로 구별하기는 어렵다. 맛있는 페퍼로니 피자를 먹을 때 분비되는 도파민dopamine은 좋은 느낌의 핵심적 요소지만 사랑에 빠질 때, 섹스나 심지어 운동을 할 때, 어쩌면 세 가지를 동시에 할 때도 똑같이 분비되는 신경 화학물질이다. 당신이 정말로 피자를 좋아한다면 네 가지일 수도 있다.

도파민은 뇌를 채우는 즐거움과 관련된 화학물질 중 하나다. 두근거리는 심장, 땀에 젖은 손바닥, 사랑이 싹트는 초기의 불안과 열정을 설명하는 데 도움을 주는 물질이다. 그러나 술에 취하는 것에 대해서도 같은 말을 할 수 있다. 실제로 2012년에 초파리를 대상으로 수행된 연구는, 암컷에게 성적으로 거부당한 수컷이 운이 좋았던 수컷보다 네 배 많은 알코올을 섭취하여 동일한 신경화학적 경로를 자극한다는 것을 보여 주었다.

우리 몸의 내부를 들여다보는 기술이 점점 더 정교해짐에도 불구하고, 사랑을 —또는 다른 어떤 감정이든— 느낄 때 '이 사람은 사랑에 빠졌다'고 말해 주는 표지, 지문, 바코드는 존재하지 않는다. 개도 마찬가지다. 개의 감정은 이해하기 어렵다. 뇌에 빛을 비추어 그들이 사랑을 느낄 수 있음을 알아낼 수는 없다. 그러나 이는 우리가 스스로 설정한 과제다. 우리는 개를 사랑하지만, 개도 우리를 사랑할까?

개들이 우리를 사랑할까?

개는 수만 년 동안 우리 삶의 일부였다. 과학적으로 결론이 난 것은 아니지만, 개는 오늘날의 늑대 혈통이 아니고 아마도 멸종된 늑대의 종에서 진화한 것으로 생각된다. 어떻게 그런 일이 일어났는지에 대하여 제시할 수 있는 최선의 이론은, 이 늑대 무리에서 덜 소심한 구성원들이 빙하기가 한창이어서 먹이를 찾기 어려웠던 시기에, 인간의 정착지 주변을 어슬렁거리면서 남은 음식을 받아먹기 시작했다는 것이다.

이 늑대들이 어떻게 생겼는지 정확히 알려지지는 않았지만, 아마도 오늘날의 늑대보다는 체구가 작았을 것이다. 우리는 적어도 36,000년 이상 지난 고대의 개에 관한 증거에 대하여 논쟁을 벌였고, 독일의 한 매장지에서는 약 14,000년 전의 결정적인 뼈를 찾아냈다. 그중에는 늑대보다 이빨이 촘촘하지 않고 주둥이가 짧은 턱뼈도 있었는데, 이는 인위적으로 공격성을 줄이기 위한 선택적 번식의 결과로 생각된다. 우리는 개가 사냥에 이용되었을 뿐만 아니라 반려자의 역할도 했다고 생각한다. 작고 빠른 사냥개는 사람이 헤쳐 나가기에 너무 빽빽한 수풀 사이로 뛰어다닐 수 있었다.

인간은 농사를 짓기 전부터 개를 길들였고, 그 이후로 개는 가장 좋은 친구가 되었다. 물론 오늘날의 개들은 엄청나게 다양하고 사랑스럽다. 우리는 지난 몇 세기 동안 다양한 품종의 개를 번식시켰고, 그들의 변화무쌍한 안면의 해부학은 ―퍼그pug의 들창코에서 너무나 잘생긴 휘핏whippet의 긴 얼굴까지. 휘핏 중에서도 제일 잘생긴 개는 제시 러더퍼드Jesse Rutherford다 ― 매우 분명하다. 그 모습 그대로도 사랑스러운 다양한 얼굴은, 외모, 기능, 또는 둘 다를 위하여 인간이 의도적으로 번식시킨 것이다. 그러나 또한 개들의 얼굴 특성이 사람과의 의사소통을 위하여 무의식중에 선택되었다는 것을 안다.

카바숑Cavachons에서 로트바일러Rottweilers까지 모든 개는 늑대에게는 전혀 없는, 눈썹을 움직이는 근육을 가지고 있다. 유형 보유paedomorphism로 알려진 개의 눈썹 움직임은, 어린 강아지나 심지어 아기처럼 보이는 효과를 만들어 내어 우리가 인간의 아기와 마찬가지로 공감하고 양육하도록 부추긴다. 개가 지을 수 있는 슬픈 표정은 당신이 개를 사랑하도록 부추기는 유전적 레퍼토리의 일부다. 사랑스러운 강아지 눈은 우리 자신의 창조물이다.

우리는 또한 번식을 통해서 원하는 바에 따라 개들의 뇌를 변화시켰다. 2019년에 과학자들은 오랫동안 우리 자신에게 사용해 온 기술을 적용하여 33개 견종의 머릿속을 들여다보기로 했다. 어떤 영역은 경비guarding와, 또 다른 영역은 친교성companionship과 상관관계가 있었다. 최고의 견종인 휘핏은 시력 및 공간적 움직임과 관련하여 발달한 뇌 영역을 보여 주었다. 역시 최고의 개인 코카푸cockapoos는 잡종이기 때문에 연구에 포함되지 않았지만, 푸들poodles은 후각과 시각의 뇌 네트워크 측면에서 높은 점수를 받았다. 모든 개에게는 아주 착한 개가 되기 위하여 고도로 발달한 영역이 있었다.

사랑처럼 불가해한 감정을 포함시킬 수는 없지만, 우리가 적용한 선택 선호도selection preferences는 충성심, 친교성, 애정 같은 바람직한 행동이 가능한 개들을 만들어 냈다.

그러면 원래 질문으로 돌아가자. 개가 우리를 사랑할까? 과학은 단지 데이터를 수집하고 분석하는 것만이 아니다. 과학은 끊임없이 움직이는 표적이다. 우리는 진실에 접근하면서도, 동시에 결코 도달하지 못하리라는 것을 인정한다. 과학은 또한 본질적으로 사회적인 활동이다. 데이터뿐만 아니라 의견의 불일치, 토론, 논쟁이 과학의 많은 부분을 차지한다. 감정과 개의 내면적 정신 상태 같은 주제는 다양한 견해가 있으나 데이터는 부족한 주제다. 논쟁의 여지가 충분하다는 뜻이다. 그리고 이 토픽에 관해서는 이 책의 저자 두 사람의 의견이 일치하지 않는다. 드물지만 즐거운 경우다.

애덤: 사랑은 —어떤 식으로 정의되든— 필연적으로 인간적 감정이고 인간만이 표현할 수 있기 때문에, 대답은 '아니요'가 되어야 한다. 제시는 나를 사랑하지 않는다. 사랑은 인간의 조건이기 때문에 오직 인간만이 사랑을 할 수 있다. 제시가 나에 대하여 느끼는 감정은 개의 감정이기 때문에 나로서는 뭐라 말할 수 없다. 제시가 말을 배우기 전에는 자신이 어떻게 느끼는지를 나에게 설명할 수 없다. 인간은 수천 년의 시간과 수백만의 세대에 걸쳐서 개들이 충성스럽고, 유용하고, 효과적으로 아이들을 흉내 내도록 선택적으로 번식시켰다. 제시와 나의 관계는 안전과 보호, 먹이와 간식의 제공, 귀여워하기와 등 긁어 주기에 기초한다. 이 모든 것이 여러 측면에서 사랑을 닮은 행동을 만들어 낼지라도, 그 정도가 나에 대한 제시의 감정에 관하여 우리가 말할 수 있는 한계다. 제시는 어쩌면 미치광이일지도 모르지만, 당신이 고양이가 아닌 한, 사랑하지 않을 수 없는 매력과 사랑스러움을 갖춘 개다. 그러나 나는 이 아름답고 즐거워하는 멍청이의 훈련을 위하여 엄격한 보상 시스템을 사용한다. 나에게는 우리가 공유하는 사랑이 지금 내 주머니 속에 있는 닭고기 맛 간식에 크게 의존한다는 것이 명백하다.

다른 사람의 내면의 경험을 이해하기는 불가능하지만, 우리는 합의를 통해서 맛과 색깔의 감각, 감정, 심지어 사랑이 어떤 감정인지까지 의견을 일치시킬 수 있다. 같은 방식으로 개와의 합의를 이뤄 낼 수는 없다. 공원에서 다른 개의 엉덩이 냄새를 맡을 때, 개의 작고 사랑스러운 뇌 속에서 무슨 일이 일어나는지 알 수 없기 때문이다. 이는 개의 감정이고, 제시가 나에 대하여 어떻게 느끼든, 그 역시 개의 감정이다.

해나: 이 무슨 강아지 풀 뜯어 먹는 소리일까. 물론 몰리는 나를 사랑한다. 아이와 보호자의 관계 또한 안전과 보호에 기초하지만, 부모에 대한 우리의 사랑이 표현하는 언어 능력을 개발했을 때라야 성립하는 관계라는 것은 말도 안 되는 주장일 것이다.

사랑은 양방향 연결이다. 사랑의 작용action을, 충성심, 친밀감, 애착의 공유되는 경험을 통해서 겉으로 드러나는 것보다 사람의 몸 안에서 느껴지는 경험의 방식으로 정의하는 것은 생물학적 허영vanity이다. 그리고 전자의 기준으로 볼 때, 개들도 완벽하게 사랑할 수 있다는 데는 의심의 여지가 없다.

설사 애덤이 옳더라도 더욱 중요한 것은 이런 상황이 한문으로 기록된 메시지가 편지함을 통해서 밀폐된 방 안으로 전달되는, 중국 방Chinese Room으로 알려진 철학적 사고실험thought experiment과 비슷한 실제 삶의 상황이라는 사실이다. 방 안에는 의미 있는 답변을 역시 한자로 작성하여 다시 내보내는 사람이 있다. 수수께끼는, 방 안을 들여다볼 방법이 없는 상황에서 방에 있는 사람이 한문에 능통한지 아니면 한문을 전혀 이해하지 못하면서 의미 있는 답변을 보내기 위하여 그저 구글 검색을 하고 있는지를 알 수 없다는 것이다.

마찬가지로, 설사 내가 보내는 사랑의 메시지를 이해하지 못하더라도, 몰리는 항상 올바른 반응을 돌려준다. 주인을 진정으로 사랑할 수 있는 뇌를 가진 개와 그렇지 않은 개를 구별할 수는 없다. 그러므로 개들도 사랑할 수 있다고 믿는 편이 나을 것이다.

*

이 충돌은 '계속됨To be continued'이라 표시된 파일에 있다. 우리는 고양이든 개든 사람이든 다른 존재의 실상을 알 수 없다. 우리의 의견이 일치하지 않더라도 동의하는 것은, 그것이 중요하지 않다는 것이다. 사랑을 정확하게 정의하기는 매우 어렵다. 우주를 이해하는 과학의 우월성이 사랑의 연구에 충분히 반영되지도 않고, 과학이 사랑을 설명하는 최선의 언어를 제공하지도 않는다. 우리 두 사람은 이 문제를 화가, 팝 스타, 그리고 멋 부리는 시인들에게 남겨두고, 각자의 애견과 함께 산책하러 나간다.

9

장

열쇠 구멍으로
본 우주

몇 년 전, 이 책의 저자 한 사람은 이탈리아식 베란다에 앉아서, 지역의 억만장자가 소유한 늑대 두 마리를 돌보고 있었던 전직 육군견 조련사와 대화를 나누었다. 상상이 가겠지만, 그에게는 스릴이 넘치는 이야기가 많았다. 하지만 그중에서 가장 큰 깨달음을 준 것은 개 훈련이 잘못되었던 이야기였다.

심각한 분쟁 기간에는 종종 막대한 현금이 국경 너머로 밀반입되어 검문소를 통과한다. 이것은 전시에 지속적으로 발생하는 치명적인 문제다. 무기의 구입과 테러 작전을 지원하기 위한 자금으로 사용될 수 있기 때문이다. 그러한 자금의 흐름을 차단하는 것은 군에 심각하고 중요한 작전 목표를 제시한다. 개는 뛰어난 후각을 가졌고, 오래된 순종적인 동료의 역할을 하기 때문에, 군은 검문소에 개를 배치하여 숨겨진 현금을 냄새 맡도록 훈련시키는 아이디어를 생각해 냈다.

개들은 물론 기꺼이 도전에 나섰다. 그들은 순식간에 훈련을 소화하면서, 거의 모든 통화의 현금을 숨긴 가방이나 사람을 탐지했을 때 확실한 신호를 담당관handler에게 보내기 시작했다. 담당관들은 화폐 탐지견을 현장에 배치하여 분쟁 지역 검문소를 통과하는 현금을 찾아내도록 했다.

결과는 재앙이었다. 탐지견들은 가장 확실한 사례조차 탐지하지 못했다. 개들은 무시했지만 나중에 담당관이 불러 세운 사람들이 두툼한 불법적 현금 다발을 숨기고 있었다. 개들은 현장에서 철수했다. 그러나 훈련시설로 돌아간 개들은 숨겨진 돈을 찾아내는 데 100% 정확도를 기록했다.

이 수수께끼는 어떤 똑똑한 친구가 훈련에 사용된 화폐와 현장에서 발견되는 화폐 사이의 작은 차이를 발견함으로써 해결되었다. 훈련에 사용된 지폐 다발은 분실을 방지하기 위하여 사람의 주머니나 가방에 넣기 전에 비닐 랩을 씌웠던 것이다. 개들은 돈이 아니라 비닐 랩을 냄새 맡도록 훈련받았다.

개들은 종종 후각이 뛰어나다고 설명된다. 이는 의심의 여지 없이 사실이다. 우리는 값비싼 실험실 장비에 버금가는 코를 가진 견종을 번식시켰는데, 그들은 물론 더 이동성이 뛰어나고 사랑스럽다. 개는 인간과 매우 다른 방식으로 냄새를 맡는다. 인간은 같은 관을 통해서 숨 쉬고 냄새를 맡지만, 개들은 숨 쉬는 공기와 냄새 맡는 공기를 구별한다. 인간의 후각전구olfactory bulbs는 콧구멍 속의 상대적으로 개방된 동굴에 있으며, 표면을 펼친다면 잼병 뚜껑 정도의 넓이가 될 것이다. 개들에게는 비개골turbinates이라 불리는 미로 같은 뼈 조직의 통로

가 있다. 비개골을 평평하게 펼치면 매우 복잡한 형태가 될 뿐만 아니라 개가 죽을 것이다. 그러나 비개골의 표면적이, 커피 테이블에 가까울 정도로, 사람보다 수십 배 (견종에 따라서) 넓다는 사실이 더욱 중요하다. 이는 공기 중의 냄새 분자를 포착하는 후각 신경세포를 위한 공간을 엄청나게 증가시킨다. 간단히 말해서, 개들은 인간보다 훨씬 더 냄새를 잘 맡는다.

그에 반해서 인간의 후각 능력은 개와 경쟁이 안 될지도 모르지만, 우리의 코를 부끄러워 할 필요는 없다. 실제로 우리는 과학자들의 부추김을 받을 때, 개들이 하는 일을 비슷하게 할 수 있다. 2006년에 한 연구팀은 사람도 지면에 남은 냄새를 따라갈 수 있음을 입증하기 위한 실험에 착수했다. 그들은 32명의 피실험자에게 초콜릿 원액에 담갔던 노끈을 잔디밭 위로, 중간에 45도의 방향 전환을 포함하여 10m 끌고 간 흔적을 추적하도록 했다. 피실험자들은 실제로 후각 외에는 다른 것에 의존하지 못하도록 눈가리개를 하고 장갑과 귀마개를 착용했다. 그리고는 잔디밭 위를 기면서, 개의 행동을 가장 가깝게 재현하는 방식으로 풀 냄새를 맡으라는 지시를 받았다. 인간 후각탐지기는 평균적인 블러드하운드bloodhound에게 기대할 수 있는 기준에 미치지 못했지만, 대부분 경우 방향이 꺾인 곳을 포함하여 경로를 따라갈 수 있었다. 더구나 연습을 거듭할수록 더 빠르고 정확해졌다.

인간은 원자의 수준에서 냄새와 맛을 구별할 수 있다. 스피어민트spearmint와 캐러웨이caraway가 완벽한 예다. 그들의 독특한 풍미를 제공하는 분자는 서로의 거울 이미지라는 것을 제외하면 동일한 분자지만, 그들을 식별할 수 있다. 이는 단순히 장갑의 냄새를 맡음으로써 왼쪽과 오른쪽을 구별할 수 있는 것과 비슷하다. 추정치는 다양하지만, 신뢰할 수 있는 계산에 따르면 인간이 감지할 수 있는 냄새는 수조 가지에 이른다.

그렇지만, 가장 희미한 냄새를 탐지할 능력이 있음에도 불구하고 (특히 과학자들이 강요할 때), 냄새는 인간이 세상을 경험하는 데 중요한 역할을 하지 않는다. 그러나 개가 세상을 탐색하는 방식은 풍부한 냄새의 태피스트리tapestry를 감지하는 일에 크게 의존한다. 모든 동물은 서로 다른 방식으로 세계를 인식한다. 과학자들은 이를 대략 '환경'이나 '주변'으로 번역되는 독일어 '움벨트umwelt'라 부르기도 하는데, 이 말은 주관적 우주에 대한 보다 일반적이고 모호한 개념을 의미하게 되었다. 물론 객관적인 우주가 존재하지만, 움벨트는 인간이 개들과 환경을 공유하더라도 우리의 주관적 세계는 그들과 같지 않다는 것을 깨닫게 해 준다.

개뿐만이 아니다. 수많은 동물이 인간보다 훨씬 더 냄새에 의존하면서 살아간다. 우리가 망각한 냄새 풍경smellscape의 감지에 전적으로 지배되는 삶을 사는 동물들이다. 냄새는 다양한 생물체가 세계 및 서로 간에 상호작용하는 데 핵심적인 역할을 한다. 특히, 때로 진화의 F 네 개라고 다정스레 언급되는, 먹기Feeding, 싸우기Fighting, 도망치기Fleeing 그리고 번식 Reproduction에서. (번식에는 비속어인 Fuck의 F가 해당되는 것으로 보인다_옮긴이)

네 개의 F

개미는 냄새를 이용하여 먹이를 찾는 일의 달인이다. 당신은 야외 피크닉이 있을 때마다 개미들에게 코가 없음에도, 어떻게 마법처럼 순식간에 나타나는지 궁금할 것이다. 개미들은 대체 어떻게 냄새를 맡을까? 더듬이로 맡는다. 대부분 곤충과 마찬가지로, 개미의 더듬이에는 후각 감지기가 붙어 있고, 머리를 좌우로 돌려서 지면이나 공기 중에 있는 냄새의 흔적을 포착한다. 냄새는 개미가 세계를 탐색하는 수단이다. 개미의 후각은 설탕, 기름, 단백질의 아주 희미한 냄새를 감지하고, 심지어 서로 다른 종류의 커피를 구별할 수 있을 정도로 예민하다. 정찰 개미는 개미굴의 동료들이 따라와서 당신의 잼 샌드위치로 올라갈 수 있도록 탄수화물로 이루어진 자신의 흔적을 남긴다. 그리고 개미들은 낭비적이지 않다. 일단 먹이가 다 없어지면, 다른 개미들이 텅 빈 창고를 뒤지면서 시간을 낭비하지 않도록 신호를 남긴다.

싸움, 공격성 또는 경고 신호에 관해서는 고양이, 사자, 코끼리를 비롯한 모든 짐승이 —수중 동물을 포함하여— 다른 동물들에게 물러서도록 경고하는 수단으로, 냄새를 이용하여 자신이 주장하는 영역을 표시한다. 수컷 큰지느러미오징어 longfin squid는 암컷에 접근하기 위한 다툼을 벌인다. 해저에 있는 알이 보이면 번식력이 있는 암컷이 근처에 있음을 의미한다. 알의 표면에 있는 특정한 단백질은 평화롭게 헤엄치던 수컷을, 근처에 있는 다른 수컷을 들이받고 드잡이하고 흠씬 두들겨 패는 광포한 미치광이로 바꾸어 놓는다.

도망치기에 관해서 우리는 자유의지를 다룬 장에서 쥐들이 병적으로 톡소플라스마증에 감염되지 않은 한, 병적으로 고양이의 오줌을 피한다는 사실을 알았다. 많은 동물은 자신을 잡아먹으려는 다른 동물의 특정한 냄새에 대하여 선천적 두려움을 갖도록 진화했다. 2001년에 수행된 연구에서는 2-페닐에틸아민(2-phenylathylamine)이라 불리는, 다양한 포식자의 오줌에서 발견되는 특정한 분자에 의하여 자극되는 특별한 후각 수용체olfactory receptors를 발견했다. 과학의 매력을 보여 주는 훌륭한 예로, 데이비드 페레로David Ferrero의 연구팀은 미국 전역의 동물원에서 사자, 눈표범snow leopard, 아프리카살쾡이, 소, 기린, 얼룩말 등 38종 동물의 오줌을 수집했다. 그들은 육식을 하는 포식자들이 초식동물보다 훨씬 더 많은 2-페닐에틸아민을 만들어 내며, 쥐들이 죽음을 무릅쓰고 이 화학물질을 피해 나간다는 것을 알아냈다. 잠재적 먹잇감이 되는 동물이 한 번도 마주친 적이 없음에도 불구하고 포식자를 멀리 피하는 것은 그런 이유에서일 것이다.

그리고 섹스에 관해서는, 음, 냄새가 가장 강력한 유인 물질이다. 섹스 페로몬sex pheromone은 동물의 넋을 빼놓을 수 있다. 당신이 암컷 멧돼지라면 ―아마 다른 이름으로 부르겠지만― 5α-androst-16-en-3-one이 상상할 수 있는 가장 흥분되는 냄새의 하나다. 수컷 멧돼지의 침에서 분비되는 이 호르몬은, 냄새를 맡은 발정기 암컷이 '짝짓기 자세mating posture'로도 알려진, '척추 전만lordosis'이라 불리는 섹스 준비 자세를 취하게 할 정도로 강력하다.

인간은 이런 일을 하지 않는다. 멧돼지들이 무슨 짓을 하든 간에. 우리는 포식자의 냄새를 맡고 도망치지 않는다. 적어도 예의 바른 사회에서는 소변으로 영역을 표시하지도 않는다. 그리고 앞 장에서 여러 번 등장했던 휘핏종 개 제시가 ―불운하게도 우리 두 사람 모두 경험한 적이 있는― 가장 주목할 만한 냄새를 만들어 낼 수 있지만, 그 냄새조차도 우리를 격렬한 분노에 빠뜨릴 만큼 나쁜 것은 아니다. 당신은 식당에서 풍겨 나오는 맛있는 음식 냄새에 끌린다고 주장할 수 있지만, 그것은 피크닉에 모여드는 개미들이 받는 생물학적 명령과는 같지 않다. 섹스에 관해서는, 섹스 파트너를 유혹한다고 주장하는 (예측할 수 있듯이, 거의 전부가 남성이 여성을 유혹하기 위한) 제품을 판매하는 거대한 산업이 존재한다. 그러나 심지어 인간에게 섹스 페로몬pheromone이 존재한다는 주장에 대해서도 그 어떤 증거도 발견된 적이 없다. 일반적으로 악취가 나는 사람들이 덜 성공적인 밤을 보낼 것은 분명하지만, 그것이 화학물질을 분비하여 누군가를 흥분시킬 수 있음을 뜻하는 것은 아니다.

인간은 서로 간에 그리고 다른 동물과 소통하는 중요한 수단으로 냄새에 의존하지 않는 방식으로 진화한 것 같다. 그러나 선조들은 이런 능력을 풍부하게 소유했던 것으로 보인다. 후각은 고대의 감각이며, 그 기저를 이루는 유전학에는 코 문제에 관한 인류의 부족함에 관한 단서가 있다.

냄새 맡을 것이냐 맡지 않을 것이냐

유전자가 만들어 낸 단백질 중에 특별한 용도가 없는 것은, 교열 담당자에 의해 뭇이된 다너들처럼like werds thet got ugnored by the copyedytor, 처벌받지 않고 돌연변이를 일으키고, 쓸모가 없게 되고, 게놈genome 속에서 녹슬 수 있다. 그러나 자세히 살펴보면 한때는 작동하던 유전자가 기능을 잃은 것임을 알 수 있다. 후각이 뛰어났던 우리 조상이 남겨 놓은 유전자보다 이런 사실을 더 명백하게 보여 주는 것은 없다. 인간은 거의 900개의 냄새와 관련된 게놈 조각을 가지고 있지만, 그중 절반은 녹이 슬었다. 인간의 후각이 쇠퇴한 방식의 유전학은 사람들 간에 냄새 맡을 수 있는 것과 맡을 수 없는 것에 차이가 나는 결과로 이어졌다. 홍분한 멧돼지 암컷이 그토록 좋아하는 5 α-androst-16-en-3-one이 대표적인 예다. 어떤 사람에게는 끈적-달콤한sticky-sweet 냄새이고, 다른 사람들에게는 이 냄새를 탐지할 생물학적 하드웨어가 전혀 없다.

또 다른 예는 아스파라거스다. 맛있는 어린 아스파라거스를 먹다 보면 30분 안에 쉬가 마려울 것이다. 당신의 몸은 채소의 아스파라거스산asparagustic acid을 소화하여 메탄티올methanthiol, 디메틸설파이드dimethylsulphide를 비롯한 몇 가지 황 성분이 풍부한 화합물로 변환하고 소변으로 배출한다. 어떤 사람들에게는 매우 자극적인 이 냄새를 전혀 맡지 못하는 사람도 있다. 이렇게 특정한 냄새를 맡을 수 있거나 맡을 수 없는 이분법적 능력은 단순히 특정한 유전자의 작동하는 버전이 있는지 아니면 돌연변이로 고장이 났는지에 달린 것이 아니다.

우리 사이의 모든 유전적 순열permutation의 어딘가에는 매우 특별한, 후각의 민감도가 놀라운 결과를 낳을 수 있는 사람들이 있다.

치명적인 질병의 냄새를 맡는 방법

스코틀랜드 퍼스Perth에서 은퇴한 간호사 조이 밀른Joy Milne

은 남편의 몸에서 나는 냄새의 변화를 알아차렸다. 레스Les의
피부에서 희미한 사향 냄새가 나기 시작했던 것이다. 그녀는
이를 닦지 않았거나 제대로 샤워를 하지 않았다고 남편을 비
난했다. 그러나 자신을 잘 돌보고 있다는 남편의 단호한 태도
에 그 문제를 그냥 내버려 둘 수밖에 없었다. 6년 후에 레스는
파킨슨병Parkinson's disease 진단을 받았고 이어서 쇠약해진 상태
로 사망했다.

진단을 받은 뒤에 레스와 조이는 파킨슨병 환자 지원 모임
에 참석했다. 방에 들어간 조이는 똑같은 냄새와 마주쳤다. 다
른 참석자들의 냄새를 맡기 위한 핑계로 차를 나눠 주느라 바
쁜 척했던 그녀는 그들에게서 남편과 같은 냄새가 풍기는 것
을 발견했다. 그녀는 에든버러대에서 파킨슨병을 연구하는 틸
로 쿠나스Tilo Kunath에게 이런 사실을 말했다. 기이하거나 심지
어 가능성이 없는 일로 보였음에도 불구하고, 쿠나스는 조이
의 말을 믿고 그녀를 테스트해 보기로 했다. 우선 그는 파킨슨
병 환자와 그렇지 않은 사람이 입었던 티셔츠 여섯 벌씩을 그
녀에게 주고 환자가 입었던 티셔츠를 식별하도록 했다. 조이
는 열두 벌 중에 열한 벌을 정확하게 맞혔지만, 환자가 아닌 사
람이 입었던 티셔츠 한 벌에서도 독특한 냄새를 탐지했다. 8개
월 뒤에, 그 사람 역시 파킨슨병 진단을 받았다.

이 놀라운 위업은 파킨슨병에 걸릴 사람의 피부에서 분비
되는 지방질 피지oily sebum에 농축된 냄새의 조합 ―히푸르산

hippuric acid, 아이코세인eicosane, 옥타데카날octadecanal 같은 이색적인 이름의 분자를 포함하여— 을 발견하게 되는 연구 프로그램의 기초가 되었다. 아직도 왜 이런 일이 특히 다른 확실한 증상이 시작되기 전에 일어나는지를 알지 못한다. 파킨슨병은 일반적으로 떨림, 움직임의 둔화, 그리고 아이러니하게도 후각의 상실 같은 다양한 증상의 관찰을 통해서 진단된다. 조이 밀른의 초후각super-smelling에서 시작하여 2019년에 발표된 연구 결과에 따라, 이제 우리에게는 이 치명적인 질병을 과거보다 몇 개월 앞서서 진단할 수 있는 새로운 방법이 있다.

이렇게 후각의 소용돌이를 엿본 사례가 보여 주는 것은 냄새의 움벨트가 단지 종species 사이에서만 다르지 않다는 사실이다. 냄새에 관하여 본질적인 '개의 경험'과 '인간의 경험'은 없다. 유전학의 기본적 생물학은 냄새의 세계에 참여할 수 있는 인간의 능력이 단지 제한적일 뿐만이 아니라, 각자에게 고유하다는 것을 의미한다. 당신이 맡을 수 있는 냄새는 우리가 맡을 수 있는 냄새와 다르다. 이 책의 저자 한 사람이 맡을 수 있는 냄새도 또 다른 한 사람과 다르다. 경험의 자극적인 카테일과 냄새가 기쁨이나 고통의 기억을 촉발하는 방식에 이 사실을 더하면, 우리 각자에게 완전히 독특한 냄새의 감각을 얻게 된다. 움벨트는 본질적으로, 절대적으로, 그리고 전적으로 wholeheartedly 개인적이다.

우리의 모든 감각 중에 아마도 후각이 가장 감정을 자극하는 감각일 것이다. 어디선가 풍겨 오는 냄새가 순간적으로 당신을 어린 시절이나 몇 년 전의 휴가로 데려가는 순간의 경험은 얼마나 강렬한가? 아침에 지글거리는 베이컨 냄새, 오래된 책을 펼치는 냄새, 빵 굽는 냄새, 감자칩에 뿌린 식초 냄새. 아기의 두피나 연인의 피부에서 나는 냄새보다 더 강렬한 감각이 있을까? 냄새에는 가장 좋은 기억을 떠올리게 하는 힘이 있다. 애덤에게는 사탕무의 달콤한 냄새가 설탕이 정련되던 공장 근처 운동장에서 럭비를 하던 서포크Suffork의 어린 시절로 바로 데려가는 냄새다. 냄새가 기억을 촉발할 수 있음을 아는 해나는 우아한 향이 나는 양초를 사서 신혼여행 기간 내내 촛불을 켜 놓았다. 신혼여행에서 돌아와 성냥을 켤 때마다 그 따뜻한 느낌이 되살아나기를 바라면서. 유감스럽게도 그 양초는 생산이 중단되어 아무리 해도 다시 찾을 수 없었다. 그녀의 결혼 생활은 실패했고, 이제 그녀는 군견 훈련사와 늑대 두 마리와 함께 살고 있다.*

가장 쓸모없는 초능력

애덤은 말한다: 우리가 이 책을 쓰는 동안 새로운 전염성 바이러스가 세상을 뒤집어 놓았다. 수많은 사람이 감염되고 사망했

---

* 이는 ―의심을 피하기 위하여― 일반적으로 농담이라 일컬어진다.

다. 코로나19의 일반적인 증상 중에는, 이른바 무후각증anosmia 이라는, 급격하게 냄새 감각을 잃는 증상이 있다. 코로나 감염자의 절반 정도에서 무후각증이 나타나고, (지금까지) 우리가 아는한, 약 한 달 뒤에 90% 정도가 회복된다. 우리는 아직 이런 증상이 나타나는 이유를 이해하지 못한다. 생물학자이며 냄새 전문가인 매튜 콥Mathew Cobb이 제시한 이론은, 바이러스가 후각 전구 세포에서 공기 중의 휘발성 분자를 감지하는 것을 돕는 단백질을 파괴한다는 것이지만, 본인도 인정하듯이 합리적인 추측일 뿐이다.

나 자신도 2020년 3월에 코로나에 감염되었지만 —즐거운 경험은 아니었고 전혀 권하고 싶지 않다— 대부분의 코로나 환자와는 달리 냄새와 관련된 다른 증상이 있었다. 극소수의 사람만 영향을 받는 것 같다. 그리고 역시 알려지지 않은 이유로, 후각이 강화되는 후각과민증hypersmia이었다. 기본적으로 나는 모든 것의 냄새를 맡을 수 있었다. 우리 집의 두 방 건너에서 딸이 바르는 핸드크림hand cream 냄새를 정확하게 식별할 수 있었다. 두 개의 닫힌 문 뒤에서 아들이 사용하는 샤워 젤shower gel의 냄새도 맡을 수 있었다. 심지어 길 건너편 모퉁이 가게에 피워 놓은 향냄새까지 맡을 수 있었다. 만화 속 슈퍼히어로들은 종종 역경을 통해서 —불사의 데드풀Deadpool은 정상적으로는 치료할 수 없는 암을 통하여, 데어데블Daredevil은 어린 시절에 시력을 잃었기 때문에— 초능력을 얻는다. 내가 코로나를 통해서 얻은 핸드

크림 냄새를 맡는 능력은 솔직히 말해서, 거스름돈을 덜 받은 것
처럼 느껴진다.

일부 사람들에게 냄새는, 전쟁의 기억이나 부상을 당하고
고통받는 모습을 목격한 기억이 다시 떠오르는 것 같은, 강력
한 외상 후 스트레스post-traumatic stress를 유발한다. 이런 현상에
대한 우리의 (제한적인) 이해는 해마hippocampus라 불리는 뇌 영
역에서, 특정한 장소를 회상할 때 활성화되는 장소 세포place
cell라는 신경세포의 집합을 발견함에 따른 것이다. 이들 세포
는 냄새를 포함한 다양한 감각의 입력을 받아들이고, 과거에
맡았던 냄새와 다시 마주쳤을 때 활성화된다.

우리는 다른 사람들이 어떻게 세계를 경험하는지를 거의 알
지 못한 채로 세상을 방랑한다. 그리고 냄새는 지배적인 감각
도 아니다. 자신과 다른 사람들의 지각perception의 차이는 코에
서 눈으로 전환될 때 더욱 깊어진다. 시각에서도 역시 실재는
보이는 것과 다르다.

당신의 눈을 검사할 시간

이 검사를 하려면 친구 한 사람과 매직펜처럼 밝은 색상의

물체가 필요하다. 우선 친구가 그 물체를 보지 못하게 한다. 당신이 친구의 한쪽 귀에서 1m 정도 떨어진 측면에서 물체를 들고 있는 동안에 똑바로 앞쪽을 보라고 말한다. 친구가 앞쪽을 바라보는 동안, 그의 머리 앞쪽으로 반원의 호를 그리면서 천천히 물체를 친구의 시야 안으로 이동시키고 뭔가가 보이면 말하라고 하라. 친구가 말하는 즉시 이동을 멈추고 물체를 흔든다. 친구는 물체가 흔들리는 것은 볼 수 있지만, 그것이 무엇인지 더 중요하게는 무슨 색깔인지를 알 수 없다.

눈의 주요 기능은 광자photon를 포착하는 것이며 포유류에서는, 기본적으로 뇌의 연장선상에 있는 세 층의 신경세포인 망막에서 광자의 포착이 이루어진다. 광수용체photoreceptors라 불리는, 광자를 모으는 일을 담당하는 세포에는 간상체rods와 추상체cones의 두 종류가 있다. 간상체의 역할은 움직임을 감지하는 것이며, 인간의 경우에는 망막의 가장자리 영역에 배치된다. 간상체는 색깔을 인지하지 못하고, 해상도가 높지 않다.*

친구의 시야 주변에서 물체를 잠시 멈출 때 활성화되는 세포는 간상체뿐이다. 당신의 피실험자가 물체의 존재와 움직임만을 볼 수 있고 색깔이나 세부사항은 볼 수 없다는 뜻이다.

호arc를 따라 물체를 계속 움직이면 어느 지점에선가 추상

---

* 5장에서, 우리가 유령을 본다고 생각하는 이유의 하나로 간상체를 언급했다. 간상체는 황혼 무렵에 가장 잘 작동하고, 시야의 구석에서 일어나는 단색의 움직임을 감지하도록 조정되어 있기 때문이다.

체가 활성화된다. 추상체는 색채를 포착하는 세포다. 눈의 중심부에 조밀하게 모여 있기 때문에 이미지의 세부사항을 알려 주는 세포이기도 하다. 물체의 정체를 식별하기 위해서는 추상체의 활성화가 필요하다.

당신이 뇌를 신뢰한다면, 자신이 총천연색 시각을 가졌다고 생각할 것이다. 하지만, 그렇지 않다. 물체를 흔드는 실험은 당신의 시야 가장자리에서는 흑백으로 보인다는 사실을 알려 준다. 아마 그런 사실을 알아챈 적이 없을 것이다. 사람들은 보는 일에 대해서 그다지 신경 쓰지 않는 것이 보통이지만,* 매직펜을 흔드는 실험은 우리의 눈이 볼 수 있는 것에 물리적 한계가 있고, 그 한계가 무엇을 어떻게 볼 수 있는지를 제한한다는 사실을 말해 준다. 시각은 실재reality의 객관적인 스냅 사진이 아니다.

상황은 더 악화한다. 추상체의 밀도가 가장 높은 곳은, 우리의 시각이 가장 예리하고 당신이 지금 하고 있는 일에 가장 유용한 황반fovea이다. 광수용체에서 흘러나온 신경섬유는 눈과 뇌를 연결하는 시신경으로 묶인다. 그런데 시신경이 눈을 떠나는 곳에는 광수용체가 전혀 없어서, 암점scotoma이라 불리는 망막의 어두운 곳, 즉 맹점blind spot이 생긴다. 우리 중 한 사람이 사라지게 하는 방법으로 당신에게 맹점을 보여 줄 수 있다.

---

* 그렇지만, 애덤은 신경 쓴다.

우선 아래에 있는 저자들의 사랑스러운 사진을 2피트(60cm) 정도 거리에서 코를 우리의 머리 사이에 두고 바라보라. 그리고 왼쪽 눈을 감은 다음에 오른쪽 눈을 해나의 얼굴에 집중하라.

이제 계속해서 해나를 보면서 천천히 책을 당신 가까이로 움직여 보라.

어느 순간, 아마도 1피트 정도 거리에서 애덤의 얼굴이 시야에서 사라질 것이다. 애덤의 얼굴에서 출발한 광자는 여전히 당신의 눈으로 들어오지만, 맹점에 도착하기 때문에 전기 신호로 바뀌지 못한다. 당신의 뇌는 이러한 광수용체의 구멍을 알고 있어서 애덤의 얼굴 주변 영역에서 얻은 *처리할 수 있는* 정보, 즉 흰 공백으로 구멍을 메우고 애덤이 잠시 존재하지 않게 된다.

원한다면, 오른쪽 눈을 감고 애덤에 집중함으로써 해나를 사라지게 해 볼 수도 있다. 왜 그런 일을 하고 싶을지는 아무도 알 수 없지만.

시각은 세계에 대한 우리의 감각적 경험을 지배한다. 물론 맹인으로 태어나거나, 살아가는 동안에 시력을 잃는 사람들도 있다. 그러나 대부분 사람에게 우주는 빛으로 가득하고, 우리는 그들 광자를 두개골 안의 어두운 곳으로 가져와 실재에 관한 풍부하고 다채로운 관점을 구축한다.

내가 보는 것이 보이는가?

색채를 포착하는 추상체에는 세 가지 유형이 있다. 각 추상체 내부에는 옵신opsins이라 불리는 광자를 빨아들이는 분자가 있다. 이들 분자는 세 가지 특정한 파장의 빛 중 하나를 포착하도록 정교하게 조정되어 있다. 대략적으로 말하자면 가시광선 스펙트럼의 짧은 파장, 중간 파장, 긴 파장의 빛을 감지하도록 되어 있지만, 청색, 녹색, 그리고 적색, 즉 원색primary colours을 감지하는 추상체라고 생각하는 편이 더 쉽다.

유전적 특성에 따라 이 세 가지 유형의 추상체 중 하나가 부족하여 특정한 색을 구별할 수 없는 사람들이 있을 수 있다. 이런 조건의 대부분은 약 8%의 남성(그리고 불과 0.5%의 여성)에서 나타는 적록 색맹red-green colour blindness을 제외하고 매우 드물다.* 적록 색맹은 일반적으로 적색이나 녹색 추상체를 암호화

---

* 녹색이나 적색 추상체를 암호화하는 유전자는 X염색체(chromosome)에 있다. 당신이 남자로 태어났고, (예를 들어) 부모에게서 결함이 있는 녹색 옵신 유전자를 물려받을 정도로 운이 나빴다면, 더 이상 의지할 곳이 없다. 반면에 여성에게는 두 개의 X염색체가 있다. 따라서 DNA 중에 결함이 있는 유전자를 물려받았더라도, 한 번 더 주사위를 굴릴 기회가 있다.

하는 유전자에 결함이 있을 때 나타난다. 그런 일이 일어난 사람에게는 기능을 발휘하는 추상체가 —청색과 나머지 어느 것이든 하나의— 두 가지만 남게 된다. 스펙트럼의 적록red-green 영역에 속한 광자가 들어오면 남아 있는 추상체가 느슨한 곳을 메워야 한다. 예를 들어 녹색 옵신이 고장 났다면, 남아 있는 적색 옵신이 녹색과 적색을 구별할 수 없음에도 불구하고 녹색과 적색 광자 모두를 빨아들이는 임무를 맡아야 한다.* 이런 조건에 해당하는 사람은 빨강색 크리켓 공과 초록색 잔디밭의 색상 차이나 교통 신호등의 적색과 녹색 신호를 구별할 수 없다. (그래서 신호등은 전구 하나가 색깔을 바꾸는 것이 아니고 위치가 다른 전구 여러 개를 배열하도록 설계된다.)

그렇지만, 세 가지 추상체 모두 기능을 발휘하는 사람과 그러지 않는 사람 사이에 극적인 차이가 있어야 함에도 불구하고 색채 시각에 결함이 있는 사람 대부분은 자신의 상황을 전혀 인식하지 못한다. 우리에게는 시각적 움벨트를 설명할 언어가 너무도 부족해서, 이 책을 읽는 독자 중 많은 사람이 세상을 왜곡하는 유전적 결함을 가진 것도 모르는 채로 돌아다닐 수 있다.

---

* 적색과 녹색 옵신은 흡수 스펙트럼이 겹친다. 두 가지 유형이 광자를 모두 포착할 수 있다는 뜻이다. 그러나 적록 색맹은 다양한 형태의 색채 시각장애 중 하나일 뿐이다. 청색 옵신도 고장 날 수 있다. 청색 영역의 색을 볼 수 없게 된다는 뜻이다. 우리는 여기서 이야기를 단순화하고 있다. 유전학은 터무니없을 정도로 복잡하고 해나가 약간의 현기증을 느끼기 때문에.

아니면 당신에게 결함 대신 유전적 초능력이 있을 수도 있다. 완전히 다른 유형의 추상체를 가진 여성이 있을 수 있다. 이는 그들이 4색형 색각tetrachromats을 갖췄다는, 즉 네 가지 원색을 볼 수 있다는 뜻이다. 새로운 (우리가 아직 완전히 이해하지 못하는) 현상이지만, 여덟 명의 여성 중 한 명이 새로운 DNA 조각, 즉 X염색체에 있는 또 다른 버전의 옵신 유전자를 가진 것으로 보인다. 나머지 사람들이 단조로운 색상을 보는 곳에서 색채의 미묘한 음영 변화를 볼 수 있는 사람들이 있는데, 이것이 바로 그 이유일 수 있다. 일부는 수천 가지 색깔을 더 구별할 수 있는 진짜 능력을 가졌지만, 단지 색깔에 이름을 붙일 언어가 없는 것인지도 모른다. 여성들이여. 당신이 색채의 음영에 관해서 다른 사람들과 정중한 의견 차이가 있거나, 다른 사람들은 칙칙한 녹색을 보는 곳에서 풍부하고 다채로운 녹색을 본다고 생각한다면, 방금 인간 진화의 다음 단계에 도달한 것일지도 모른다.

우리는 세계에 관한 경험을 다양하게 갖고 있지만 근본적 생물학의 제한을 받는다는 사실을 안다. 우리 중 일부는 다른 사람들보다 더 많은 색깔을 본다는 것도 안다. 그리고 지각perception이, 광자가 전달한 정보가 처리되고 삶의 현실로 재구성되는, 두개골 속 어두움에서 일어난다는 것을 안다. 우리가 모르는 ―그리고 실제로 테스트할 방법이 없는― 것은 뇌가 눈으로 쏟아져 들어오는 광자에 반응하여 동일한 내면적 경험을 구성하는지의 여부다.

우리는 모두 크리켓 공이 빨간색이라는 데 동의할 수 있다. 빨강은 공의 표면에서 반사되어 망막에 포착된 빛의 파장을 설명하기 위하여 정착된 용어다. 그러나 당신의 빨강이 다른 사람의 빨강과 같을까? 만약, 어떻게든 당신의 마음을 다른 사람의 마음으로 옮길 수 있고, 하루에 대한 그들의 견해를 경험할 수 있다면, 그것이 당신의 경험과 극적으로 다를 수 있을까?

각자의 마음에 있는 색채 —또는 맛, 냄새, 촉감— 의 경험은 과학적으로 측정할 수도, 알 수도, 표현할 수도 없다. 이것은 과학과 철학에서 놀라운 독창성을 보여 주는 과학자와 철학자들이 '어려운 문제the hard problem'라 부를 정도로, 가장 어려운 문제 중의 하나다. 그렇지만 실재에 대한 우리의 인식을 성문화하려 할 때마다, 과학이 찾아내는 것은 차이점이 전부다. 색채 감지, 냄새 맡는 능력, 맛에 대한 민감성에는 생물학적 다양성이 있다. 당신과 똑같은 방식으로 세계를 경험한 사람은 아무도 없었고 앞으로도 없을 것이다. 아름답다고 생각하는 색깔, 피하고 싶어 하는 냄새에 관한 사람들의 엄청난 차이를 설명하는 데 도움이 될 수도 있는 사실이다.

보이는 것을 넘어서

한 사람의 세상 경험이 다른 사람과 똑같을 것으로 생각하면 오산이다. 우리 종의 세계관이 지구를 우리와 공유하는 수십억의 다른 생물체와 같다는 생각 역시 잘못이다. 우리 인식의 한계는 하드웨어로 설정되고, 하드웨어는 우리가 살고 있는 세계에 맞춰 진화했다.

이런 사실을 시각보다 더 명확하게 보여 주는 것은 없다. 우리가 보는 무지개는 우주를 채우고 있는 같은 재료 —서로 다른 에너지를 가지고 서로 다른 파장의 파동처럼 행동하는 광자들— 로 이루어진다. 우리의 눈이 무지개의 색깔을 감지하는 (그리고 무지개에 색깔이 있다고 동의하는) 것은 우리의 생물학적 하드웨어가 탐지할 수 있기 때문이다. 그러나 무지개를 만들어 내는 특정한 빛다발에 특별한 점은 아무것도 없다. 전자기파electromagnetic wave의 스펙트럼은 뼈를 촬영하는 데 사용하는 X선으로부터, 음식을 데우는 전자레인지, 우주비행사에게 치명적 위협이 되는 우주선cosmic rays, 우리의 집을 음악, 정치, 그리고 과학 연구의 흥미로운 사례로 채우는 라디오파radio wave까지, 우리가 탐지할 수 있는 영역 너머로 멀리 확장된다. 그들은 모두 같은 재료로 구성된다.

또한 크고 오래된 스펙트럼이기도 하다. 가장 짧은 감마선gamma rays의 파장은 1피코미터picometer(1mm의 10억분의 1)다. 반대쪽 끝에는 파장이 약 10만km인 극저주파수의 라디오파가 있다.

우리 눈의 추상체는, 대략 370나노미터nanometer, nm ―진보라색― 와 700nm ―심홍색― 사이에 있는 전자기파 스펙트럼의 아주 좁은 영역만을 탐지할 수 있다. 자외선 영역도 조금 볼 수 있을지도 모르지만, 우리의 렌즈가 자외선을 완전히 차단한다. 따라서 우리의 하드웨어는 말 그대로 볼 수 있는 범위를, 우주를 채우는 빛의 극히 일부로 제한한다. 304쪽과 350,767개의 글자로 이루어진(원서가 그렇다는 말이다_옮긴이) 이 책 전체가 전자기파 스펙트럼이라면, 실제로 읽을 수 있는 것은 문장 하나에도 미치지 못할 것이다. 우리가 볼 수 있는 것은 글자 12개 정도일 것인데, 많다고는 할 수 없다. 다른 동물은 그 정도로 제한을 받지 않는다. 날아다니는 곤충의 다수는 자외선을 볼 수 있다. 그리고 꽃가루받이를 위해서 곤충을 필요로 하는 꽃들은 이런 사실을 잘 알고 있다. 예쁜 꽃잎에는 종종, 맛있는 꿀과 가장 중요한 생식기관으로 향하는 자외선 활주로가 있다. 우리처럼 스펙트럼의 붉은색 부분은 아니지만, 꿀벌은 자외선을 아주 잘 본다. 깜빡임 임계값flickering threshold이 더 높고 진주광iridescence도 감지할 수 있는 꿀벌의 눈은 날아다니면서 꽃을 찾아내는 능력이 탁월하도록 진화했다. 빨간색만 아니라면.

그렇지만 가장 풍부한 색채를 즐기는 것으로 보이는 곤충은 나비다. 이는 단지 나비가 자외선 영역의 빛을 잘 탐지하기 때문만이 아니다. 인간에게는 쥐꼬리만 한 3원색(어쩌면 4원색)밖에 없는 반면에, 다수의 나비에게는 9 또는 10원색이 있다. 흔히 볼 수 있는 파란병나비bluebottle butterfly ―파란 병이 아니고 나비― 의 경우에는 무려 15원색에 달하기 때문이다. 캔자스의 삭막한 흑백의 세계를 떠나 먼치킨munchkins(영화 『오즈의 마법사*The Wizard of Oz*』에서 동쪽 나라에 사는 작은 체구의 사람들_옮긴이), 서쪽 나라의 사악한 마녀, 노란 벽돌길이 있는 총천연색의 세계인 오즈Oz로 들어선 도로시Dorothy를 생각해 보라. 나비가 보는 것을 볼 수만 있다면, 우리가 바로 도로시 같을 것이다.

자외선을 볼 수 있는 포유류는 많지 않지만, 순록은 볼 수 있다. 순록을 마취시켜서 이런 사실을 알아냈다. 동물이 마취된 상태에서도 망막 테스트를 할 수 있다. 2011년에 한 연구팀이 순록 18마리의 눈에 빛을 비추는 바로 그런 실험을 했다. 그들의 망막 신경세포는 자외선 영역의 빛에도 활성화되었다. 이는 순록이 서식하는 환경을 생각하면 이해할 수 있는 일이다. 자외선은 대부분 지면에서 흡수되지만, 지면이 얼음이나 눈으로 덮여 있을 때는 거의 전부 반사된다. 그러나 이끼(순록에게 중요한 먹이)와 오줌(싸움과 짝짓기에 관련된 중요한 표지)은 눈에서 반사되는 자외선의 광휘 속에서 어둡게 보인다. 당신이나 나에게는 순백의 눈 담요처럼 보이는 것이 순록에게는 음식과 섹스에 관련된 명확한 표지로 얼룩진 담요로 보인다.

보다 근래에는, 오리너구리가 다양한 색상의 자외선을 방출한다는 사실이 발견되었다. 그들이 자외선 스펙트럼의 빛을 볼 수 있는지는 알려지지 않았지만, 이 대단히 기이한 동물의 다른 특성들과 잘 어울리는 일이라고 생각된다. 당신이 전기를 감지할 수 있는 주둥이와 독침이 있고 알을 낳는 포유동물이 된다면, 디스코disco 조명이 번쩍이는 털가죽도 있지 않을까?

다양한 색상의 심해 지배자

그렇지만, 자외선을 볼 수 있다는 것은 진정한 시각을 갖춘 생물체에 비하면 아무것도 아니다. 깊은 바다의 암흑 속에서 빛을 지배하는 왕과 여왕은 강력한 사마귀새우mantis shrimp다. 이 미니 바닷가재에는 여러 종이 있는데, 그들이 바다에서 사는 다른 명칭이들보다 훨씬 더 존경받을 자격이 있다고 생각한다.

이들 갑각류는 프라이드 축제Pride carnival(성소수자들이 행진을

벌이는 축제_옮긴이)의 무지개새우rainbow prawn처럼 색상이 다채롭다. 화려한 것은 틀림없지만, 위의 그림은 공작사마귀새우 peacock mantis shrimp를 충분히 설명하지 못한다. 재능 있는 우리의 일러스트레이터illustrator 앨리스 로버츠Alice Roberts 교수의 잘못은 아니다. 단지 이 작은 동물의 화려함의 전모를 사람이 볼 수 없기 때문이다. 공작사마귀새우는, 우리를 포함하여 대부분 동물보다 넓은 범위인 파장 330nm와 700nm 사이의 빛을 볼 수 있다. 그들은 또한 —그리고 이것이 새우의 진정한 초능력이다— 서로 다른 16가지 색채의 광수용체가 있다는 기록도 보유하고 있다. 이는 16가지 원색으로 이루어지는, 우리가 상상할 수 없는 울트라 총천연색ultra-technicolour의 세계를 의미한다.

시각적 해상도는 겹눈을 구성하는 낱눈의 수로 결정된다. 꿀벌의 눈에는 약 150개의 낱눈이 있다. 초파리의 낱눈은 약 700개다. 사마귀 새우는 10,000개다. 이는 1980년대의 아타리Atari 2600 게임기에서 하는 스페이스 인베이더Space Invaders 게임과 고성능 하드디스크와 4K 모니터를 갖춘 플레이스테이션 PlayStation 5에서 하는 어쌔신 크리드Assisin's Creed 게임의 차이와 비슷하다.

그렇지만, 이런 울트라 비전ultra-vision은 약간 곤혹스럽다. 사마귀새우는 보통 해수면에서 거의 1마일(1.6km) 아래의 바닥에서 산다. 애초에 색채를 거의 볼 수 없는 칠흑같이 어두운 곳이다. 그들이 왜 그토록 놀라운 색채 시각을 가졌는지 모르지만,

이유가 무엇이든 사마귀새우에게는 중요한 일일 것임이 분명하다. 그저 그 중요한 것이 무엇인지 모를 뿐이다. 우리의 움벨트가 아니기 때문이다. 저 밖에, 또는 바다 밑에, 아니면 바로 우리의 코앞에, 우리가 탐지할 수 없는 세계가 있다.

감독판

이 책의 첫머리에서 우리는 당신의 눈을 감아 볼 것을 요청했다. 막바지가 가까워진 지금, 당신의 눈을 움직여 보기를 바란다. 휴대전화를 꺼내서 카메라를 뒤집고, 코에서 20cm 정도 거리에서 자신의 얼굴을 보면서 동영상 촬영 버튼을 누른다. 이제 화면에 보이는 당신의 눈을 바라보기 바란다. 왼쪽 눈을 본 다음에 오른쪽 눈을 보라. 같은 식으로 몇 차례 반복한다.

촬영한 동영상을 재생하면 당신의 눈이 좌우로 움직이는 것을 볼 수 있다. 눈동자가 움직인다는 사실은 그리 놀랍지 않을 것이다. 양쪽 눈에는 각각 일곱 개씩의 근육이 있다. 눈을 움직일 수 없다면 그런 근육의 쓸모가 거의 없을 것이다.

이제 거울을 찾아서 똑같이 해 보기 바란다. 거울에서 약 20cm 떨어져서 양쪽 눈을 차례로 바라보는 일을 반복하라. 이번에는 볼 것이 별로 없을 것이다. 눈에 띄는 움직임이 없다. 아무것도 없는 것이 정확한 결과인 실험을 하는 일이 얼마나 이례적인지는 알지만, 잠시만 우리 말대로 해 보라. 볼 것이 전혀 없다는 데는 아주 놀랄 만한 무언가가 있다. 당신의 눈이 움직인 것은 분명하다. 그러지 않았다면 왼쪽이나 오른쪽 눈에 초점을 맞추지 못했을 것이다. 그러나 당신은 눈이 실제로 움직이는 것을 볼 수 없다. 당황하지 말라. 잘못된 것은 없으므로 안과 의사와 상담할 필요는 없다. 단지 당신이 시도하려는 일이 불가능할 뿐이다. 눈이 움직이는 것을 자신의 눈으로 보기란 말 그대로 불가능하다.

이 마법은 무엇일까? 글쎄, 그것은 단순히 당신의 마음이 엄청난 양의 현실에 대처하는 방법이다. 눈의 움직임을 촬영한 동영상에서 당신은 눈동자의 움직임이 매끄럽지 않고, 째깍거리는 시계의 떨리는 초침처럼 단속적임을 알아챘을지도 모른다. 이것은 약간 이상하게 보일 수도 있다. 아름다운 풍경이나 특별히 긴 소시지를 바라볼 때, 당신이 감지하는 이미지는 연속적이고 매끈하기 때문이다. 그렇지만 실제로 당신의 눈은 단속적으로 빠르게 풍경을 (또는 소시지를) 가로지른다.

이렇게 작고 재빠른 눈의 움직임에는 이름이 있다. 단속운동saccade이라 불리는 이 움직임은 꽤 초인적이다. 단속운동은 인간이 할 수 있는 근육의 움직임 중에 가장 빠른 움직임 —초당 500도의 시야각을 (생각해 보라: 팔 길이만큼 떨어진 엄지손가락의 폭은 약 2도다) 가로지른다— 이고 우리는 매초 네 번까지 그런 운동을 할 수 있다. 얼굴, 그림, 또는 무엇이든 사실상 하나의 이미지로 인식하는 것을 바라볼 때, 눈이 실제로 하는 일은 이미지를 훑으면서 전체 그림을 구성하기 위한 샘플을 추출하는 것이다. 바로 지금 당신이 그런 일을 하고 있다. 읽기는 격렬한 단속운동이 일어나는 활동이다. 이 문장을 읽는 동안에 당신이 깨닫지 못하더라도, 눈은 당신의 통제를 완전히 벗어난 방식으로 문장을 훑고 멈추기를 반복한다.* 단속운동은 가능한 한 빠르게 일어나고, 당신의 뇌는 이미지를 조립하여 일관성 있고 읽을 수 있으며, 감히 말하건대, 매우 훌륭하게 구성된 문장으로 바꾼다.

우리의 눈은 당신의 휴대전화에 있는 수백만 화소의 카메라와 다르다. 디지털 카메라에는 렌즈가 지향하는 곳에 있는 정보를 포착하고 이미지로 변환하는 센서가 배열되어 있다. 인간의 눈은 그런 방식으로 작동하지 않는다.

선명한 고해상도 이미지를 원한다면 추상체의 밀도가 가장 높아서 시각이 가장 예리한, 망막 뒤쪽의 움푹 들어간 작은 황반fovea에 광자를 받아들여야 한다. 따라서 우리의 눈동자는 부지런히 여기저기로 움직인다. 눈은 우리가 보는 세계의 매끄러운 동영상을 찍지 않는다. 끊임없이 스냅사진을 찍고 뇌가 그 조각들을 조립한다.

---

* 통제를 완전히 벗어난 것은 아니다. 당신은 눈을 감을 수 있다. 또는 털모자를 눈 위에 내려쓸 수 있다. 아니면 책을 내려놓고 샌드위치를 먹으러 갈 수도 있다. 그러나 우리 말이 무슨 뜻인지는 알 것이다.

눈의 움직임을 볼 수 없는 이유는 우리의 뇌가 단속운동 사이에 있는 조각들을 편집하기 때문이다. 단속적 억제saccadic suppression라 불리는 과정이다. 단속적 억제가 없다면 물체를 바라볼 때 흐릿하고 혼란스러운 이미지를 보게 될 것이다. 우리가 인식하는 시각은 영화의 감독판director's cut과 비슷하다. 감독 역할을 하는 당신의 뇌가 원본 영상을 매끄럽게 꿰매어 일관성 있는 현실을 만들어 낸다.

지각은 세계의 참모습에 대하여 뇌가 하는 최선의 추측이다. 두개골 안 어두움 속에 있는 살덩어리의 계산 능력이 엄청나기는 하지만, 눈에 보이는 모든 정보를 받아들인다면 뇌는 폭발하고 말 것이 분명하다.* 대신 눈으로 세계의 요모조모를 샘플링하고, 머릿속에서 공백을 채워 넣는다.

이 사실은 영화가 작동하는 방식의 기본이 된다. 영화는 일반적으로 초당 24개의 정지 영상을 보여 주는데, 우리의 뇌는 연속적이고 매끈한 움직임을 본다. 영화가 활동사진이라 불리는 이유다. 움직임의 착시는 실제로 초당 16프레임frame 이상에서 발생한다. 그런 속도로 영사되는 영화는 ―적어도 우리에게는― 현실세계와 구별될 수 없다. 초당 24프레임의 표준이 설정된 것은 1927년의 동기화된 대화를 사용한 최초의 영화 『재즈 싱어Jazz Singer』에 음향이 도입되면서부터였다. 음향 녹

---

* 실제로 폭발하지는 않을 것이다. 그러나 파티에서 술에 취해 카메라를 흔드는 것처럼, 뜨겁고 흐릿한 혼란 상태가 될 것이다.

음 시스템을 만든 회사는 음향과 영상의 동기화가 깨지지 않
도록, 음향 디스크와 영화 필름을 구동하는 데 같은 모터를 사
용하기로 결정했다. 그전에는 음향과 영상을 구동하는 데 서
로 다른 모터가 사용됐었다. 새로운 시스템은 특별한 이유 없
이 프레임 속도를 24로 설정했다. 나머지는 영화의 역사다.

운동 맹목

우리는 종종 무언가가 고장 났을 때 그것의 작동 방식을 알게
된다. 바로 이런 현상을 강조하는, 매우 희귀한 신경학적 장애
가 있다. 움직이는 이미지의 착시를 보지 못하는 사람들에게 나
타나는 일종의 운동 맹목motion blindness이다. 그들은 움직이는
이미지 대신에, 디스코장의 스트로보 조명하에서 춤추는 사람
들 보는 것과 비슷하게 개별적인 정지 프레임을 본다. 과학자들
은 이런 장애가 발생하는 이유를 잘 모르지만, 이 장애는 당신의
뇌에서 뒷머리 왼쪽 후두엽occipital lobe의 V5 분절segment로 불
리는 부위와 관련이 있다. 시각 신호에 따라 운동을 처리하는 곳
이다. 이 부위에 ─때로는 처방된 약물에 의하여─ 문제가 생긴
사람들에게 운동 맹목 장애가 발생한다. 운동 맹목 장애가 있는
환자들은 한 잔의 차를 따르는 일이 어렵다고 말한다. 찻잔이 반
쯤 찬 정지된 이미지와 순간적으로 차가 넘쳐흐르는 이미지 사
이에 아무런 움직임이 없기 때문이다. 차tea를 움직이는 자동차

이러한 방식이 인간에게는 효과가 있으나 보편적이 아님은 확실하다. 예컨대, 영화에서 사용되는 프레임 속도는 비둘기의 시각 시스템에는 의미가 없을 것이다.

머리를 까딱거리는 독특한 움직임을 만들어 내는 것은 비둘기의 독자적인 프레임 속도다. 다만 비둘기가 머리를 까딱대지 않는다는 것을 제외하고. 그런 움직임은 이미지 안정화의 한 가지 형태다. 러닝머신에 비둘기를 올려놓으면, 몸이 움직이는 동안에 머리가 20밀리초 동안 고정되는 모습을 보게 될 것이다. 우리는 정확하게 같은 실험이 1970년대에 수행되었기 때문에 이런 사실을 안다. 비둘기의 머리는 실제로 까딱대는 것이 아니고, 시각 정보를 수집하기 위하여 가능한 한 오래 멈춰 있다가, 다음 스냅사진을 찍기 위해서 휙 하고 앞쪽으로 움직이는 것이다. 가능한 한 머리를 고정시킨 채로 움직이는 벌새나 황조롱이와, 머리의 움직임이 날갯짓에 따른 강력한 하방 추력과 균형을 이루는 거위나 물총새같이 목이 긴 새도 마찬가지다. 따라서 당신이 비둘기나 거위 또는 물총새를 영화관에 데려가더라도, 그들이 영화를 즐기지는 못할 것이다. 깜빡이는 이미지를 이해할 수 없을 것이기 때문에. 마찬가지로, 위대한 비둘기 영화 촬영감독도 우리에게 어필appeal하지는 못할 것이다. 단지 모든 스토리 라인이 조각상에 똥을 싸는 것을 중심으로 돌아간다는 이유만이 아니고.

실재를 향하는 진정한 안내자

비둘기가 멍청하다는 말이 아니다. 음, 좀 멍청하기는 하지만, 중요하지는 않다. 우리가 세계를 보는 방식과 비둘기가 같은 세계를 보는 방식 사이의 간극은 실재와 우리의 관계, 그리고 우주에서의 우리 위치를 이해하는 방식에 관한 근본적인 무언가를 드러낸다.

우리의 눈은 경험이 실재의 심하게 편집된 버전이라는 사실을 적나라하게 보여 준다. 진화는 두개골의 어두운 공간에서 기본적인 빛다발을 수집하고 처리하고 해석하는 방법을 찾았다. 이런 방법이 효과가 있도록, 우리의 마음은 프레임 속도, 맹점, 결함이 있는 원추체, 색을 볼 수 없는 주변 시력 등 수많은 해부학적 제약을 헤쳐 나간다. 심지어 우리는 머릿속에서 주관적인 세계관을 구성할 때, 눈의 한계를 알아차리지도 못한다.

지구상의 모든 생명체와 마찬가지로, 우리의 몸은 지속적인 생존을 보장하기 위하여 세심하게 조정된다. 그러나 우리의 몸이 있는 그대로의 실재를 경험하게 해 준다고 생각하는 것은 무의미한 자만심의 낭비일 것이다. 우리는 각자의 움벨트에 갇혀 있고, 감각과 생물학의 제한을 받으며 진화의 역사에 따르는 피할 수 없는 경계에 묶여 있다. 우리가 광대한 우주 속의 먼지 한 점에 불과한 이 행성에 (또는 근처에) 머물면서 밝혀낼 수 있는 것은 절망적일 정도로 제한된다. 우리는 실재의 극히 일부만을 볼 수 있다. 열쇠 구멍으로 우주를 들여다보고 있다.

그렇지만 과학과 수학, 그리고 끝없는 호기심 덕분에 보고 듣고 냄새 맡고 만지고 심지어 상상할 수 있는 것보다 훨씬 더 많은 것이 존재함을 안다. 우리의 뇌에는 수많은 결함과 오류가 내장되어 있다. 편견, 선입견, 편향과 싸워야 한다는 뜻이다. 그러나 우리에게는 또한 그렇게 하려는 불타는 열망도 내장되어 있다. 우리의 지각이 제한적이고 왜곡되고 인간적이라는 것을 인식하는 바로 그 사실이, 잘못된 직관을 바로잡고 한계를 넘어설 수 있는 능력을 제공한다.

이것이 우리의 영광스러운 목표다. 우리는 X선으로부터 눈에 보이지 않는 블랙홀에서 새어 나오는 호킹 복사Hawking Radiation까지 전자기파 스펙트럼 전체를 볼 수 있다. 시간을 확실하게 인지하지는 못하더라도, 못한다는 사실을 알고 우주의 전 생애를 통하여 1초도 틀리지 않는 시계를 만들어서 그러한 부족함을 보완한다. 개처럼 예민한 후각을 갖추지는 못했지만, 정교한 정확성으로 ─천체물리학자들이 우리 은하계의 중심부에서 포름산에틸ethyl formate을 탐지했기 때문에― 은하수가 럼rum(사탕수수 즙을 발효시켜 증류한 술_옮긴이)과 산딸기 같은 냄새가 난다고 말할 수 있다.

우리가 얼마나 멀리까지 왔는지 돌이켜보라. 우리는 프로그램된 한계를 넘어서서, 깊은 곳에 있는 우리의 세포, 마음의 틈새, 원자와 우주의 구조까지, 손이 미치지 않았던 곳에 도달했다. 지난 수천 년 동안, 우리가 인지하는 방식의 세계가 아니라 있는 그대로의 세계를 볼 수 있는 유일한 수단인 과학을 발전시켰다. 결함이 없는 것은 아니지만, 오직 과학만이 우리에게 생물학적 한계를 넘어서서 주관적이 아니고 정말로 객관적인 관점을 부여할 수 있다. 과학은 현재 ―그리고 앞으로도 언제나― 모든 것에 대한 궁극적 안내서를 작성하는 유일한 수단이다.

감사의 글

우리에게 크고 작은 도움을 준 모든 분, 윌 스토, 샤론 리차드슨, 스튜어트 태플린, 나탈리 헤인스, 토니 크리스티, 미셸 마틴, 매튜 콥, 앤드류 폰첸, 래온 로보, 로버트 매튜스, 줄리아 쇼, 리사 펠드만 바렛, 아닐 세스, 레베카 덤벨, 루이자 프레스턴, 스티븐 프라이, 코리 필립스, 앨리스 로버츠에게 깊이 감사드린다.

언제나처럼 긴 여름 동안 우리를 먹여 주고 즐겁게 해 준 조지아, 비어트리스, 제이크, 주노, 그리고 제시와 변함없는 지원을 보내 준 필, 에디, 아이비 그리고 몰리 ―당신들은 글쓰기에 대한 완벽한 해독제다, 원기를 회복시킬 뿐만 아니라 종종 집중하기 어렵게 하는 방법으로― 에게 특히 감사한다.

쟁클로 네스빗Janklow and Nesbit 출판사의 윌 프랜시스와 클레어 콘래드, 마감일이 지나가는 동안에 끝없는 인내심을 보여 준 트랜스월드Transworld의 수잔나 제이드슨에게도 감사드린다. 우리는 결국 해냈다.

무엇보다 애덤에게, 와이즈Wise에게 모레캄베Morecambe가 되어 주고(또는 주디에게 리차드가 더 가까울지도 모른다), 지혜와 우정 모두에서 엄청난 관대함을 보여 준 것에 감사한다. 그리고 해 나에게, 곤경에 처했을 때 옆에 있어 주고 지난 5년 동안 나를 웃게 해 준 것에 감사한다.

參考 문헌

이 책에서 인용된 특정한 논문, 기타 관련된 연구, 기사, 또는 그저 독자가 흥미를 느끼기를 바라는 것들에 관한 참고 자료를 소개한다.

들어가는 글

아기의 대상 영속성 발달은 컨센서스(consensus)가 확립되지 않은 광범위하고 매혹적인 분야다. 좋은 출발점은 장 피아제(Jean Piaget)의 인지발달 이론이다.

모자를 쓰고 방향을 잃은 쇠똥구리: *쇠똥구리는 방향을 찾기 위하여 은하수를 이용한다(Dung beetles use the Milky Way for orientation)*
https://doi.org/10.1016/j.cub.2012.12.034

파티에서 나쁜 행동을 하는 것은 아이들이 아니라 부모이고, 설탕은 그런 행동과 아무런 관계가 없다.
설탕이 아이들의 행동이나 인지에 미치는 영향: 메타 분석(The effect of sugar on behavior or cognition in children: a meta-analysis)

https://doi.org/10.1001/jama.1995.03530200053037

1장. 끝이 없는 가능성

조나단 바실 버전의 보르헤스 도서관에 가서 둘러볼 것을 강추한다:

https://libraryofbabel.info/

거의 틀림없이 불필요했던 이 연구는 타자기를 받은 원숭이 여섯 마리
가 실제로 셰익스피어를 써내지 못했고, 키보드를 화장실로 사용했음을
보여 주었다. 논문의 구입 가격은 25파운드지만, 아래 사이트에서 원래
형식의 완전한 텍스트를 찾을 수 있다.
엘모, 검, 헤더, 몰리, 미슬토우와 로완, *셰익스피어 작품 전체를 향한 노
트(Notes towards the complete works of Shakespeare).*

https://archive.org/details/NotesTowardsTheCompleteWorks
OfShakespeare

2장. 생명, 우주 그리고 모든 것

명왕성에 존재할 가능성이 있는 극저온 화산의 이미지 (우리에게 이미 명
왕성의 이미지가 있다는 사실 정도로는 충분히 흥미롭지 않다는 듯이):

https://www.nasa.gov/feature/possible-ice-volcano-on—
plutohas-the-wright-stuff

금성에 포스핀이 존재한다는 것을 설명한 2020년 9월의 논문. 생명의
표지로 해석하고 열광하는 사람들도 있었지만…

금성의 구름 속 포스핀 가스(Phosphine gas in the cloud decks of Venus)

https://doi.org/10.1038/s41550-020-1174-4

…그 반대를 말한 논문. 참고: 우리는 이런 것이 훌륭한 과학으로 가는 과정이라 생각한다.

금성의 대기에는 포스핀이 없다(No phosphine in the atmosphere of Venus)

https://arXiv.org/abs/2010.14305v2

파키스탄에서 발견된 개만 한 크기의 파키세투스, 바다로 돌아간 고래의 조상:

파키스탄 북부 쿨다나 지층에서 새로 발견된 중기 사신세의 고래 New middle Eocene archaeocetes(Cetacea: Mammalia) from the Kuldana Formation of northern Pakistan)

https://doi.org/10.1671/039.029.0423

고대 고래의 배 위에 편승하는 따개비:

홍적세 고래군의 이동에 관하여 따개비 껍데기의 동위원소에 기록된 증거(Isotopes from fossil coronulid barnacle shells record evidence of migration in multiple Pleistocene whale populations)

https://doi.org/10.1073/pnas.1808759116

걸어 다니는 아르젠티노사우루스:

거인의 행진: 용각류 공룡의 이동 능력(March of the Titans: the locomotor capabilities of sauropod dinosaurs)

https://doi.org/10.1371/journal.pone.0078733

https://www.manchester.ac.uk/discover/news/
scientistsdigitally-reconstruct-giant-steps-taken-by-dinosaurs/

개미 목 강도의 생물 역학:
개미 목 관절의 외골격 구조와 인장 하중 거동(*The exoskeletal structure and tensile loading behavior of an ant neck joint*)
　　　https://doi.org/10.1016/j.jbiomech.2013.10.053
〈슈퍼히어로의 과학기술(*Superhero Science and Technology*)〉이라는 놀라운 저널에서:
앤트맨과 와스프: 미소 규모 호흡과 미세 유동 기술(*Ant-Man and the wasp: Microscale respiration and microfluidic technology*)
　　　https://doi.org/10.24413/sst.2018.1.2474

배뇨의 보편법칙:
배뇨 시간은 몸 크기에 따라 변하지 않는다(*Duration of urination does not change with body size*)
　　　https://doi.org/10.1073/pnas.1402289111

3장. 완벽한 원

우주비행사의 눈에 관해서 진행 중인 문제:
　　　https://www.nasa.gov/mission_pages/station/research/news/
　　　iss-20-evolution-of-vision-research
태양은 대체 얼마나 둥글까?
　　　https://doi.org/10.1111/j.1468-4004.2012.53504_2.x

지금까지 만들어진 가장 완벽한 공:

중력탐사선 B: 일반상대론의 검증을 위한 우주실험의 최종 결과(Gravity
Probe B: Final results of a space experiment to test General Relativity)

      https://doi.org/10.1103/PhysRevLett.106.221101

4장. 태고의 바위

이 장 전반부의 주요 참고문헌은 성서다. 우리는 성서를 인용하는 방법을 확신하지 못한다. 성서에는 다양한 개정판이 존재하고 저자가 불분명하다.

정말로 아주 오래된 해면:

오래된 거대 유리 해면의 규산염과 규소/게르마늄 비율에서 추론한 마지막 해빙기의 해양 변화(Whole-ocean changes in silica and Ge/Si ratios during the last deglacial deduced from long-lived giant glass sponges)

      https://doi.org/10.1002/2017GL073897

선사시대의 아기 젖병:

선사시대 아이 무덤에서 출토된 세라믹 젖병에 담긴 반추동물의 우유
(Milk of ruminants in ceramic baby bottles from prehistoric child graves)

      https://doi.org/10.1038/s41586-019-1572-x

5장. 시간의 간략한 역사

오래된 산호가 말해 주는 지구 궤도의 감속:

원생대 밀란코비치 주기와 태양계의 역사(*Proterozoic Milankovitch cycles and the history of the solar system*)

      https://doi.org/10.1073/pnas.1717689115

지금 몇 시지?

www.bipm.org

트럼프 대통령이 황당한 트윗을 날리면서 대변을 보고 있었는지에 관한 부분적 분석:

세속적 행동을 연구하는 수단으로서의 트위터(*Twitter as a means to study temporal behaviour*)

      https://doi.org/10.1016/j.cub.2017.08.005

동굴에 머무는 삶에 관한 최근 실험:

      https://deeptime.fr/en/

시간의 인식과 정신 분열증:

      https://doi.org/10.2466%2Fpms.1977.44.2.436

팽창하는 괴짜(oddball)에 대한 시간의 주관적 팽창:

주의력과 시간의 주관적 팽창(*Attention and the subjective expansion of time*)

      https://doi.org/10.3758/BF03196844

케이크를 먹을 때는 시간이 날아간다:

접근 동기가 부여된 재미를 느낄 때는 시간이 날아간다: 시간 인식에 대한 동기 부여 강도의 영향*(Time flies when you're having approach-motivated fun: Effects of motivational intensity on time perception)*

https://doi.org/10.1177%2F0956797611435817

누군가를 건물에서 떨어뜨릴 때는 시간이 날아가지 않는다: *무서운 일이 벌어지면 정말로 시간이 느려질까?(Does time really slow down during a frightening event?)*

https://doi.org/10.1371/journal.pone.0001295

6장. 자유롭게 살라

최면 마인드 컨트롤 좀비화 마법은 너무도 비현실적이고 믿을 수 없게 보이기 때문에, 그런 터무니없는 행동을 설명하는 원본 연구를 공유해야 한다고 생각했다.

에메랄드바퀴벌레말벌: *바퀴벌레의 뇌에 독소를 직접 주입하는 육식 말벌(Direct injection of venom by a predatory wasp into a cockroach brain)*

https://doi.org/10.1002/neu.10238

기생디스코달팽이벌레: *류코클로리디움 포자가 달팽이 숙주의 행동을 조종할까?(Do Leucochloridium sporocysts manipulate the behaviour of their snail hosts?)*

https://doi.org/10.1111/jzo.12094

고르디우스벌레:

벌레에 감염된 귀뚜라미의 물 찾기 행동 및 기생충 조작의 가역성
(Waterseeking behavior in worminfected crickets and reversibility of parasitic manipulation)

https://doi.org/10.1093/beheco/arq215

게해커따개비:

숙주 여성화의 선택적 이점: 녹색 게와 기생 따개비의 사례 연구*(The selective advantage of host feminization: A case study of the green crab Carcinus maenas and the parasitic barnacle Sacculina carcini)*

https://doi.org/10.1007/s00227-012-1988-4

개미마인드컨트롤좀비곰팡이:

여러 동지역성 개미 숙주에 대한 포식 기생 곰팡이의 절충점 평가
(Evaluating the tradeoffs of a generalist parasitoid fungus, Ophiocordyceps unilateralis, on different sympatric ant hosts)

https://doi.org/10.1038/s41598-020-63400-1

톡소플라스마증과 인간:

톡소플라스마가 인간의 행동에 미치는 영향*(Effects of Toxoplasma on human behavior)*

https://doi.org/10.1093/schbul/sbl074

독감에 걸린 사람들이 더 파티를 즐긴다:

공통 백신에 의한 사회적 행동 변화*(Change in human social behavior in*

response to a common vaccine)

https://doi.org/10.1016/j.annepidem.2010.06.014

종양이나 부상 이후의 범죄 행위에 관한 2018년도 연구:

범죄 행위의 병변 네트워크 국소화*(Lesion network localization of criminal behavior)*

https://doi.org/10.1073/pnas.1706587115

준비성 전위에 관한 벤자민 리벳의 독창적 연구:

무의식적 뇌 주도와 자발적 행동에서 의식의 역할*(Unconscious cerebral initiative and the role of conscious will in voluntary action)*

https://doi.org/10.1017/S0140525X00044903

원숭이의 준비성 전위:

단순한 움직임 또는 그것으로 시작하는 일련의 움직임에 대한 준비성 전위*(Bereitschaftspotential in a simple movement or in a motor sequence starting with the same simple movement)*

https://doi.org/10.1016/0168-5597(91)90006-J

동전 던지기 기계:

동전 던지기의 동역학적 편향*(Dynamical bias in the coin toss)*

https://statweb.stanford.edu/~susan/papers/headswithJ.pdf

감각 박탈 드럼에서 초파리의 비행 추적:

자발적 행동의 순서*(Order in spontaneous behavior)*

https://doi.org/10.1371/journal.pone.0000443

7장. 마법의 난초

종말이 온다! 아마겟돈 조사:

지구촌 주민 일곱 명 중 한 명(14%)이 자신의 생전에 세계의 종말이 올 것으로 믿는다(One in seven (14%) global citizens believe end of the world is coming in their lifetime)

https://www.ipsos.com/sites/default/files/news_and_polls/2012—05/5610rev.pdf

《예언이 끝났을 때》는 도로시 마틴, 클라리온 행성, 시커스 종말론 집단에 관한 레온 페스팅거, 헨리 릭켄, 스탠리 샥터의 고전적 조사다.

해롤드 캠핑의 추종자들을 대상으로 한 톰 바렛의 인터뷰:

https://religiondispatches.org/a-year-after-the-nonapocalypse-where-are-they-now/

신념편향 대 계산기:

전자적 괴롭힘(Electronic bullies)

https://doi.org/10.1080/07366988309450310

신념편향 대 방정식:

관찰의 믿음 의존성과 개념적 변화에 대한 저항에 관한 실험연구 (Experimental studies of belief dependence of observations and of resistance to *conceptual change)*

https://doi.org/10.1207%2Fs1532690xci0902_1

점성술이 작동하는 방식과 우리가 어떻게 오직 자신에게만 관련되는 일
반적 진술을 믿게 되는지에 대한 버트 포러의 고전적 연구:
*개인적 검증의 오류: 속기 쉬움의 교실 시연(The fallacy of personal
validation: a classroom demonstration of gullibility)*

https://doi.org/10.1037/h0059240

개미의 공격성 연구:
*동료 인식 연구의 확증편향: 동물 행동 연구에서 주의할 점(Confirmation
bias in studies of nestmate recognition: a cautionary note for research into the
behaviour of animals)*

https://doi.org/10.1371/journal.pone.0053548

8장. 내 개가 나를 사랑할까?

에이다 러브레이스와 찰스 배비지의 모험에 대하여 더 알고 싶은 독자
는 시드니 파두아(Sydney Padua)의 훌륭한 책 《에이다, 당신이군요. 최
초의 프로그래머(The Thrilling Adventures of Lovelace and Babbage)》를 참
조하라.

메리 셸리가 《프랑켄슈타인》을 쓸 때 달은 정말로 밝았다:
달과 프랑켄슈타인의 기원(The Moon and the origin of Frankenstein)

https://digital.library.txstate.edu/handle/10877/4177

맹인 유도선수의 얼굴:

선천적 맹인과 그렇지 않은 사람의 얼굴에 나타나는 자발적 감정 표현
(Spontaneous facial expressions of emotion of congenitally and noncongenitally blind individuals)

https://doi.org/10.1037/a0014037

놀랐지! 카프카야:

시야를 넘어서는 매우 놀라운 사건에 반응하는 표정: 놀람에 대한 다윈 이론의 검증*(Facial expressions in response to a highly surprising event exceeding the field of vision: a test of Darwin's theory of surprise)*

https://doi.org/10.1016/j.evolhumbehav.2012.04.003

인공지능의 감정 인식이라는, 문제가 있는 사이비과학에 대하여 더 읽어 보기:

https://ainowinstitute.org/AI_Now_2019_Report.pdf

에크먼 표정의 메타 리뷰:

감정 표현을 다시 생각하기: 사람의 표정 변화로부터의 감정 추론에 대한 도전*(Emotional expressions reconsidered: challenges to inferring emotion from human facial movements)*

https://doi.org/10.1177%2F1529100619832930

슬픈 표정의 배우 사진에 대한 파푸아뉴기니 사람들의 반응에 관한 에크먼의 연구를 재현하려는 시도(그리고 실패):

두 원주민 사회 주민의 표정에서 감정 읽기*(Reading emotions from faces in*

two indigenous societies)
  https://doi.org/10.1037/xge0000172

감정이라는 주제의 범위를 넓히려면, 다음의 책보다 나은 가이드를 찾기는 어려울 것이다:
리사 펠드먼 바렛의 《감정은 어떻게 만들어지는가?*(How Emotions Are Made)*》

로우 레스토랑과 후회하는 쥐들:
신경경제학적 과제에 대한 쥐의 의사결정 후회의 행동 및 신경생리학적 상관관계(Behavioral and neurophysiological correlates of regret in rat decisionmaking on a neuroeconomic task)
  https://doi.org/10.1038/nn.3740

암컷에게 퇴짜를 맞은 수컷 파리는 술에 취한다:
섹스의 박탈은 초파리의 에탄올 섭취를 증가시킨다(Sexual deprivation increases ethanol intake in Drosophilia)
  https://doi.org/10.1126/science.1215932

개와 눈썹:
개의 안면근육 해부학의 진화(Evolution of facial muscle anatomy in dogs)
  https://doi.org/10.1073/pnas.1820653116
(아니면 그저 '개 눈썹'에 관한 이미지 검색을 하고, 그 모든 즐거움에 빠져 보라.)

다양한 착한 아이들의 서로 다른 뇌:

반려견종 사이의 상당한 신경해부학적 변이*(Significant neuroanatomical variation among domestic dog breeds)*

https://doi.org/10.1523/JNEUROSCI.0303-19.2019

9장. 열쇠 구멍으로 본 우주

냄새를 따라가는 인간:

인간의 냄새 추적 메커니즘*(Mechanisms of scent-tracking in humans)*

https://doi.org/10.1038/n1819

움벨트의 주관적 우주:

야콥 폰 우엑스퀼: 움벨트의 개념과 인간을 넘어선 인류학에 대한 잠재력*(Jacob von Uexküll: the concept of Umwelt and its potentials for an anthropology beyond the human)*

https://doi.org/10.1080/00141844.2019.1606841

포식자의 오줌:

먹이가 되는 동물의 육식동물 냄새 탐지 및 회피*(Detection and avoidance of a carnivore odor by prey)*

https://doi.org/10.1073/pnas.1103317108

파킨슨병의 냄새를 맡을 수 있었던 여인:

피지에서 발견된 파킨슨병의 휘발성 생체지표*(Discovery of volatile biomarkers of Parkinson's disease from sebum)*

https://doi.org/10.1021/acscentsci.8b00879

자외선 순록:

북극의 순록은 가시 범위를 자외선으로 확장한다(*Arctic reindeer extend their visual range into the ultraviolet*)

https://doi.org/10.1242/jeb.053553

빛나는 오리너구리:

오리너구리의 생체 형광(*Biofluorescence in the platypus Ornithorhynchus anatinus*)

https://doi.org/10.1515/mammalia-2020-0027

머리를 까딱거리는 비둘기:

비둘기 머리 까딱거림의 광역학적 기초(*The optokinetic basis of head-bobbing in the pigeon*)

https://doi.org/10.1242/jeb.74.1.187

우주의 냄새:

성간 화학의 복잡성 증가: 궁수자리 B2(N)에서 포름산에틸과 시안화물의 탐지 및 화학적 모델링(*Increased complexity in interstellar chemistry: detection and chemical modelling of ethyl formate and n-propyl cyanide in Sagittarius B2N*)

https://doi.org/10.1051/0004-6361/200811550